高职高专"十三五"系列教材
高等职业教育示范专业系列教材
（机电一体化技术专业）

# 机床电气控制与 PLC

## 第 2 版

主　编　王　浩
副主编　申玉霞　施　宇
参　编　刘敏俊　傅蕴端　王艳芬
主　审　王小涓

机械工业出版社

本书主要介绍三相异步电动机的基本控制、典型机床的电气控制、典型机床的 PLC 控制、机床主轴的变频器调速及数控铣床的电气控制。每章设有知识目标和技能目标，用问题做导入；采用"边学边做"的形式，将理论知识融合到机床的实际应用中，强调实用性和应用性。本书以企业常用机床电气控制为实例，知识由浅入深、技能由简到繁，最终以能看懂机床电气说明书、看懂电气图样为目标。

本书可作为高职高专院校机电、电气类专业的教材，也可供从事机床设备电气控制的工程技术人员参考。

为方便教学，本书配有电子课件、习题解答、模拟试卷及答案，凡使用本书作为授课教材的教师，可向出版社免费索取，联系电话：010-88379375，或登录机械工业出版社教育服务网站下载。

### 图书在版编目（CIP）数据

机床电气控制与 PLC/王浩主编. —2 版. —北京：机械工业出版社，2019.1（2023.6 重印）

高职高专"十三五"系列教材　高等职业教育示范专业系列教材. 机电一体化技术专业

ISBN 978-7-111-61696-2

Ⅰ.①机… Ⅱ.①王… Ⅲ.①机床-电气控制-高等职业教育-教材 ②PLC 技术-高等职业教育-教材　Ⅳ.①TG502.35②TM571.6

中国版本图书馆 CIP 数据核字（2019）第 000630 号

机械工业出版社（北京市百万庄大街22号　邮政编码100037）
策划编辑：于　宁　　　　责任编辑：于　宁
责任校对：肖　琳　陈　越　封面设计：马精明
责任印制：郜　敏
中煤（北京）印务有限公司印刷
2023 年 6 月第 2 版第 7 次印刷
184mm×260mm · 15.5 印张 · 384 千字
标准书号：ISBN 978-7-111-61696-2
定价：45.00 元

电话服务　　　　　　　　网络服务
客服电话：010-88361066　机　工　官　网：www.cmpbook.com
　　　　　010-88379833　机　工　官　博：weibo.com/cmp1952
　　　　　010-68326294　金　书　网：www.golden-book.com
封底无防伪标均为盗版　　机工教育服务网：www.cmpedu.com

# 前　　言

　　随着计算机技术的不断发展，以可编程序控制器、变频器调速为主体的新型电气控制系统得到迅速发展，并广泛应用于各行业，尤其是机床行业中。

　　机床是典型的机电一体化设备，其控制综合应用了继电器-接触器控制技术、可编程序控制技术、计算机控制技术及自动控制技术等。机床控制包含的内容非常广，其知识和技术随计算机技术及数控技术的发展而需不断地更新。

　　本书编写的指导思想是使读者通过学习本书内容，了解机床电气控制的原理和控制方法，掌握机床电气控制的基本知识，并能结合实际去分析典型机床电气的控制电路，看懂机床电气说明书及有关图样，为机床的故障诊断及维修打下基础。本书共分5章，内容包括三相异步电动机的基本控制、典型机床的电气控制、典型机床的PLC控制、机床主轴的变频器调速及数控铣床的电气控制。

　　本书以企业常用机床为实例，通俗易懂、涉及面广、内容丰富、应用性强，特别适合作为高职高专院校机电类专业的教材和机床电气控制方面的培训教材。

　　本书由广东机电职业技术学院王浩担任主编，济源职业技术学院申玉霞和广东省商业职业技术学校施宇任副主编。编写分工为：施宇编写了第1章和第2章的2.1、2.2节，申玉霞编写了第3章的3.1~3.6节，王浩编写了第3章的3.7节和第5章，广东省自动化与信息技术转移中心傅蕴端高级工程师编写了第2章的2.3、2.4节，广东工贸职业技术学院王艳芬编写了第2章的2.5~2.8节，广东机电职业技术学院刘敏俊编写了第4章。承蒙广东省职业技能鉴定中心维修电工专家组王小涓组长担任主审，她提出了许多宝贵的修改和补充意见，在此表示感谢。

　　由于编者水平有限，书中难免存在错误和不妥之处，恳请读者批评指正。

编　者

# 目 录

前 言
## 第1章 三相异步电动机的基本控制 …… 1
### 1.1 三相异步电动机 …… 2
#### 1.1.1 三相异步电动机的铭牌 …… 2
#### 1.1.2 三相异步电动机的选择 …… 4
### 1.2 三相异步电动机的全电压起动控制（边学边做） …… 6
#### 1.2.1 相关电器元件 …… 7
#### 1.2.2 实训原理——电动机的起动分析 …… 20
#### 1.2.3 实训步骤 …… 20
#### 1.2.4 注意事项 …… 22
### 1.3 三相异步电动机的减压起动控制（边学边做） …… 22
#### 1.3.1 时间继电器 …… 23
#### 1.3.2 实训原理——电动机的起动分析 …… 25
#### 1.3.3 实训步骤 …… 25
#### 1.3.4 注意事项 …… 28
#### 1.3.5 练一练：两台电动机顺序起停电路的安装及调试 …… 28
### 1.4 三相异步电动机的正反转控制（边学边做） …… 29
#### 1.4.1 行程开关 …… 29
#### 1.4.2 实训原理——电动机的正反转分析 …… 31
#### 1.4.3 实训步骤 …… 32
#### 1.4.4 注意事项 …… 33
### 1.5 三相异步电动机的制动控制（边学边做） …… 33
#### 1.5.1 速度继电器 …… 34
#### 1.5.2 实训原理——电动机的制动分析 …… 35
#### 1.5.3 实训步骤 …… 35
#### 1.5.4 注意事项 …… 37
### 1.6 三相异步电动机的保护环节 …… 37
#### 1.6.1 继电器 …… 37
#### 1.6.2 保护环节 …… 39
#### 1.6.3 接地 …… 40
### 1.7 三相异步电动机的变速（拓展学习） …… 43
习题1 …… 45

## 第2章 典型机床的电气控制 …… 47
### 2.1 电气图样 …… 48
#### 2.1.1 电气原理图 …… 49
#### 2.1.2 电气元器件布置图 …… 50
#### 2.1.3 电气安装接线图 …… 51
### 2.2 电气控制电路的分析方法 …… 53
### 2.3 C650型卧式车床电气控制电路 …… 53
#### 2.3.1 C650型卧式车床的结构及控制要求 …… 53
#### 2.3.2 C650型卧式车床的电气控制电路分析 …… 54
### 2.4 C650型卧式车床电气控制线路的接线与装配（边学边做） …… 58
#### 2.4.1 机床电气装配的一般工艺 …… 58
#### 2.4.2 实训步骤 …… 60
#### 2.4.3 练一练：液压控制机床电气控制线路的安装和调试 …… 61
### 2.5 XA6132型卧式万能铣床电气控制电路 …… 61
#### 2.5.1 XA6132型卧式万能铣床的结构及控制要求 …… 62
#### 2.5.2 XA6132型卧式万能铣床电气控制电路分析 …… 63
### 2.6 Z3040型摇臂钻床电气控制电路 …… 68
#### 2.6.1 Z3040型摇臂钻床的结构及控制要求 …… 68
#### 2.6.2 Z3040型摇臂钻床电气控制电路分析 …… 69
### 2.7 TSPX619型卧式镗床电气控制电路 …… 74

2.7.1　TSPX619 型卧式镗床的结构及控制要求 …………………………… 74
2.7.2　TSPX619 型卧式镗床电气控制电路分析 ……………………………… 75
2.8　M7120 型平面磨床电气控制电路 …… 80
2.8.1　M7120 型平面磨床的结构及控制要求 …………………………… 80
2.8.2　M7120 型平面磨床电气控制电路分析 ……………………………… 80
习题 2 ……………………………………… 83

# 第 3 章　典型机床的 PLC 控制　85

3.1　初步认识 PLC ……………………… 86
　3.1.1　PLC 系统的组成及工作原理 …… 86
　3.1.2　PLC 的表达方式 ………………… 89
　3.1.3　PLC 的技术指标 ………………… 91
　3.1.4　PLC 的分类 ……………………… 91
3.2　S7-200 系列 PLC …………………… 92
　3.2.1　S7-200 系列 PLC 介绍 …………… 92
　3.2.2　S7-200 系列 PLC 数据存储区及元件功能 …………………………… 95
3.3　电动机起动、停止的 PLC 控制 …… 98
　3.3.1　基本位操作指令 ………………… 99
　3.3.2　置位指令、复位指令 ………… 102
　3.3.3　边沿脉冲指令 ………………… 102
　3.3.4　逻辑堆栈指令 ………………… 103
　3.3.5　STEP7-Micro/WIN32 编程软件的使用（边学边练） ……………… 105
　3.3.6　电动机起动、停止的 PLC 控制（边学边做） ………………… 111
　3.3.7　电动机正反转的 PLC 控制（边学边做） ………………… 112
3.4　电动机星形-三角形减压起动的 PLC 控制 ………………………… 114
　3.4.1　定时器指令 …………………… 114
　3.4.2　计数器指令 …………………… 118
　3.4.3　比较指令 ……………………… 119
　3.4.4　取非和空操作指令 …………… 120
　3.4.5　电动机星形-三角形减压起动的 PLC 控制（边学边做） ……… 121
　3.4.6　电动机正反转循环 PLC 的控制（边学边做） ………………… 123

3.5　自动往返运行的 PLC 控制 ………… 124
　3.5.1　顺序控制 ……………………… 124
　3.5.2　自动往返运行的 PLC 控制 …… 126
　3.5.3　交通灯自动运行的 PLC 控制 … 127
3.6　步进电动机的 PLC 控制 …………… 130
　3.6.1　算术运算指令 ………………… 131
　3.6.2　数学函数变换指令 …………… 133
　3.6.3　数据传送 ……………………… 137
　3.6.4　字节变换、填充指令 ………… 138
　3.6.5　移位指令 ……………………… 139
　3.6.6　步进电动机的 PLC 控制 ……… 141
　3.6.7　数码管循环点亮的 PLC 控制 … 143
3.7　典型机床的 PLC 控制 ……………… 144
　3.7.1　C650 型卧式车床的 PLC 控制 … 144
　3.7.2　Z3040 型摇臂钻床的 PLC 控制 ……………………………… 147
　3.7.3　TSPX619 型卧式镗床的 PLC 控制 ……………………………… 149
习题 3 …………………………………… 152

# 第 4 章　机床主轴的变频器调速　155

4.1　通用变频器 ………………………… 156
　4.1.1　变频器的基本构成 …………… 156
　4.1.2　变频器的脉宽调制原理 ……… 159
　4.1.3　变频器的控制方式 …………… 161
　4.1.4　变频器的基本功能 …………… 163
　4.1.5　变频器的应用特点与选择 …… 166
4.2　认识西门子 MM440 变频器 ……… 168
　4.2.1　MM440 变频器技术规格 ……… 168
　4.2.2　MM440 变频器的电气原理 …… 170
　4.2.3　MM440 变频器的参数结构 …… 171
　4.2.4　参数过滤及用户访问等级 …… 172
　4.2.5　MM440 的运行控制 …………… 173
4.3　MM440 变频器的基本操作（边学边做） ……………………… 175
　4.3.1　基本操作面板 ………………… 175
　4.3.2　用 BOP 进行基本操作训练 …… 176
　4.3.3　快速修改参数方法 …………… 180
4.4　MM440 变频器的 BOP 运行控制（边学边做） ……………………… 180
　4.4.1　MM440 变频器的基本参数 …… 181
　4.4.2　电动机的 BOP 起停控制 ……… 181

4.4.3 注意事项 …………………… 182
4.5 MM440 变频器的数字量运行控制
　　（边学边做）………………… 183
　4.5.1 MM440 变频器的数字量 …… 183
　4.5.2 电动机的 MM440 数字量正转
　　　 控制 …………………………… 184
　4.5.3 电动机的 MM440 数字量点动
　　　 控制 …………………………… 185
　4.5.4 电动机的 MOP 功能控制 …… 186
4.6 MM440 变频器的模拟量控制
　　（边学边做）………………… 187
　4.6.1 MM440 变频器的模拟量输入 … 187
　4.6.2 MM440 变频器的模拟量输出 … 188
　4.6.3 PLC 与 MM440 的联机模拟量
　　　 控制应用 ……………………… 189
4.7 MM440 变频器的多段速频率控制
　　（边学边做）………………… 192
　4.7.1 MM440 变频器的固定频率 …… 192
　4.7.2 MM440 多段速频率的电动机
　　　 控制 …………………………… 192
4.8 MM440 变频器在机床主轴调速
　　系统中的应用 ………………… 193
　4.8.1 机床主轴控制命令与 MM440
　　　 变频器的连接 ………………… 193
　4.8.2 MM440 变频器的连接调试 …… 194
习题 4 ………………………………… 195

# 第 5 章　数控铣床的电气控制 …… 196
5.1 数控机床电气控制系统 ………… 196
　5.1.1 数控机床的加工过程 ………… 196
　5.1.2 数控机床的组成 ……………… 197
5.2 XK714 数控铣床的电气控制 …… 200
　5.2.1 XK714 数控铣床的组成 ……… 200
　5.2.2 HNC-21 数控系统 …………… 201
　5.2.3 XK714 数控铣床的电气控制
　　　 电路 …………………………… 204
5.3 FANUC 0i 数控系统 …………… 208
　5.3.1 FANUC 0i 数控系统的组成 … 208
　5.3.2 FANUC 0i 数控系统综合连接 … 210
5.4 数控系统中的 PLC ……………… 211
　5.4.1 数控系统与 PLC ……………… 211
　5.4.2 FANUC 系列 PMC 的指令系统 … 213
5.5 $J_1$VMC50M 数控铣床的电气控制 … 225
　5.5.1 数控铣床电气控制硬件部分 … 225
　5.5.2 软件编程 ……………………… 235
　5.5.3 参数设定 ……………………… 239
习题 5 ………………………………… 241

**参考文献** ……………………………… 242

# 第 1 章 三相异步电动机的基本控制

在电力拖动自动控制系统中,各种生产机械均由电动机来拖动。不同的生产机械,对电动机的控制要求也不尽相同。但是,任何电气控制电路都是按照一定原则控制的,由基本控制环节组成的。电气控制的基本环节包括电动机的起动、制动、正反转及调速等控制。掌握这些基本控制环节的控制原理,是学习电气控制的基础。

三相异步电动机应用广泛、控制简单,其控制具有一定的代表性。因此,本章着重介绍三相异步电动机的基本控制环节及所用到的常用低压电器元件。

## 【知识目标】

1) 了解三相异步电动机及常用低压电器的种类、型号及选用方法,熟记其图形符号和文字代号。
2) 掌握三相异步电动机的基本控制环节。
3) 掌握三相异步电动机控制电路的保护环节。

## 【技能目标】

1) 能根据不同场合,正确选用三相异步电动机及常用低压电器。
2) 能准确分析三相异步电动机的点动、起动、正反转及制动等电路。
3) 能根据电路图,对三相异步电动机的点动、起动、正反转及制动等电路进行接线、调试及故障排除等。
4) 能根据要求,设计简单的三相异步电动机控制电路。

## 【问题导入】

图 1-1a 所示的电动葫芦是工厂车间里常用的搬运工具,其动力源通常是三相异步电动

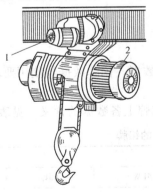
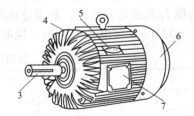

a) 电动葫芦　　　　　　　　　　b) 三相异步电动机

图 1-1　电动葫芦及电动机

1—移动电动机　2—升降电动机　3—电动机转轴　4—电动机端盖
5—电动机铭牌　6—电动机风扇罩　7—接线盒

机(外观如图1-1b所示)。如何选择三相异步电动机？怎样控制才能使其完成工作任务？要用到哪些相关的电气元器件呢？

## 1.1 三相异步电动机

电动机是将电能转换为机械能的一种动力装置，可分为直流电动机和交流电动机两大类。交流电动机包括同步电动机和异步电动机。异步电动机又可分为三相异步电动机和单相异步电动机。单相异步电动机容量小，在实验室和家用电器设备中用得较多。三相异步电动机具有结构简单、运行可靠、维护方便及价格便宜等优点，因此广泛用于生产，尤其是机床行业。图1-2所示为常用交流异步电动机的外观图。

a) YS系列　　　　　b) Y2系列　　　　　c) YEJ系列电磁制动式

d) YR系列绕线转子型　　　　　e) YB2隔爆型

图1-2　常用交流异步电动机的外观图

### 1.1.1 三相异步电动机的铭牌

为了正确使用电动机，首先应了解电动机的铭牌数据。铭牌数据与使用要求不符时，可能使电动机的能力无法充分发挥，甚至造成损坏。

现以Y2-132M-4型电动机为例，说明电动机铭牌上各数据的含义，见表1-1。

**表1-1　三相异步电动机的铭牌**

| 三相异步电动机 | | | | | |
|---|---|---|---|---|---|
| 型号 | Y2-132M-4 | 功率 | 7.5kW | 频率 | 50Hz |
| 电压 | 380V | 电流 | 15.6A | 接法 | △ |
| 转速 | 1440r/min | 绝缘等级 | B | 工作方式 | 连续（S1） |
| 防护等级 | IPS4 | 生产日期 | 年　月　日 | | ×××电机厂 |

(1) 型号  电动机的型号是表示电动机的类型、用途和技术特征的代号,用大写拼音(或英文)字母和阿拉伯数字组成,各有一定含义。如型号 Y2-132M-4 中,"Y"表示是三相异步电动机,常用的三相异步电动机产品名称代号及其汉字意义见表1-2;"2"表示第二次设计方案(第一次设计省略此数字);"132"表示机座中心高为132mm;M 是机座长度代号(L 为长机座,M 为中机座,S 为短机座);4 是磁极数(磁极对数 $p=2$)。

表1-2  常用三相异步电动机产品名称代号及其汉字意义

| 产品名称 | 新代号(旧代号) | 汉字意义 | 适用场合 |
| --- | --- | --- | --- |
| 笼型异步电动机 | Y(J,JO) | 异步 | 一般用途 |
| 绕线转子异步电动机 | YR(JR,JRO) | 异步 绕线 | 小容量电源场合 |
| 防爆型异步电动机 | YB(JB,JBS) | 异步 防爆 | 石油、化工、煤矿井下 |
| 高起动转矩异步电动机 | YQ(JQ,JQO) | 异步 起动 | 静负荷、惯性较大的机械 |

(2) 电压及接法  铭牌上的电压是指电动机额定运行时,定子绕组上应加的额定电源线电压值,即额定电压,用 $U_N$ 表示。三相异步电动机的额定电压有 220V、380V、3000V、6000V、10000V 等多种。

铭牌上的接法是指电动机在额定运行时定子绕组的连接方式,通常有两种,即星形(Y)联结和三角形(△)联结,如图1-3 所示。图中 $U_1$、$V_1$、$W_1$ 及 $U_2$、$V_2$、$W_2$ 为电动机内部定子绕组的3个首端和3个末端。

电动机采用何种接法,视电力网的线电压和各相绕组的工作电压而定。目前我国生产的三相异步电动机,功率在4kW 以下的一般采用星形联结,功率在4kW 以上的采用三角形联结,以便于采用 Y-△ 换接起动。

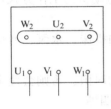
a) 星形联结外部接线

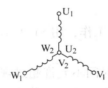
b) 星形联结绕组接线形式

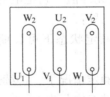
c) 三角形联结外部接线

d) 三角形联结绕组接线形式

图1-3  电动机的接线形式

我国绝大部分 Y 系列三相异步电动机的额定电压为380V。电动机如标有两种电压值,如 220/380V,则表示当电源电压为220V 时,电动机应作三角形联结;当电源电压为380V 时,电动机应作星形联结。

(3) 电流  铭牌上的电流是指电动机在额定运行时,定子绕组的额定线电流值,即额定电流,用 $I_N$ 表示。

(4) 功率、功率因数和效率  铭牌上的功率指电动机在额定运行状态下,其轴上输出的机械功率,即额定功率,用 $P_N$ 表示。

对电源来说,电动机为三相对称负载,则电源输入的功率为

$$P_{1N} = \sqrt{3} U_N I_N \cos\varphi \tag{1-1}$$

式中，$\cos\varphi$ 是定子的功率因数，即定子相电压与相电流相位差的余弦。

笼型异步电动机在空载时的 $\cos\varphi$ 很低，为 0.1 左右。随着负载的增加，$\cos\varphi$ 迅速升高，额定运行时，功率因数为 0.7~0.9。为了提高电路的功率因数，要尽量避免电动机轻载或空载运行。因此，必须正确选择电动机的容量，防止"大马拉小车"，并力求缩短空载运行时间。

电动机的效率为

$$\eta = (P_N/P_{1N}) \times 100\% \tag{1-2}$$

通常情况下，电动机额定运行时的效率为 72%~96%，功率越大，效率越高。

(5) 频率  铭牌上的频率是指定子绕组外加的电源频率，即额定频率，用 $f_1$ 或 $f_N$ 表示。我国电网的频率（工频）为 50Hz。

(6) 转速  铭牌上的转速是指电动机在额定电压、额定频率及输出额定功率时的转速，称为额定转速 $n_N$。由于额定状态下转差率 $s_N$ 很小，$n_N$ 和同步转速 $n_0$ 相差很小，故可根据额定转速判断出电动机的磁极对数。例如，若 $n_N=1440$r/min，则其 $n_0$ 应为 1500 r/min，从而推断出磁极对数 $p=2$（参见例 1-1）。

(7) 绝缘等级  绝缘等级是根据电动机绕组所用的绝缘材料，按使用时的最高允许温度而划分的不同等级。三相异步电动机常用绝缘材料的等级及其最高允许温度见表 1-3。

表 1-3　三相异步电动机常用绝缘材料的等级及其最高允许温度

| 绝缘等级 | 130（B） | 155（F） | 180（H） |
|---|---|---|---|
| 最高允许温度/℃ | 130 | 155 | 180 |

(8) 工作方式  工作方式是对电动机在铭牌规定的技术条件下持续运行时间的限制，以保证电动机的温升不超过允许值。它是电动机承受负载情况的说明。电动机的工作方式可分为 10 种，常用的有以下三种：

1) 连续工作方式：在额定状态下可长期连续工作，用 S1 表示。如机床、水泵、通风机等设备所用的异步电动机。

2) 短时工作方式：在额定情况下，持续运行时间不允许超过规定的时限，否则会使电动机过热，用 S2 表示。短时工作分为 10min、30min、60min 及 90min 这四种。

3) 断续工作方式：电动机的工作与停歇交替进行，时间都很短，用 S3 表示，如吊车、起重机等所用的电动机。

(9) 防护等级  防护等级是指外壳防护型电动机的分级，用 IP×× 表示。如 IP 44，其中第一个 4 表示此电动机可防护直径大于 1mm 的物体进入机内，第二个 4 表示防溅水。

> **想一想**：某三相笼型异步电动机的额定电压为 220/380V，那么在 380V 的情况下，可否采用 Y-△ 起动？为什么？

## 1.1.2　三相异步电动机的选择

三相异步电动机的选择是否合理，对电气设备能否安全运行，能否具有良好的经济、技术指标有很大影响。在选择电动机时,应根据实际需要和经济、安全出发,合理选择其功率和类型等。

**1. 功率(即容量)的选择**

电动机功率的选择,由生产机械所需的功率决定。

对连续运行的电动机,要先算出生产机械的功率,使所选电动机的额定功率等于或稍大于生产机械功率即可。

对短时运行的电动机,可根据过载系数 $\lambda$ 来选择功率。电动机的额定功率可以是生产机械所要求功率的 $1/\lambda$。

**2. 电动机类型的选择**

选择电动机的类型可根据电源类型、机械特性、调速与起动特性、维护及价格等方面来考虑。

1)三相电源是最普通的动力电源,若无特殊要求,交流电动机优于直流电动机。

2)选择交流电动机时,笼型异步电动机的结构、价格、可靠性及维护等方面优于绕线转子异步电动机。

3)起动、制动频繁且具有较大起动转矩、制动转矩和小范围调速要求的,可选用绕线转子异步电动机,如起重机、锻压机、卷扬机等设备所用的电动机。

4)要求转速恒定或功率因数较高时,宜选用同步电动机。

此外,还要考虑电动机的结构形式和安装形式。电动机结构形式的特点及应用场合见表1-4。

表1-4 电动机结构形式的特点及应用场合

| 结构形式 | 特点 | 适用场合 |
|---|---|---|
| 开启式 | 结构上无防护装置,通风良好 | 干燥、无尘的场合 |
| 防护式 | 机壳或端盖下有通风罩,可防杂物掉入 | 一般场合 |
| 封闭式 | 外壳严密封闭,电动机靠自身风扇或外部风扇冷却,并带散热片 | 潮湿、多灰尘或酸性气体场合 |
| 防爆式 | 整个电动机严密封闭 | 有爆炸性气体和可燃粉尘的场合 |

注:电动机的安装形式有立式和卧式两种,带底脚的电动机常采用卧式安装。

**3. 电压的选择**

电压的选择要根据电动机类型、功率及使用地点的电源电压来决定。大容量的电动机(大于100kW)在允许条件下一般选用如3000V、6000V或1000V的高压电动机,较小容量的Y系列笼型异步电动机电压只有380V一个等级。

**4. 转速的选择**

电动机的额定转速取决于生产机械的要求和传动机构的变速比。额定功率一定时,电动机转速越高,则体积越小,价格越低,但需要变速比大的传动减速机构。因此,必须综合考虑电动机和机械传动等方面的因素。

**例** 有一台三相异步电动机,其技术数据为:额定功率 $P_N = 30\text{kW}$,△形联结(额定电压 $U_N = 380\text{V}$),额定转速 $n_N = 1470\text{r/min}$,额定工作时的效率 $\eta = 92.2\%$,定子功率因数 $\cos\varphi = 0.87$,工频 $f_1 = 50\text{Hz}$,起动电流比 $I_{st}/I_N = 7.0$。试求:1)极对数 $p$;2)额定转差率 $s_N$;3)额定电流 $I_N$;4)直接起动电流 $I_{st}$。

**解**:1)求极对数 $p$。

由于电动机的额定转速略小于旋转磁场的同步转速 $n_0$,因此,可根据 $n_N = 1470\text{r/min}$ 判断其同步转速 $n_0 = 1500\text{r/min}$,故得

$$p = 60\frac{f_1}{n_0} = 60 \times \frac{50}{1500} = 2$$

2)求额定转差率 $s_N$。

$$s_N = \frac{(n_0 - n_N)}{n_0} \times 100\% = \frac{(1500 - 1470)}{1500} \times 100\% = 2\%$$

3)求额定电流 $I_N$。

因为 电动机的额定输入功率 $P_{1N} = \frac{P_N}{\eta} = \sqrt{3}U_N I_N \cos\varphi$

所以 $I_N = \frac{P_N}{\sqrt{3}U_N \cos\varphi\eta} = \frac{30 \times 10^3}{(\sqrt{3} \times 380 \times 0.92 \times 0.87)}\text{A} \approx 56.9\text{A}$

4)求直接起动电流 $I_{st}$。

$$I_{st} = 7.0\, I_N = 7.0 \times 56.9\text{A} = 398.3\text{A}$$

**思考题**:1)说明电动机型号 Y160L-4 的意义。

2)说明某三相异步电动机铭牌的意义:3kW、丫/△、220/380V、11.78/6.8A、1420r/min、50Hz、$\cos\varphi = 0.81$。

## 1.2 三相异步电动机的全电压起动控制(边学边做)

图 1-4 所示为三相异步电动机直接起动的电路图及所用到的电气元器件。

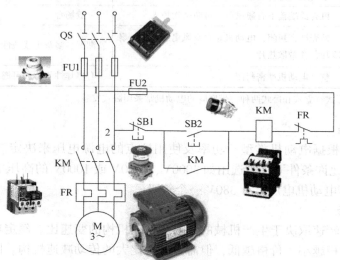

图 1-4 三相异步电动机直接起动电路图及所用到的电气元器件

我们知道,机械制图中的图样是工程语言,是表达设计意图和制造要求以及交流经验的技术文件,由图形、符号、文字和数字等组成。它同样也适用于电气控制系统,称为电气控制图,包括电气原理图、电气元器件布置图和电气安装接线图等,用来表达各电气元器件的

安装位置、连接形式及控制关系。

图 1-4 所示的电路(去掉电气元器件实物图)为电气原理图,它是根据系统的工作原理、采用电气元器件展开的形式绘制的。图 1-4 中只包括电气元器件的导电部件和接线端点之间的相互关系,并不是按照各电气元器件实际布置的位置和实际接线情况来绘制的(如电路图中有 3 处 KM 标志,其实是一个电气元器件)。

1) 电气原理图一般分为主电路图和控制电路图。主电路图是从电源到电动机绕组的大电流通过的路径,是强电流通过的部分,一般在原理图的左边(或上部)。控制电路图是通过弱电流的电路,一般在原理图的右边(或下部)。

2) 电气原理图中的各电气元器件,必须采用国家统一的图形和文字代号。各电气元器件的导电部件(如 KM 线圈和触点),都绘制在它们起作用的地方(故同一电气元器件的各个部件可不在一起)。

3) 电气原理图中各电气元器件的触点是没有外力作用或没有通电时的原始状态。如按钮的触点按不受外力作用时的状态绘制;接触器的触点按线圈未通电时的状态绘制。

【任务目标】

1) 认识与起动控制相关的几个常用的低压电器元件——刀开关、熔断器、热继电器、低压断路器、按钮、接触器及变压器。

2) 学会全电压直接起动的控制方法。

【设备环境】

学习所需工具、设备清单,见表 1-5。

表 1-5 工具、设备清单

| 序 号 | 分 类 | 名 称 | 数 量 | 单 位 |
|---|---|---|---|---|
| 1 | 工具 | 验电笔 | 1 | 只 |
| 2 | | 电工钳 | 1 | 把 |
| 3 | | 剥线钳 | 1 | 把 |
| 4 | | 电工刀 | 1 | 把 |
| 5 | | 螺钉旋具(一字和十字) | 1 | 套 |
| 6 | | 万用表 | 1 | 台 |
| 7 | 设备 | 三相笼型异步电动机 | 1 | 台 |
| 8 | | 交流接触器 | 3 | 只 |
| 9 | | 热继电器 | 1 | 只 |
| 10 | | 熔断器 | 2 | 只 |
| 11 | | 按钮 | 2 | 只 |
| 12 | | 刀开关 | 1 | 只 |
| 13 | 消耗材料 | 绝缘导线 | 若干 | m |

### 1.2.1 相关电器元件

**1. 刀开关**

刀开关俗称闸刀开关,主要用来接通和断开长期工作的设备电源,又称负荷开关。常用的刀开关有 HK 型开启式负荷开关、HH 型封闭式负荷开关、HD 型单投刀开关，HS 型双投刀开关（刀形转换开关）、HR 型熔断器式刀开关和 HZ 型组合开关等。

（1）开启式负荷开关　开启式负荷开关的结构如图 1-5 所示，主要由操作手柄、动触点、静触点、熔丝和底板等组成。

开启式负荷刀开关分单极、双极和三极。机床上常用的是三极开关，其长期允许通过的电流有 10A、15A、20A、30A、60A、100A、200A、400A、600A、800A、1000A 等多种，常用的产品型号有 HD（单投）和 HS（双投）等系列。

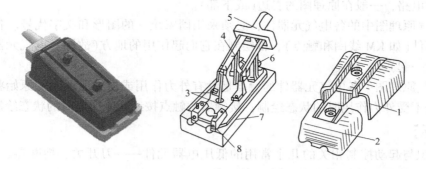

图 1-5　双极 HR 型刀开关实物及结构图
1—上盖　2—下盖　3—熔丝　4—触刀　5—操作手柄
6—进线座　7—底板　8—出线座

**注意**：刀开关安装时，手柄要向上，不得倒装或平装。如果倒装，拉闸后手柄可能会因自重下落而引起误合闸，造成人身及设备安全事故。接线时，必须将电源线接在刀开关的上端，负载线接在其下端。

（2）封闭式负荷开关　常用的 HH 系列封闭式负荷开关，俗称为铁壳开关，它把速断刀开关与熔断器组合在一起，主要由手柄、动触点、静触点、熔断器和速断弹簧等组成。如图 1-6 所示，三把闸刀（三极）固定在一根绝缘方轴上，由手柄操作，操作机构有机械联锁，使盖子打开时手柄不能合闸；而手柄合闸时盖子不能打开，以确保安全。封闭式负荷开关常用来控制小容量异步电动机的不频繁起动和停止。

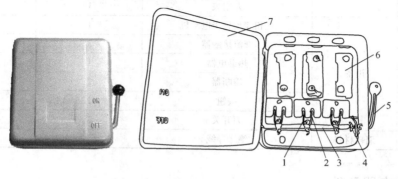

图 1-6　封闭式负荷开关实物及结构图
1—U 形动触点（刀）　2—静触点（静夹座）　3—转轴　4—速断弹簧
5—手柄　6—瓷插式熔断器　7—开关盖

（3）刀开关的选用　刀开关主要根据电源种类、电压等级、电动机容量、所需极数及使用场合来选用。如果用来控制非频繁起停的较小容量异步电动机，其额定电流不能小于电动机额定电流的 3 倍。

刀开关的图形符号及文字符号如图 1-7 所示。

图 1-7　刀开关的图形符号及文字符号

**2. 熔断器**

熔断器是一种广泛应用的最简单有效的保护电器。在使用时，熔断器串接在所保护的电路中，当电路发生短路或严重过载时，它的熔体能自动迅速熔断，从而切断电路，使导线和电气设备不致损坏。

（1）熔断器的组成　熔断器主要由熔体（又称熔丝）和安装熔体的熔管（或熔座）两部分组成。熔体一般由熔点低、易于熔断、导电性能良好的合金材料制成。在小电流电路中，常用铅合金或锌制成的熔体（熔丝）；在大电流电路中，常用铜或银制成片状或笼状的熔体。在正常负载情况下，熔体温度低于熔断所必需的温度，熔体不会熔断；当电路发生短路或严重过载时，电流变大，熔体温度达到熔断温度而自动熔断，切断被保护的电路。熔体为一次性使用元件，再次工作时必须更换新的熔体。

（2）熔断器的分类　熔断器常用产品有插入式、螺旋式和密封管式等。密封管式熔断器又分为有填料密封管式和无填料密封管式。

1）RL 型螺旋式熔断器。图 1-8 所示为 RL 型螺旋式熔断器，其熔芯内装有熔丝，并填充石英砂，用于熄灭电弧，分断能力强。熔体上的上端盖有一熔断指示器，一旦熔体熔断，指示器马上弹出，可透过瓷帽上的玻璃孔观察到。螺旋式熔断器额定电流为 5～200A，主要用于短路电流大的分支电路或有易燃气体的场所。常用产品有 RL6、RL7 和 RLS2 等系列，其中 RL6 和 RL7 主要用于机床电气控制设备中。

a）熔断器实物图

b）熔体实物图

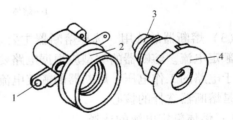
c）RL 型熔断器示意图

图 1-8　RL 型螺旋式熔断器
1—接线端子　2—底座　3—熔体　4—瓷帽

2）RC 型插入式熔断器。图 1-9 所示为 RC 型插入式熔断器。常用的产品有 RC1A 系列，主要用于低压分支电路的短路保护，因其分断能力较小，多用于照明电路和小型动力电路中。

3）RT 型有填料密封管式熔断器。图 1-10a 所示为 RT 型有填料密封管式熔断器。熔断器中装有石英砂，用来冷却和熄灭电弧。熔体为网状，短路时可使电弧分散，由石英砂将电弧冷却熄灭，可将电弧在短路电流达到最大值之前迅速熄灭，以限制短路电流，常用于大容量电力网或配电设备中。常用产品有 RT12、RT14、RT15 和 RS3 等系列。

4) RM10 型无填料密封管式熔断器。图 1-10b 所示为 RM10 型无填料密封管式熔断器，主要用于供配电系统，作为线路的短路保护及过载保护，采用变截面片状熔体和密封纤维管。由于熔体较窄处的电阻小，在短路电流通过时产生的热量最大，先熔断，因而可产生多个熔断点使电弧分散，以利于灭弧。短路时其电弧燃烧密封纤维管产生高压气体，以便将电弧迅速熄灭。无填料密封管式熔断器具有结构简单、保护性能好、使用方便等特点，一般与刀开关组合使用。

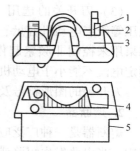

a) RC 型熔断器实物图　　b) RC 型熔断器示意图

图 1-9　RC 型插入式熔断器
1—动触点　2—熔体　3—瓷插件
4—静触点　5—瓷座

  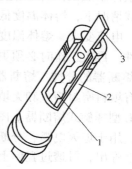

a) RT 型有填料密封管式熔断器　　b) RM10 型无填料密封管式熔断器　　c) 密封管式熔断器示意图

图 1-10　密封管式熔断器
1—熔体　2—熔管　3—熔片

（3）熔断器的选用　选择熔断器主要是选择熔断器的类型、额定电压、额定电流及熔体的额定电流。熔断器的类型应根据电路要求和安装条件来选择；熔断器的额定电压应大于或等于电路的工作电压；熔断器的额定电流应大于或等于熔体的额定电流。熔体额定电流的选择是熔断器选择的核心。

1) 熔体额定电流的选择。

① 对于照明、电炉等没有冲击电流的电阻性负载，熔体的额定电流等于或稍大于电路的工作电流。

② 对于电动机类负载，应考虑起动冲击电流的影响。

保护单台电动机时，熔断器的额定电流按下式计算，即

$$I_{RN} = (1.5 \sim 2.5)I_N \tag{1-3}$$

式中，$I_N$ 为电动机的额定电流，轻载起动或起动时间较短时，系数可取 1.5；重载起动或起动时间较长时，系数可取 2.5。

③ 对于多台电动机由一个熔断器保护时，熔体的额定电流按下式计算，即

$$I_{RN} = (1.5 \sim 2.5)I_{Nmax} + \sum I_N \tag{1-4}$$

式中，$I_{Nmax}$ 为容量最大的一台电动机的额定电流；$\sum I_N$ 为其余电动机额定电流之和。

在配电系统中，通常有多级熔断器保护。发生短路故障时，远离电源端的前级熔断器应先熔断，因此后一级熔体的额定电流通常比前一级熔体的额定电流至少应大一个等级，以防止熔断器越级熔断而扩大停电范围。

2）常用熔断器的主要技术数据见表1-6。

表1-6 熔断器的主要技术数据

| 型号 | 熔断器额定电流/A | 熔体额定电流/A | 备注 | 型号 | 熔断器额定电流/A | 熔体额定电流/A | 备注 |
| --- | --- | --- | --- | --- | --- | --- | --- |
| RC1A-5 | 5 | 1，2，3，5 | | RL1-15 | 15 | 2，4，5，10，15 | |
| RC1A-10 | 10 | 2，4，6，8，10 | | RL1-60 | 60 | 20，25，30，35，40，50，60 | |
| RC1A-15 | 15 | 6，10，12，15 | | RL1-100 | 100 | 60，80，100 | |
| RC1A-30 | 30 | 15，20，25，30 | | RL1-200 | 100 | 100，125，150，200 | |
| RC1A-60 | 60 | 30，40，50，60 | | RS3-50 | 50 | 10，15，30，50 | 快熔断 |
| RC1A-100 | 100 | 60，80，100 | | RS3-100 | 100 | 80，100 | |
| RC1A-200 | 200 | 100，120，150，200 | | RS3-200 | 200 | 150，200 | |

熔断器的图形符号及文字符号如图1-11所示。

**3．热继电器**

热继电器是利用电流的热效应原理对三相异步电动机长期过载进行保护的。电动机在实际运行中，常会遇到过载情况，只要过载不严重、时间短、绕组不超过允许温度是允许的。但如果过载情况严重，时间长，则会加速电动机绝缘的老化，甚至烧毁电动机，因此必须对电动机进行长期过载保护。热继电器的外形如图1-12所示。

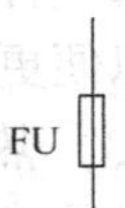

图1-11 熔断器的图形符号及文字符号

（1）热继电器的组成及工作原理 热继电器主要由热元件、双金属片和触点三部分组成，其原理图如图1-13所示。

图1-12 热继电器的外形图
1—复位按钮 2—整定值调节钮
3—辅助常闭触点接线柱 4—热元件接线柱

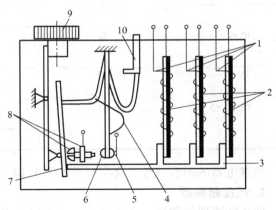

图1-13 热继电器的原理图
1—热元件 2—双金属片 3—扣板 4—弹簧
5—常闭静触点 6—动触点 7—杠杆 8—螺钉及触点
9—调节旋钮 10—复位按钮

工作时，把热元件(一段阻值不大的电阻丝)接在电动机的主电路中。当电动机过载时，流过热元件的电流增大，热元件产生的热量使双金属片(由两种不同热膨胀系数的金属辗压而成)向上弯曲。经过一段时间后，弯曲位移增大，造成脱扣。扣板在弹簧的拉力作用下，将常闭触点断开(此触点串接在电动机的控制电路中)，控制电路断开使接触器的线圈断电，从而断开电动机的主电路。经一段时间冷却后，能自动或通过按下复位按钮手动复位。

在三相异步电动机电路中，一般采用两相结构的热继电器，即在两相主电路中串接热元件即可。如果发生三相电源电压严重不平衡、电动机绕组内部短路或绝缘不良等故障，使电动机某一相的线电流比其他两相要高，而这一相若没有串接热元件，则热继电器不能起到保护作用，这时需采用三相结构的热继电器。

**注意**：热继电器由于热惯性，当电路短路时不能立即动作而使电路瞬间断开，因此不能用作短路保护。同理，在电动机起动或瞬间过载时，热继电器也不会动作，这样可避免电动机不必要的断电停机。

(2) **热继电器的技术数据** 常用的热继电器有 JRS1、JRS4、JRS28、JRSIDs 及 JR36 等系列。表1-7 为 JR36-32 型和 JR36-63 型热继电器的技术数据。它的额定电压为 380V，额定电流分别为 32A 和 63A，分别可以配用 10~32A、14~63A 范围内共7种电流等级的热元件。每一种电流等级的热元件，都有一定的电流调节范围，一般应调节到电动机额定电流值，以便更好地起到过载保护作用。

(3) **热继电器的选择** 热继电器的选择主要是根据电动机的额定电流来确定热继电器的型号及热元件的额定电流等级。例如电动机额定电流为 14.6A，额定电压 380V(AC)，若选用 JR36-32 型热继电器，热元件电流等级为 16A，由表1-7 可知，电流调节范围为 10~16A，因此可将其电流整定为 14.6A。

表1-7 JR36-32 型和 JR36-63 型热继电器的技术数据

| 型 号 | 壳架额定电流/A | 热元件等级 | |
| --- | --- | --- | --- |
| | | 整定电流/A | 配用熔断器规格，如 RT16 |
| JR36-32 | 32 | 10~16 | 40 |
| | | 14~22 | 50 |
| | | 20~32 | 63 |
| JR36-63 | 63 | 14~22 | 50 |
| | | 20~32 | 63 |
| | | 28~45 | 90 |
| | | 40~60 | 125 |

热继电器的图形符号及文字符号如图 1-14 所示。

**4. 低压断路器**

低压断路器俗称自动空气开关。它不但能用于正常工作时不频繁接通和断开的电路中，而且当电路发生过载、短路或欠电压等故障时，能自动切断电路，有效地保护串接在它后面的电气设备。因此，低压断路器在机床上的使用非常广泛。

图 1-15 为低压断路器的实物图及示意图。

(1) **低压断路器的工作原理** 如图 1-16 所示，低压断路器的主触点是靠操作机构手动或电动合闸的,并由自由脱扣机构将主触点锁在合闸位置上。如果电路发生故障,自由脱扣机构在有关脱扣器的推动下动作,使钩子脱开,则主触点在弹簧作用下迅速分断。过电流脱扣器的线圈和热脱扣器的热元件与主电路串联,欠电压脱扣器的线圈与电路并联。当电路发生短路或严重过载时,过电流脱扣器的衔铁被吸合,使自由脱扣机构动作。当电路过载时,热脱扣器的热元件产生的热量增加,使双金属片向上弯曲,推动自由脱扣机构动作。当电路欠电压时,欠电压脱扣器的衔铁释放,也使自由脱扣机构动作。分励脱扣器则作为远距离控制分断电路之用。

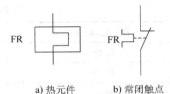

图 1-14 热继电器的图形符号及文字符号

a) 实物图

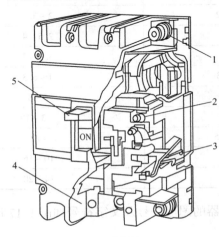

b) 示意图

图 1-15 低压断路器的实物图及示意图
1—接线柱 2—脱扣指示按钮 3—过电流脱扣器 4—外壳 5—操作手柄

(2) 低压断路器的选用 选择低压断路器时,其额定电压和额定电流应不小于电路正常工作的电压和电流。热脱扣器的整定电流与所控制的电动机的额定电流或负载额定电流一致。过电流脱扣器的整定电流选择参见熔断器部分。

机床上常用的低压断路器有 DZ1-20、DZ1-50、DZ10、3VE1、3VE3 和 3VE4 等系列,适用于交流电压 500V、直流电压 220V 以下的电路。

3VE 系列低压断路器的额定电压为 660V,可在三相交流(AC3)负载下作为起动和断开电动机的全电压起动器,主要有 3VE1、3VE3、3VE4 三种型号,其中 3VE3、3VE4 型断路器具有较高的短路分断能力。3VE1 型断路器为按钮操作,3VE3 型为旋钮操作,3VE4 型为手柄操作。断路器为板前接线式,可以直接卡在符合 DINE50022 标准的导轨上,也可用螺钉安装在面板上。表 1-8 为 3VE1 系列低压断路器的主要技术数据。

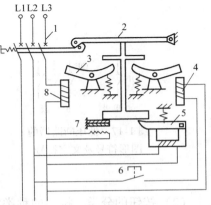

图 1-16 低压断路器工作原理图
1—主触点 2—自由脱扣机构 3—衔铁
4—分励脱扣器 5—欠电压脱扣器
6—按钮 7—热脱扣 8—过电流脱扣器

表 1-8　3VE1 系列低压断路器的主要技术数据

| 额定电流/A | 长延时脱扣器电流整定范围/A | 瞬时脱扣电流整定值/A |
| --- | --- | --- |
| 0.16 | 0.1~0.16 | 1.9 |
| 0.25 | 0.16~0.25 | 3 |
| 0.4 | 0.25~0.4 | 4.8 |
| 0.63 | 0.4~0.63 | 7.5 |
| 1 | 0.63~1 | 12 |
| 1.6 | 1~1.6 | 19.2 |
| 2.5 | 1.6~2.5 | 30 |
| 3.2 | 2~3.2 | 38 |
| 4 | 2.5~4 | 48 |
| 5 | 3.2~5 | 60 |
| 6.3 | 4~6.3 | 75 |
| 8 | 5~8 | 96 |
| 10 | 6.3~10 | 120 |
| 12.5 | 8~12.5 | 150 |
| 16 | 10~16 | 192 |
| 20 | 14~20 | 240 |

低压断路器的图形符号及文字符号如图 1-17 所示。

**5. 按钮**

按钮通常是在低压控制电路中用于手动短时接通或断开小电流控制电路的开关。

（1）按钮的组成　按钮由按钮帽、复位弹簧、触点和外壳等组成。常用的具有常开触点和常闭触点的复合式结构，如图 1-18 所示。

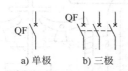

a) 单极　b) 三极

图 1-17　低压断路器的图形符号及文字符号

 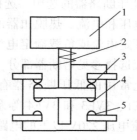

图 1-18　按钮实物及结构示意图
1—按钮帽　2—复位弹簧　3—常闭静触点
4—动触点　5—常开静触点

（2）按钮的分类　按钮的种类很多，按其用途和结构可分为起动按钮、停止按钮和复合按钮等；按其按钮帽的类型可分为一般式按钮、蘑菇头式按钮、旋钮式按钮和钥匙式按钮等；按其按钮的工作形式可分为自锁式按钮和复位式按钮，自锁式按钮需要人为进行复位。图 1-19 所示为不同类型的按钮实物图。

第1章 三相异步电动机的基本控制

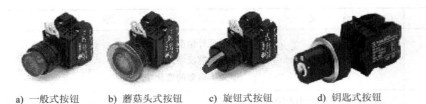

a) 一般式按钮　　b) 蘑菇头式按钮　　c) 旋钮式按钮　　d) 钥匙式按钮

图 1-19　不同类型的按钮实物图

1）起动按钮通常带有常开触点，手指按下按钮帽，常开触点闭合；手指松开，常开触点复位。起动按钮的按钮帽通常采用绿色。

2）停止按钮带有常闭触点，手指按下按钮帽，常闭触点断开；手指松开，常闭触点复位。停止按钮的按钮帽通常用红色。

3）复合按钮带有常开触点和常闭触点，手指按下按钮帽，常闭触点断开，常开触点闭合；手指松开，常开触点和常闭触点复位。

4）指示灯式按钮是在按钮内装入信号灯以显示信号。用红色表示报警或停止；绿色表示起动或正常运行；黄色表示正在改变状态(如变速)；白色用于电源指示。

5）紧急式按钮装有红色蘑菇形按钮帽，便于紧急操作，通常也称为急停按钮。在紧急状态时按下按钮，断开控制电路。排除故障后，右旋蘑菇头，即可使按钮复位。

6）旋钮式按钮是通过旋转旋钮位置来进行操作的。

（3）按钮的选用　按钮的额定电压、额定电流有多种，额定电压通常为交流 380V、交流 110V、直流 220V 等；额定电流为 5A、2A 等。机床上常用的型号很多，有 LA18、LA19 及 LAY3 等。按钮主要根据所需要的触点数和使用场合来选择，选用原则如下：

1）根据使用场合，选择控制按钮的种类，如开启式、防水式、防腐式等。

2）根据用途，选用合适的类型，如钥匙式、紧急式、带灯式等。

3）按控制电路的需要，确定不同的按钮数，如单钮、双钮、三钮、多钮等。

4）按工作状态指示和工作情况的要求，选择按钮及指示灯的颜色。

表 1-9 给出了按钮各种颜色的含义。

表 1-9　按钮颜色的含义

| 颜　色 | 含　　义 | 举　　例 |
| --- | --- | --- |
| 红 | 处理事故 | 紧急停机 |
| | "停止"或"断电" | 正常停机<br>停止一台或多台电动机<br>装置的局部停机<br>切断一个开关 |
| 绿 | "起动"或"通电" | 正常起动<br>起动一台或多台电动机<br>装置的局部起动<br>接通一个开关装置(投入运行) |

| 颜色 | 含义 | 举例 |
|---|---|---|
| 黄 | 参与 | 防止意外情况<br>参与抑制反常的状态<br>避免不需要的变化（事故） |
| 蓝 | 上述颜色未包含的任何指定用意 | 凡红、黄和绿色未包含的用意，皆可用蓝色 |
| 黑、灰、白 | 无特定用意 | 除单功能的"停止"或"断电"按钮外的任何功能 |

（续）

按钮的图形符号及文字符号如图 1-20 所示。

图 1-20d、e 为自锁式按钮的图形符号和文字符号。

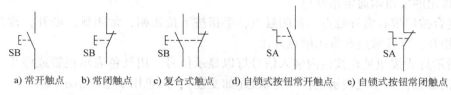

图 1-20 按钮的图形符号及文字符号
a) 常开触点　b) 常闭触点　c) 复合式触点　d) 自锁式按钮常开触点　e) 自锁式按钮常闭触点

### 6. 接触器

接触器是电力拖动自动控制系统中使用量很大的一种低压控制电器，用来频繁地接通或分断带有负载的主电路。其主要控制对象是电动机，能实现远距离控制，具有欠（零）电压保护功能。按其线圈工作电源的种类，可分为直流接触器和交流接触器。机床上应用最多的是交流接触器。交流接触器实物及结构如图 1-21 所示。

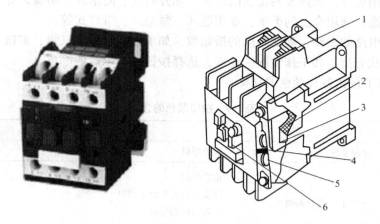

图 1-21　交流接触器实物及结构图
1—线圈接线柱　2—线圈　3—动铁心　4—反作用弹簧　5—主触点　6—状态指示钮

（1）接触器的结构　接触器由电磁机构、触点系统、灭弧装置及其他部件组成。

1）电磁机构。电磁机构由动铁心（衔铁）、静铁心和电磁线圈三部分组成，其作用是将电磁能转换成机械能，产生电磁吸力，带动触点动作。

电磁系统的铁心形状有 U 形和 E 形两种。

2）触点系统。触点系统包括主触点和辅助触点。其中，主触点通常为 3 对常开触点，用于通断主电路；辅助触点一般有常开触点、常闭触点各 2 对，用于控制电路中的电气自锁或互锁，有时还用于指示灯电源控制。

触点按其原始状态可分为常开触点和常闭触点。原始状态（即线圈未通电）断开、线圈通电后闭合的触点为常开触点；原始状态闭合、线圈通电后断开的触点为常闭触点。线圈断电后所有触点复原。

3）灭弧装置。当触点断开大电流回路时，在动、静触点间会产生强烈的电弧，从而烧坏触点并使切断时间拉长。为使接触器可靠工作，必须使电弧迅速熄灭，因此采用灭弧装置。容量在 10A 以上的接触器都应有灭弧装置。

4）其他部件。其他部件包括反作用弹簧、触点压力弹簧、传动机构及外壳等。

(2) 接触器的工作原理　如图 1-22 所示，当线圈通电后，线圈电流产生磁场，静铁心产生电磁吸力将衔铁吸合。衔铁带动触点系统动作，使常闭触点断开、常开触点闭合。当线圈断电时，电磁吸力消失，衔铁在反作用弹簧的作用下释放，触点系统随之复位。

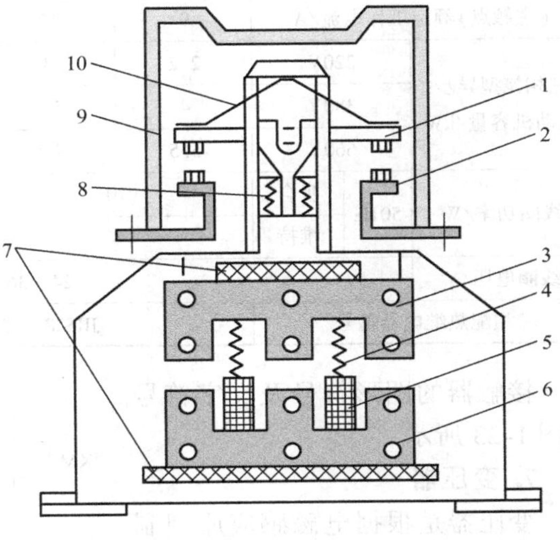

(3) 接触器的选用　交流接触器的选择主要考虑主触点的额定电压、额定电流、辅助触点的数量与种类、吸引线圈的电压等级、操作频率等。

1）接触器的触点。接触器的额定电压是指主触点的额定电压。交流接触器的额定电压一般为 500V 或 380V 两种，应大于或等于负载回路的电压。

图 1-22　交流接触器工作原理示意图
1—动触点　2—静触点　3—衔铁　4—弹簧　5—线圈
6—静铁心　7—垫毡　8—触点弹簧
9—灭弧罩　10—触点压力弹簧

接触器的额定电流是指主触点的额定电流，机床常用的有 5A、10A、20A、30A、40A、63(60)A、100A 和 150A 等几种，选择时应大于或等于被控回路的额定电流。对于电动机负载，可按下面的经验公式计算：

$$I_C = \frac{P_N}{KU_N} \tag{1-5}$$

式中，$I_C$ 为接触器主触点电流（A）；$P_N$ 为电动机的额定功率（kW）；$U_N$ 为电动机的额定电压（V）；$K$ 为经验系数，一般为 1～1.3，频繁起动时取最小值。

接触器的触点数量和种类应满足主电路和控制电路的需要。各种类型的接触器触点数目不同：交流接触器的主触点有 3 对（常开触点），辅助触点通常有 4 对（2 对常开触点、2 对常闭触点），最多可达到 6 对（3 对常开触点、3 对常闭触点）；直流接触器的主触点一般有 2 对（常开触点）。

2）接触器的线圈。接触器吸引线圈的额定电压等于控制回路的电源电压，从安全角度考虑，选择较低的电压为好。交流接触器吸引线圈的额定电压有36V、110V(127V)、220V和380V等几种；直流接触器吸引线圈的额定电压有24V、36V、110V和220V等。

3) 额定操作频率。接触器额定操作频率是指每小时线圈接通的次数。通常交流接触器为600次/h，直流接触器为1200次/h。

常用的交流接触器型号有CJ10系列、CJ20系列、CJ40系列、CJX系列、B系列、LC1-D系列、3TB和3TF系列等。型号CJX2-09的意义：CJX表示交流接触器，2表示设计序号，09表示在AC3（3相交流）使用类别下380V时主触点的额定电流为9A。CJX2系列接触器的主要技术数据见表1-10。

表1-10 CJX2系列接触器的主要技术数据

| 型 号 | | CJX2-09 | CJX2-12 | CJX2-18 | CJX2-25 | CJX2-32 | CJX2-40 |
|---|---|---|---|---|---|---|---|
| （主触点）额定工作电流/A | | 9 | 12 | 18 | 25 | 32 | 40 |
| 三相笼型异步电动机容量/kW | 220V | 2.2 | 3 | 4 | 5.5 | 7.5 | 11 |
| | 380V | 4 | 5.5 | 7.5 | 11 | 15 | 18.5 |
| | 660V | 5.5 | 7.5 | 9 | 15 | 18.5 | 30 |
| 线圈功率/W 50Hz | 吸合 | 70 | | | 110 | | 200 |
| | 维持 | 8 | | | 11 | | 20 |
| 线圈电压/V | | 24、36、48、110、127、220、380 | | | | | |
| 相配热继电器型号 | | JRS28-25 | | | JRS28-25，JRS28-36 | | JRS28-93 |

接触器的图形符号及文字符号如图1-23所示。

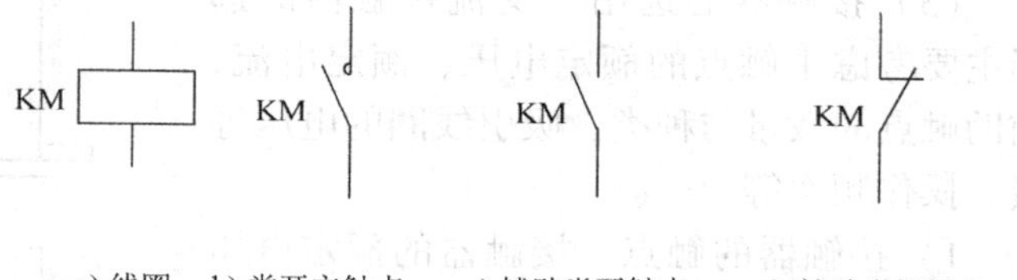

### 7. 变压器

变压器是根据电磁感应原理制成的一种电气设备，它具有变换电压、变换电流和变换阻抗等功能，因而在各领域中得到广泛应用。

a) 线圈　b) 常开主触点　c) 辅助常开触点　d) 辅助常闭触点

图1-23 接触器的图形符号及文字符号

变压器是电力系统中不可缺少的重要设备。在发电厂或电站，当输送一定的电功率且线路的 $\cos\varphi$ 一定时，由于 $P = UI\cos\varphi$，则电压 $U$ 越高、线路电流 $I$ 就越小。可见高压送电，既减小了输电导线的截面积，又减少了线路损耗。所以，电力系统中均采用高电压输送电能，再用变压器将电压降低供用户使用。

在电子电路中，变压器主要用来传递信号和实现阻抗匹配。此外，还有用于调节电压的自耦变压器、电加工用的电焊变压器和电炉变压器、测量电路用的仪用变压器等。

(1) 变压器的结构　虽然变压器种类繁多、形状各异，但其基本结构是相同的。变压器的主要组成部分是铁心和绕组。

铁心构成变压器的磁路。按照铁心结构的不同，变压器可分为心式和壳式两种。图1-24a为变压器实物图，图1-24b为心式铁心的变压器，其绕组套在铁心柱上，容量较大的变压器多为这种结构。图1-24c为壳式铁心的变压器，铁心把绕组包围在中间，常用于小容量的变压器中。

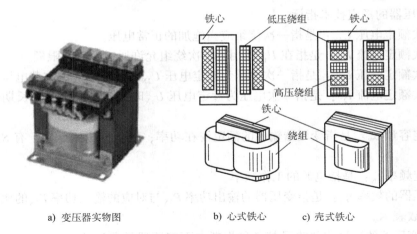

a) 变压器实物图　　　　b) 心式铁心　　c) 壳式铁心

图 1-24　变压器实物图及其铁心结构

绕组是变压器的电路部分。与电源连接的绕组称为一次绕组(俗称原绕组或原边),与负载连接的绕组称为二次绕组(俗称副绕组或副边)。一次绕组与二次绕组及各绕组与铁心之间都进行了绝缘处理。为了减小各绕组与铁心之间的绝缘等级,一般将低压绕组绕在里层,将高压绕组绕在外层。

大容量的变压器一般都配备散热装置,如三相变压器配备散热油箱、油管等。

(2) 变压器的工作原理　图 1-25 是单相变压器的原理图。为了分析问题方便,将一、二次绕组分别画在两侧。一次绕组匝数为 $N_1$,二次绕组匝数为 $N_2$。由于线圈电阻产生的电压降及漏磁通产生的漏磁电动势都非常小,因此在以下讨论中均被忽略。

当变压器一次侧接上交流电压 $u_1$ 时,一次绕组中便有电流 $i_1$ 通过,其磁动势 $N_1 i_1$ 产生的

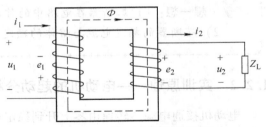

图 1-25　单相变压器的原理图

磁通 $\Phi_1$ 绝大部分通过铁心且闭合,从而在二次绕组中产生感应电动势。当其二次侧接负载时,就有电流 $i_2$ 通过,二次绕组的磁动势 $N_2 i_2$ 也产生磁通 $\Phi_2$,其绝大部分也通过铁心而闭合。因此,铁心中的磁通是两者的合成,称为主磁通 $\Phi$,它交链一次、二次绕组,并在其中分别感应出电动势 $e_1$ 和 $e_2$。变压器提供给负载的电压就是 $u_2(e_2)$。

此时一、二次电压满足以下关系:

$$\frac{U_1}{U_2} = \frac{N_1}{N_2} = K \tag{1-6}$$

式中,$U_1$、$U_2$ 为变压器一、二次电压的有效值,$K$ 为变压器的电压比。

**注意**:虽然变压器的一、二次电压取决于电压比,但却不能只根据电压比来选用变压器。例如,一、二次电压为 220/110V、匝数比为 2000/1000 的变压器,若用来变换 1000/500V 的电压就会烧坏变压器。这是因为,设计变压器时,一、二次侧的电磁关系分别满足 $U_1 \approx 4.44 f N_1 \Phi_m$ 和 $U_2 \approx 4.44 f N_2 \Phi_m$。对一次侧来讲,当 $f$ 和 $N_1$ 不变时,电源电压 $U_1$ 的升高会使 $\Phi_m$ 增加,由于磁饱和,$\Phi_m$ 的增大将会使一次绕组电流 $I_1$ 剧烈增加,因而造成一次绕组中电流过大而烧坏变压器。同理,$U_2$ 的升高也会使二次绕组过电流。

(3) 变压器的额定技术指标

1) 一次额定电压 $U_{1N}$：是指一次绕组应当施加的正常电压。

2) 一次额定电流 $I_{1N}$：是指在 $U_{1N}$ 作用下一次绕组允许通过电流的限额。

3) 二次额定电压 $U_{2N}$：是指一次电压为额定电压 $U_{1N}$ 时，二次侧的空载电压。

4) 二次额定电流 $I_{2N}$：是指一次电压为额定电压 $U_{1N}$ 时，二次绕组允许长期通过的电流限额。

5) 额定容量 $S_N$：是指变压器输出的额定视在功率；对于单相变压器，有 $S_N = U_{2N}I_{2N} = U_{1N}I_{1N}$。

6) 额定频率 $f_N$：是指电源的工作频率。

7) 变压器的效率 $\eta_N$：是指变压器的输出功率 $P_{2N}$ 与对应的输入功率 $P_{1N}$ 的比值，通常用小数或百分数表示。

前面对变压器的讨论均忽略了其各种损耗，而变压器是典型的交流铁心线圈电路，其运行时一次侧和二次侧必然有铜损和铁损，所以实际上变压器并不是百分之百地传递电能。大型电力变压器的效率可达 99%，小型变压器的效率为 60%~90%。

变压器的图形符号及文字符号如图 1-26 所示。

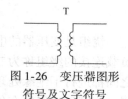

图 1-26 变压器图形符号及文字符号

**想一想**：1) 熔断器在电路中的作用是什么？它有哪些主要参数？

2) 熔断器的额定电流与熔体的额定电流是不是一回事？二者有何区别？

## 1.2.2 实训原理——电动机的起动分析

电动机接通电源，转速由零上升到稳定值的过程为起动过程。

在电动机接通电源的瞬间（即转子尚未转动时），转速 $n=0$，转差率 $s=1$，定子电流（即起动电流）$I_{st}$ 很大。起动电流虽很大，但起动时间短（仅几分之一秒到几秒），而且随着电动机转速的上升电流会迅速减小，故对容量不大且不频繁起动的电动机影响不大。

电动机的起动电流过大，会产生较大的线路电压降，则直接影响接在同一线路上的其他负载的正常工作。例如，可能使运行中的电动机转速下降，甚至停转。

电动机的起动电流大，但起动转矩却不大，通常是额定转矩的 1.1~2 倍。电动机起动转矩太小，就很难带负载起动，或延长了起动时间。这说明异步电动机的起动性能较差。但是，如果增大起动转矩，就会冲击负载，甚至损坏负载。因此，异步电动机的起动要根据电网及电动机的容量及负载的情况来选择起动方式。

三相异步电动机一般有全电压直接起动和减压起动两种方式。对于较大容量（大于 10kW）的电动机，因起动电流大，一般采用减压起动方式来降低起动电流。

## 1.2.3 实训步骤

起动时直接给电动机加额定电压即直接起动，或称为全电压起动。一般来讲，电动机的容量不大于直接供电变压器容量的 20%~30% 时，可直接起动。

(1) 直接用开关控制起动电动机  按图1-27a所示电路接线，检查无误后，将开关合上。此电路适用于较小容量电动机(如普通机床上的冷却泵、小型台钻或砂轮机等)，电动机的起停由开关直接控制。

(2) 单向全电压连续起动控制  先按图1-27b所示接好主电路；再按图1-27c所示接好控制电路。这是采用接触器控制的电动机全电压起动电路。

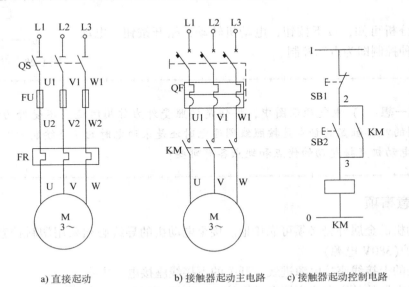

a) 直接起动    b) 接触器起动主电路    c) 接触器起动控制电路

图1-27  单向全电压起动控制电路

主电路由低压断路器QF(具有短路、过载等保护)、接触器KM的主触点与电动机M组成。控制电路是由起动按钮SB2、停止按钮SB1、接触器KM的线圈及其辅助常开触点组成的。图1-27c所示电路中，1、0线为此控制电路的电源线，通常由变压器供电。

接好电路并检查无误后，先接通控制电路电源，按下起动按钮SB2，检查接触器KM是否动作；按下SB1，断开KM。连接主电路，检查无误后，合上低压断路器QF，利用SB2和SB1来通断电动机。

电路的工作过程分析如下：

1) 按下起动按钮SB2，接触器KM的线圈通电，其主触点闭合，电动机起动运行。同时，与SB2并联的KM辅助常开触点闭合，将SB2短接。KM辅助常开触点的作用是，松开起动按钮SB2后，仍可使KM线圈通电，电动机继续运行。简述如下：

按下SB2 —→ KM线圈通电 ┬→ KM主触点闭合 —→ M旋转
                      └→ KM自锁触点闭合

这种依靠接触器自身的辅助触点来使其线圈保持通电的电路称为自锁或自保电路。带有自锁功能的控制电路具有欠电压保护作用，起自锁作用的辅助触点称为自锁触点。

2) 按下停止按钮SB1，接触器KM线圈断电，电动机M停止转动。此时KM的自锁触点断开，松手后，SB1虽又闭合，但KM的线圈不能自行通电。简述如下：

按下SB1 —→ KM线圈断电 ┬→ KM主触点断开 —→ M停转
                      └→ KM自锁触点断电

(3) 点动控制　图 1-28 所示是一种最简单的点动控制电路，其主电路同图 1-27b 所示。

1) 按下起动按钮 SB，接触器 KM 线圈通电，KM 主触点闭合，电动机 M 通电起动。

2) 松开按钮 SB，KM 线圈断电，KM 主触点断开，电动机 M 断电停转。

由线路分析可知，按下按钮，电动机转动；松开按钮，电动机停转，这种控制即为点动控制。

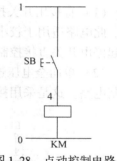

图 1-28　点动控制电路

> **想一想**：1) 电气原理图中，按钮是按照受外力作用时还是不受外力作用时的状态绘制的？接触器的触点是按照线圈通电时还是未通电时的状态绘制的？
> 2) 电动机直接起动的优点和缺点各有哪些？

### 1.2.4　注意事项

1) 电动机的金属外壳必须可靠接地。接至电动机的导线必须采用塑料护套线或四芯橡胶线加以保护（380V 电源）。

2) 开关的上接线座接电源进线，开关的下接线座接电源出线。

3) 热继电器的整定电流应按电动机的额定电流自行调整，若因过载动作，则再次起动电动机时，必须待热元件冷却并且热继电器复位后，方可进行。

## 1.3　三相异步电动机的减压起动控制（边学边做）

【任务目标】

1) 认识与减压起动控制相关的低压电器元件——时间继电器。
2) 学会Y-△减压起动的控制方法，会分析。
3) 学会自耦变压器减压起动控制。

【设备环境】

学习所需工具、设备清单见表 1-11。

表 1-11　工具、设备清单

| 序　号 | 分　类 | 名　称 | 数　量 | 单　位 | 备　注 |
|---|---|---|---|---|---|
| 1 | 工具 | 验电笔 | 1 | 只 | |
| 2 | | 电工钳 | 1 | 把 | |
| 3 | | 剥线钳 | 1 | 把 | |
| 4 | | 电工刀 | 1 | 把 | |
| 5 | | 螺钉旋具（一字和十字） | 1 | 套 | |
| 6 | | 万用表 | 1 | 块 | |
| 7 | | 钳形电流表 | 1 | 块 | 减压起动用 |

(续)

| 序 号 | 分 类 | 名 称 | 数 量 | 单 位 | 备 注 |
|---|---|---|---|---|---|
| 8 | 设备 | 三相笼型异步电动机 | 1 | 台 | |
| 9 | | 交流接触器 | 3 | 只 | |
| 10 | | 热继电器 | 1 | 只 | |
| 11 | | 熔断器 | 2 | 只 | |
| 12 | | 按钮 | 2 | 只 | |
| 13 | | 刀开关或断路器 | 1 | 只 | |
| 14 | | 时间继电器 | 1 | 只 | |
| 15 | | 三相滑线变阻器 | 1 | 台 | 串电阻减压起动 |
| 16 | | 自耦变压器 | 1 | 台 | 自耦减压起动 |
| 17 | 消耗材料 | 绝缘导线 | 若干 | m | |

## 1.3.1 时间继电器

从获得输入信号（线圈的通电或断电）时起，经过一定的延时后才有信号输出（触点的闭合或断开）的电器，称为时间继电器，它是一种用来实现触点延时接通或延时断开的控制电器。按其动作原理与结构不同，可分为电磁式、空气阻尼式、电动式及晶体管式等类型。随着科学技术的发展，在现代机床中，时间继电器已逐步被可编程序器件所代替。

（1）空气阻尼式时间继电器　空气阻尼式时间继电器是利用空气阻尼作用获得延时的，有通电延时和断电延时两种类型。图1-29a、b所示为JS7-A系列时间继电器的结构示意图，它主要由电磁系统、延时机构和工作触点三部分组成。

如图1-29a所示，当线圈1得电后衔铁（动铁心）3吸合，活塞杆6在塔形弹簧8作用下带动活塞12及橡胶膜10向上移动，橡胶膜下方空气室的空气变得稀薄，形成负压，活塞杆只能缓慢移动，其移动速度由进气孔气隙大小来决定。经一段时间延时后，活塞杆通过杠杆7压动微动开关15，使其触点动作，起到通电延时作用。

将电磁机构翻转180°安装后，可得到图1-29b所示的断电延时型时间继电器。其结构、工作原理与通电延时型相似，微动开关15是在线圈断电后延时动作的。当衔铁吸合时推动活塞向下移动，排出空气。当衔铁释放时活塞杆在弹簧作用下使活塞缓慢复位，实现断电延时。

在线圈通电和断电时，微动开关16在推板5的作用下都能瞬时动作，其触点即为时间继电器的瞬动触点。

空气阻尼式时间继电器结构简单、价格低廉，延时范围为0.3~180s；但是延时误差较大，难以精确整定延时时间，常用于延时精度要求不高的交流控制电路中。

根据通电延时和断电延时两种工作形式，空气阻尼式时间继电器的延时触点有延时断开

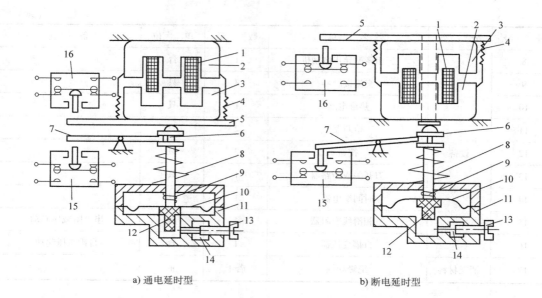

a) 通电延时型　　　　　　　　　b) 断电延时型

图 1-29　JS7－A 系列时间继电器结构示意图

1—线圈　2—铁心　3—衔铁　4—复位弹簧　5—推板　6—活塞杆　7—杠杆　8—塔形弹簧　9—弱弹簧
10—橡胶膜　11—空气室壁　12—活塞　13—调节螺杆　14—进气孔　15、16—微动开关

常开触点、延时断开常闭触点、延时闭合常开触点和延时闭合常闭触点。

（2）晶体管式时间继电器　晶体管式时间继电器具有体积小、延时范围大、延时精度高、寿命长等特点，现已得到广泛应用。图 1-30 所示为晶体管式时间继电器的外形。

时间继电器的图形符号和文字符号如图 1-31 所示。

表 1-12 为 JSJ 型晶体管式时间继电器的技术数据。

图 1-30　晶体管式时间继电器的外形

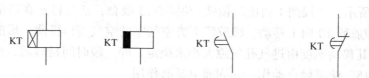

a) 通电延时线圈　b) 断电延时线圈　c) 延时闭合常开触点　d) 延时断开常闭触点

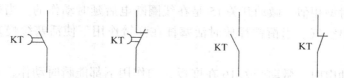

e) 延时断开常开触点　f) 延时闭合常闭触点　g) 瞬动常开触点　h) 瞬动常闭触点

图 1-31　时间继电器的图形符号和文字符号

表 1-12　JSJ 型晶体管式时间继电器的技术数据

| 型　号 | 电源电压/V | 外电路触点 | | | 延时范围/s | 延时误差 |
|---|---|---|---|---|---|---|
| | | 数量 | 交流容量 | 直流容量 | | |
| JSJ-01 | 直流 24、48、110；交流 36、110、127、220、380 | 1 常开 1 常闭 | 380V 0.5A | 110V　1A（无感负载） | 0.1~1 | ±3% |
| JSJ-10 | | | | | 0.2~10 | |
| JSJ-30 | | | | | 1~30 | |
| JSJ-1 | | | | | 60 | |
| JSJ-2 | | | | | 120 | |
| JSJ-3 | | | | | 180 | ±6% |
| JSJ-4 | | | | | 240 | |

## 1.3.2　实训原理——电动机的起动分析

为了减小电动机的起动电流，常采用的措施是减压起动。在减压起动时，要先降低加在定子绕组上的电压，当电动机转速接近额定转速时，再加上额定电压运行。由于降低了起动电压，起动电流也就降低了。但是，由于起动转矩正比于定子相电压的二次方，因此减压起动时起动转矩会显著减小。可见减压起动只适用于可以轻载或空载起动的场合。三相笼型电动机的减压起动方法有定子绕组串电阻（或电抗器）减压起动、自耦变压器减压起动、星形（丫）-三角形（△）减压起动等。

## 1.3.3　实训步骤

**1. 定子绕组串电阻减压起动控制**

定子绕组串电阻减压起动控制简单、可靠，电动机的点动控制也常采用这种方法。按图 1-32 所示电路接线。电动机起动时，在三相定子绕组中串入电阻 R，从而降低了定子绕组上的电压；经一段时间延时后，再将电阻 R 切除，使电动机在额定电压下正常运行。

按下起动按钮 SB1，接触器 KM1 线圈通电，其主触点闭合，电动机 M 的定子绕组串电阻 R 减压起动，KM1 自锁触点（其常开辅助触点）使电动机 M 保持减压起动。此时，时间继电器 KT 线圈也通电，延时一段时间后（2s 左右），KT 的延时闭合常开触点闭合，KM2 线圈通电，其主触点闭合，短接电阻 R；KM2 常闭辅助触点断开，使 KM1 断电，电动机 M 全电压运行。同时，KM2 自锁触点（短接 KT 的延时闭合常开触点）使电动机 M 保持全电压运行。其控制过程简述如下：

```
                    ┌─KM1 通电自锁──→M 串电阻 R 减压起动
按 SB1──→KT 通电──┤      延时 ┌─KM2 通电自锁──→M 全电压运行
                    └──────────┤
                               └─KM1 断电
按 SB──→KM1、KM2、KT 断电──→M 停转
```

**2. 星形-三角形减压起动控制**

三相绕组各相头尾共 6 条线都引出并且在正常运行时定子绕组接成三角形的三相异步电动机，都可采用星形-三角形减压起动。按图 1-33 所示电路接线，电动机起动时，将其定子绕组接成星形，加在电动机每相绕组上的电压为额定电压的 $1/\sqrt{3}$，起动电流为三角形直接

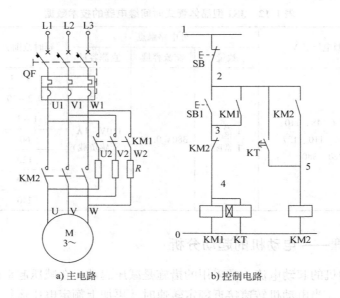

a) 主电路　　　　b) 控制电路

图 1-32　定子绕组串电阻减压起动控制电路

起动电流的 1/3，减小了起动电流。经一段时间延时，待电动机转速上升到接近额定转速时再接成三角形，使电动机在额定电压下运行。

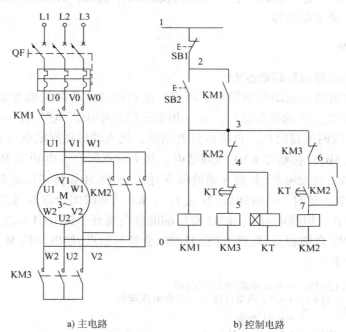

a) 主电路　　　　b) 控制电路

图 1-33　星形-三角形减压起动控制电路

按下起动按钮 SB2，接触器 KM1、KM3 线圈通电，其主触点使定子绕组接成星形，电动机减压起动（接触器 KM1 的自锁触点，使 KM1、KM3 保持通电），同时时间继电器 KT 线圈通电。经一段时间延时后，电动机已达到额定转速，KT 的延时断开常闭触点断开，使 KM3

断电；而 KT 的延时闭合常开触点闭合，接触器 KM2 线圈通电，使电动机定子绕组由星形联结转换到三角形联结，实现全电压运行。

在图 1-33 所示控制电路中，KM3 动作后，其常闭触点将 KM2 的线圈断电，这样可防止 KM2 的再动作。同样 KM2 动作后，它的常闭触点将 KM3 的线圈断电，也防止了 KM3 的再动作。这种利用两个接触器的辅助常闭触点互相控制的方式，称为电气互锁（或联锁），起互锁作用的常闭触点叫互锁触点。这种互锁关系，可保证起动过程中 KM2 与 KM3 的主触点不能同时闭合，防止了电源短路。KM2 的常闭触点同时也使时间继电器 KT 断电。其控制过程简述如下：

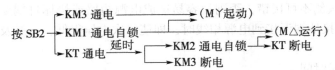

### 3. 自耦变压器减压起动控制

正常运行时，定子绕组接成星形的笼型异步电动机，往往容量较大，可采用自耦变压器以减低电动机的起动电压。

按图 1-34 所示电路接线。电动机起动时，在其定子上串入自耦变压器，定子绕组得到的电压为自耦变压器的二次电压；起动后，切除自耦变压器，定子绕组通以额定电压，使电动机在全电压下运行。

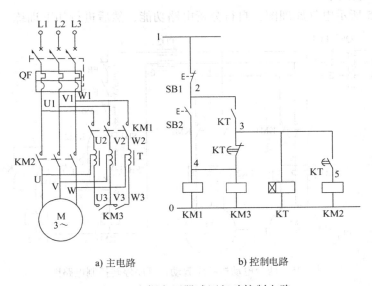

a) 主电路　　　　b) 控制电路

图 1-34　自耦变压器减压起动控制电路

按下起动按钮 SB2，接触器 KM1、KM3 及时间继电器 KT 线圈通电，KT 瞬动常开触点闭合并自锁，接触器 KM1、KM3 主触点闭合，将电动机定子绕组经自耦变压器接至电源，加在定子绕组的电压是自耦变压器的二次电压，电动机减压起动。经过一段时间延时后，时间继电器 KT 的延时断开常闭触点断开，KM1、KM3 断电，把自耦变压器从电网上切除。此时，KT 的延时闭合常开触点闭合，接触器 KM2 线圈通电，电动机直接接到电网上进入全电压运行状态。

减压起动用的自耦变压器也称为补偿减压起动器,有手动和自动两种形式。手动操作的起动补偿器有QJ3、QJ5等型号,自动操作的起动补偿器有XJ01型和JJ1系列等。自耦变压器减压起动控制电路的优点是对电网的电流冲击小,损耗功率小;缺点是补偿减压起动器价格较贵。

### 1.3.4 注意事项

1)连接控制电路时,在相线(1号线)和零线(0号线)上最好分别串上单极断路器,以便对控制电路进行短路和过载保护。

2)自耦变压器的一次侧和二次侧不可接错,否则很容易造成电源短路或烧坏自耦变压器。另外,当三相自耦变压器绕组接地端误接到电源相线时,即使二次电压很低,人触及二次侧任一端均有触电的危险。

3)要调整好时间继电器的延时时间。

### 1.3.5 练一练:两台电动机顺序起停电路的安装及调试

**1. 设备、工具、材料**

电力拖动(继电器-接触器控制)实训台、三相异步电动机、连接导线、电工常用工具及万用表等。

**2. 训练内容及要求**

根据图1-35所示电气原理图,自行分析电路功能,然后进行如下训练。

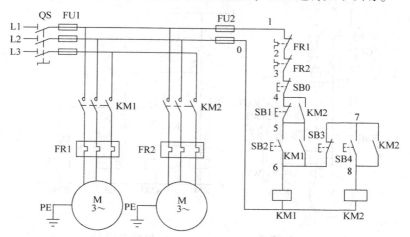

图1-35 两台电动机顺序起动、顺序停转控制电路图

1)用仪表测量调整和选择电器元件。

2)根据电气原理图进行主电路及控制电路接线。

3)板面导线敷设必须平直,各节点接线必须合理、紧密。

4)接电源、电动机等的导线必须通过接线柱引出,并有保护接地或接零。

5)装接完毕后,请老师检查后方可通电试车,并能正确、熟练地对电路进行调试。

6)如遇故障,请分析后自行排除。

7)回答问题:

① 如果电路中的第一台电动机能正常起动，而第二台电动机无法起动，试分析可能发生的故障。

② 如果电路中的第一台电动机不能正常起动，试分析可能发生的故障。

## 1.4 三相异步电动机的正反转控制（边学边做）

在实际应用中，往往要求生产机械改变运动方向，如主轴的伸缩、工作台的左右移动等。这就要求电动机能实现正、反两个方向的运转。那么，电动机如何实现正反转的控制呢？需要哪些电器元件呢？

【任务目标】

1）认识与位置有关的常用电器元件——行程开关。
2）进一步理解互锁的意义和使用方法。
3）学会电动机"正—停—反"、"正—反—停"及正反转自动循环控制的方法。

【设备环境】

学习所需工具、设备清单见表1-13。

表1-13 工具、设备清单

| 序号 | 分类 | 名称 | 数量 | 单位 | 备注 |
| --- | --- | --- | --- | --- | --- |
| 1 | 工具 | 验电笔 | 1 | 个 | |
| 2 | | 电工钳 | 1 | 只 | |
| 3 | | 剥线钳 | 1 | 只 | |
| 4 | | 电工刀 | 1 | 个 | |
| 5 | | 螺钉旋具（一字和十字） | 1 | 套 | |
| 6 | | 万用表 | 1 | 块 | |
| 7 | 设备 | 三相笼型异步电动机 | 1 | 台 | |
| 8 | | 交流接触器 | 3 | 只 | |
| 9 | | 按钮 | 3 | 只 | |
| 10 | | 断路器 | 1 | 只 | |
| 11 | | 行程开关 | 2 | 只 | |
| 12 | 消耗材料 | 绝缘导线 | 若干 | m | |

### 1.4.1 行程开关

行程开关又称限位开关或位置开关，是根据运动部件位置情况切换控制电路的电器元件，主要用来控制运动部件的运动方向、行程大小或进行位置保护。行程开关的种类很多，按其工作原理可分为机械式和电子式；按运动形式可分为直动式、微动式和转动式等；按触点的性质又可分为有触点式和无触点式。

**1. 有触点的行程开关**

有触点的行程开关，通常为机械式行程开关，有按钮式和滚轮式两种。

如图 1-36 所示，行程开关的结构、工作原理与按钮相同，区别是行程开关不靠手动而是利用运动部件上的挡块碰压使触点动作，它也分为自动复位式和自锁（非自动复位）式两种。机床上常用的行程开关型号有 LX2、LX19、JLXK1 型及 LXW、KW 型（微动开关）等。

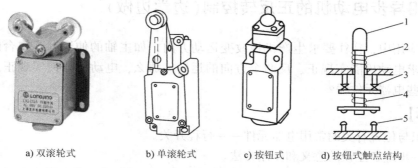

a) 双滚轮式　　b) 单滚轮式　　c) 按钮式　　d) 按钮式触点结构

图 1-36　行程开关外形及结构示意图

1—接触按钮　2—弹簧　3—常闭触点　4—触点弹簧　5—常开触点

行程开关允许的操作频率通常为每小时 1200~2400 次，机电寿命约为 $1×10^6~2×10^6$ 次。行程开关主要是根据机械位置对开关的要求及触点数目的要求来选择其型号。在选择时应注意以下几点：

1) 应用场合及控制对象选择。
2) 根据安装环境选择防护形式，如开启式或保护式。
3) 控制回路的电压和电流。
4) 根据机械与行程开关的传力位移关系来选择合适的头部形式。

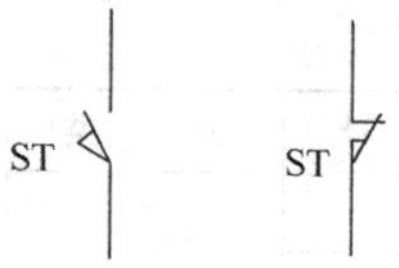

a) 常开触点　　b) 常闭触点

图 1-37　行程开关的图形符号及文字符号

行程开关的图形符号及文字符号如图 1-37 所示。

**注意**：行程开关的文字符号用 ST 表示，限位开关的文字符号用 SQ 表示。

### 2. 无触点的行程开关

无触点行程开关又称接近开关，它可以代替有触点行程开关来完成行程控制和限位保护，还可用于高频计数、测速、液位控制、零件尺寸检测、加工程序的自动衔接等的非接触式测量。由于它具有非接触式触发、动作速度快、可在不同的检测距离内动作、发出的信号稳定无脉动、工作稳定可靠、寿命长、重复定位精度高以及能适应恶劣的工作环境等特点，所以在机床中应用广泛。

接近开关按检测元件工作原理可分为高频振荡型、电容型、超声波型、感应电桥型、永久磁铁型、霍尔效应型与磁敏元件型等多种，不同形式的接近开关所检测的被检测体不同。

无触点行程开关分为有源型和无源型两种，多数无触点行程开关为有源型，主要包括检测元件、放大电路及输出驱动电路 3 部分，一般采用 5~24V 的直流电源，或 220V 交流电源等。图 1-38 所示为三线式有源型接近开关结构框图。

图 1-39 所示为常用接近开关的实物图。

接近开关输出形式有两线式、三线式和四线式等几种，三线式接近开关有两根电源线

(通常为直流24V)和一根输出线。接近开关晶体管输出的类型有 NPN 和 PNP 两种，外形有方形、圆形、槽形和分离形等多种。

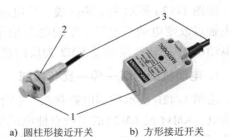

a) 圆柱形接近开关　　b) 方形接近开关

图 1-38　三线式有源型接近开关结构框图

图 1-39　接近开关的实物图
1—检测面　2—安装螺母
3—电源线及输出线电缆

接近开关的主要参数有型式、动作距离范围、动作频率、响应时间、重复精度、输出形式、工作电压及输出触点的容量等。

接近开关应根据其使用的目的、使用场所的条件以及与控制装置的相互关系等来选择，要注意检测物体的形状、大小、有无镀层，检测物体与接近开关的相对移动方向及其检测距离等因素。检测距离也称为动作距离，是接近开关刚好动作时检测元件与检测体之间的距离，如图 1-40 所示。

常用的接近开关有 JA、LE、LH、LG、LK 及 LJ 等系列。

接近开关的图形符号及文字符号如图 1-41 所示，可视为行程开关的一种，所以在机床电气中，也可通用行程开关的图形符号。

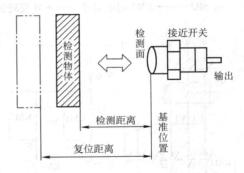

图 1-40　接近开关的检测距离

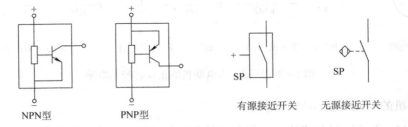

图 1-41　接近开关的图形符号及文字符号

## 1.4.2　实训原理——电动机的正反转分析

由三相异步电动机的工作原理可知，只要将电动机接在三相电源中的任意两根相线对调，即改变电源的相序，就可实现电动机的反转。

## 1.4.3 实训步骤

按图 1-42a 所示主电路接线。主电路中电动机的正反转,是通过两个接触器 KM1、KM2 的主触点改变电动机定子绕组的电源相序而实现的。图中,接触器 KM1 为正向接触器,控制电动机 M 正转;接触器 KM2 为反向接触器,控制电动机 M 反转。

**1. 电动机的"正—停—反"控制**

按图 1-42b 所示控制电路接线。按下起动按钮 SB1(或 SB2),接触器 KM1(或 KM2)线圈通电,KM1(或 KM2)的主触点使电动机正转(或反转)起动,其自锁触点使电动机正转(或反转)运行。由于 KM1、KM2 两个接触器的常闭触点起互锁作用,即当一个接触器通电时,其常闭触点断开,使另一个接触器线圈不能通电。电动机换向时,必须先按停止按钮 SB,使接触器线圈断开,即断开互锁点,才能反方向起动。这样的电路常称为"正—停—反"控制电路。工作过程分析如下:

按 SB1 → KM1 通电自锁 → M 正转运行
按 SB → KM1 断电 → M 停转
按 SB2 → KM2 通电自锁 → M 反转运行

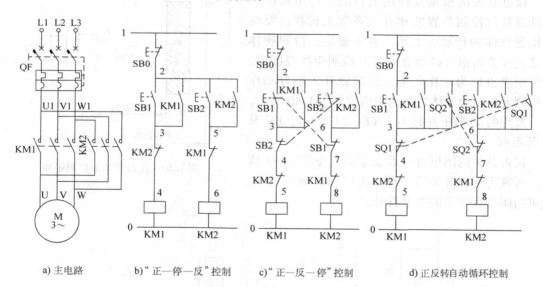

a) 主电路  b) "正—停—反" 控制  c) "正—反—停" 控制  d) 正反转自动循环控制

图 1-42 三相异步电动机的正反转控制电路

**2. 电动机的"正—反—停"控制**

按图 1-42c 所示控制电路接线。将起动按钮 SB1、SB2 换成复合按钮,用复合按钮的常闭触点来断开转向相反的接触器线圈的通电回路。当按下 SB1(或 SB2)时,按钮的常闭触点断开,使 KM2(或 KM1)线圈断电,同时按钮的常开触点闭合使 KM1(或 KM2)线圈通电吸合,电动机反方向运转。此电路由于在电动机运转时可按反转起动按钮直接换向,因此常称为"正—反—停"控制电路。工作过程分析如下:

按 SB1 → KM1 通电自锁 → M 正转运行
　　　 → 断开 KM2

　　　　→ 断开 KM1
按 SB2 → KM2 通电自锁 → M 反转运行

按 SB0 → KM1、KM2 断电 → M 停转

虽然采用复合按钮也能起到互锁作用，但只靠按钮互锁而不用接触器常闭触点进行互锁是不可靠的。因为当接触器主触点被强烈的电弧"烧焊"在一起或者接触器机构失灵时，会使衔铁卡在吸合状态。此时，如果另一只接触器动作，就会造成电源短路事故。有接触器常闭触点互锁，则只要一个接触器处在吸合状态位置时，其常闭触点必然将另一个接触器线圈电路切断，故能避免电源短路事故的发生。

**3. 电动机的正反转自动循环控制**

按图 1-42d 所示控制电路接线。此电路是用限位开关实现电动机正反转的自动循环控制电路，常用于机床工作台的往返循环控制。当运动到达一定的限位位置时，利用挡块压限位开关来实现反向运动。图中，SQ1 与 SQ2 分别为工作台左限位开关与右限位开关，SB1 与 SB2 分别为电动机正转与反转起动按钮。

按正转起动按钮 SB1，接触器 KM1 通电并自锁，电动机正转，工作台左移。当工作台运动到左端时，挡块压下左限位开关 SQ1，其常闭触点使 KM1 断电，同时其常开触点使 KM2 通电并自锁，电动机反转，使工作台右移。当运动到挡块压下右限位开关 SQ2 时，使 KM2 断电，KM1 又通电，电动机又正转，使工作台左移，这样一直循环下去。SB0 为自动循环停止按钮。

此控制电路只适用于往返运动周期较长、而且电动机轴有足够强度的传动系统中。因为工作台往返一次，电动机要进行两次换向，这将会出现较大的起动电流和机械冲击。

### 1.4.4 注意事项

1）主电路的倒相不要接错，防止电源短路。
2）连接控制回路时，在相线（1 号线）和零线（0 号线）上最好分别串上单极断路器，以便对控制回路进行短路和过载保护。

## 1.5 三相异步电动机的制动控制（边学边做）

已经学习了电动机的起动和控制，如何让正在运行的电动机立刻停转？只停掉电源，电动机在惯性作用下还会旋转，怎样使其"立刻"停止呢？

**【任务目标】**

1）认识与制动控制相关的常用电器元件——速度继电器。
2）理解制动的概念。
3）学会电动机反接制动的控制方法。
4）学会电动机能耗制动的控制方法。

**【设备环境】**

学习所需工具、设备清单见表 1-14。

表 1-14 工具、设备清单

| 序号 | 分类 | 名称 | 数量 | 单位 | 备注 |
|---|---|---|---|---|---|
| 1 | 工具 | 验电笔 | 1 | 个 | |
| 2 | | 电工钳 | 1 | 把 | |
| 3 | | 剥线钳 | 1 | 把 | |
| 4 | | 电工刀 | 1 | 个 | |
| 5 | | 旋具(一字和十字) | 1 | 套 | |
| 6 | | 万用表 | 1 | 台 | |
| 7 | 设备 | 三相笼型异步电动机 | 1 | 台 | |
| 8 | | 交流接触器 | 3 | 只 | |
| 9 | | 按钮 | 2 | 只 | |
| 10 | | 断路器 | 1 | 只 | |
| 11 | | 速度继电器 | 1 | 只 | |
| 12 | | 时间继电器 | 1 | 只 | |
| 13 | | 变压器 | 1 | 块 | |
| 14 | | 整流桥 | 1 | 只 | |
| 15 | 消耗材料 | 绝缘导线 | 若干 | m | |

## 1.5.1 速度继电器

速度继电器的工作原理如图 1-43 所示。速度继电器的转子轴与电动机的轴相连接,定子空套在转子上。当电动机转动时,速度继电器的转子(永久磁铁)随之转动,在空间产生旋转磁场,切割定子绕组,而在其中感应出电流。此电流又在旋转的转子磁场作用下产生转矩,使定子随转子转动方向旋转,与定子装在一起的摆锤推动动触点动作,使常闭触点断开,常开触点闭合。当电动机转速低于某一值时,定子产生的转矩减小,动触点复位。

常用的速度继电器有 JY1 型和 JFZ0 型,其技术数据见表 1-15。一般速度继电器的动作转速为 120r/min,触点的复位转速在 100r/min 以下。转速在 3600r/min 以下时,速度继电器才能可靠工作。

速度继电器的图形符号及文字符号如图 1-44 所示。

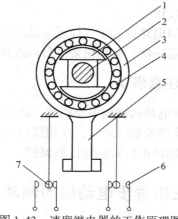

图 1-43 速度继电器的工作原理图
1—转子 2—电动机轴 3—定子
4—绕组 5—摆锤 6—静触点 7—动触点

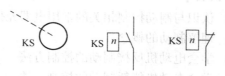

a) 转子  b) 常开触点  c) 常闭触点

图 1-44 速度继电器的图形符号及文字符号

表 1-15　JY1 型和 JFZ0 型速度继电器技术数据

| 型号 | 触点容量 | | 触点数量 | | 额定工作转速/(r/min) | 允许操作频率/(次/h) |
|---|---|---|---|---|---|---|
| | 额定电压/V | 额定电流/A | 正转时动作 | 反转时动作 | | |
| JY1 | 380 | 2 | 1 组转换触点 | 1 组转换触点 | 100 ~ 3600 | <30 |
| JFZ0 | | | | | 300 ~ 3600 | |

### 1.5.2　实训原理——电动机的制动分析

电动机制动方法一般分为机械制动和电气制动两种。

机械制动是利用机械装置使电动机迅速停转，常采用机械抱闸、液压制动器等机械装置。机械抱闸装置一般由制动电磁铁和闸瓦制动器组成，可分为通电制动型和断电制动型。制动时，将制动电磁铁的线圈通电或断电，通过机械抱闸使电动机制动。

电气制动实质上是在电动机停车时产生一个与转子原来转动方向相反的制动转矩，迫使电动机迅速停车。机床上常用的电气制动控制有能耗制动和反接制动。

**1. 反接制动**

图 1-45a 所示为反接制动原理图。当电动机需要停转时，将三根电源线中的任意两根位置对调，使旋转磁场反向（方向为图中 $n_0'$），此时产生一个与转子惯性旋转方向相反的电磁转矩（受力方向为 $F'$），从而使电动机迅速减速。当转速接近零时必须立即切断电源，否则电动机将会反转。

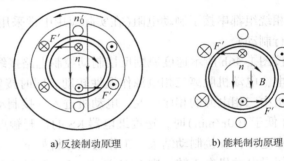

a) 反接制动原理　　b) 能耗制动原理

图 1-45　反接制动与能耗制动原理

反接制动时，由于旋转磁场的相对速度很大，定子电流也很大，因此制动迅速。反接制动时冲击较大，对传动部件有害，能量消耗也较大，通常适用于不经常起动、制动的 10kW 以下的电动机。为了减小冲击电流，可在主回路中串入电阻 $R$ 来限制反接制动的电流。

电动机反接制动又分为时间原则方式和速度原则方式，机床中广泛采用后者。

**2. 能耗制动**

图 1-45b 所示为能耗制动原理图。当电动机断电后，立即向定子绕组中通入直流电而产生一个固定的不旋转的磁场 $B$。由于转子仍以惯性转速运转，转子导条与固定磁场间有相对运动并产生感应电流。这时，转子电流与固定磁场相互作用产生的转矩方向与电动机惯性转动的方向相反（受力方向为 $F'$），起到制动作用。

### 1.5.3　实训步骤

**1. 反接制动**

图 1-46 所示为电动机单向反接制动控制电路。按图 1-46a 所示主电路接线，速度继电器 KS 安装在电动机轴端上，与电动机同步。电动机正常运转时，转速较高（>120r/min），速度继电器 KS 的常开触点闭合，为接触器 KM2 线圈通电做准备，即为反接制动做准备。图 1-46a

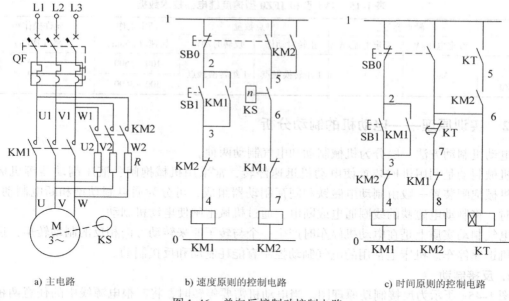

图 1-46 单向反接制动控制电路
a) 主电路　　b) 速度原则的控制电路　　c) 时间原则的控制电路

中三相绕组都串接了制动电阻(在实际应用中常采用只在其中任意两相绕组中串接电阻的方法进行制动)。

按图 1-46b 所示速度原则反接制动控制电路接线。停车时,按下复合按钮 SB0,KM1 线圈断电,电动机脱离三相电源作惯性转动。同时接触器 KM2 线圈通电并自锁,使电动机定子绕组中三相电源的相序改变,电动机进入反接制动状态,转速迅速下降。当电动机转速接近零(低于 100r/min)时,速度继电器 KS 的常开触点复位,KM2 线圈断电,切断了电动机的反相序电源,反接制动结束。工作过程分析如下:

假设电动机在正转,则 KM1 通电,KS 常开触点闭合。

按下 SB0 → KM1 断电 → M 断电
　　　　→ KM2 通电自锁 → M 反接制动 → M 转速低于 100r/min
　　　　→ M 反接制动结束 ← KM2 断电 ← KS 常开触点断开

按图 1-46c 所示时间原则反接制动控制电路接线(用时间继电器进行控制)。停车时,按下复合停止按钮 SB0,接触器 KM1 断电释放,电动机脱离三相电源,接触器 KM2 和时间继电器 KT 同时通电并自锁,KM2 主触点闭合,使电动机定子绕组中三相电源的相序改变,电动机进入反接制动状态,转速迅速下降。延时一段时间(转子转速接近于零时),时间继电器延时断开常闭触点断开,KM2 线圈断电,断开反接制动电源,KM2 常开辅助触点复位,KT 线圈断电,电动机反接制动结束。工作过程分析如下:

假设电动机在正转,则 KM1 通电。

按下 SB0 → KM1 断电 → M 断电
　　　　→ KM2 通电 ── KM2、KT 串联自锁 ── M 反接制动
　　　　→ KT 通电 ── 延时 ── KM2、KT 断电 ── M 反接制动结束

反接制动的特点是设备简单、制动效果较好,但能量消耗大。有些中小型车床和机床主轴的制动采用这种方法。

## 2. 能耗制动

按图1-47所示电路接线，该电路为能耗制动速度原则方式下的单向能耗制动控制电路（用速度继电器进行控制）。速度继电器KS安装在电动机轴端上，与电动机同步。

电动机正常运转时，转速较高，速度继电器KS的常开触点闭合，为接触器KM2线圈通电做准备，即为能耗制动做准备。停车时，按下复合停止按钮SB1，接触器KM1断电，电动机脱离三相电源。此时，接触器KM2线圈通电并自锁，直流电源被接入定子绕组，电动机进入能耗制动状态。当电动机转子的惯性转速接近零时（<100r/min），KS常开触点复位，KM2线圈断电，能耗制动结束。工作过程分析如下：

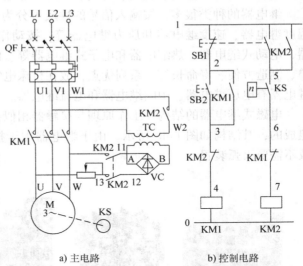

图1-47 速度原则的单向能耗制动控制电路

假设电动机在正转，则KM1通电，KS常开触点闭合。

按下SB1 → KM1断电 → M断电
　　　　↳ KM2通电自锁 → M能耗制动 ─ M转速<100r/min ─→
　　　　M能耗制动结束 ← KM2断电 ← KS常开触点断开 ←

时间原则方式下的能耗制动控制电路同反接制动，可进行相关实训。

能耗制动的特点是制动平稳准确，耗能小，但需配备直流电源。

### 1.5.4 注意事项

1）速度继电器的常开触点不能接错，否则无法停车。
2）能耗制动时，要调整好直流电流的大小。

## 1.6 三相异步电动机的保护环节

为了确保设备长期、安全、可靠无故障地运行，机床电气控制系统必须有保护环节，用以保护电动机、电网、电气控制设备及人身的安全。电气控制系统中常用的保护环节有短路保护、过载保护、零电压和欠电压保护以及弱磁保护等。

此外，在电气控制系统中，还有一个需要重视的环节就是接地，这也是电气保护的一个重要部分。下面学习一种常用电器元件——继电器。

### 1.6.1 继电器

继电器是一种根据某种输入信号的变化，接通或断开控制电路，以实现控制目的的电器元件，主要用于控制和保护电路或作为信号转换之用。继电器的输入信号可以是电流、电压等电量，也可以是温度、速度、时间、压力等非电量，而输出通常是触点的动作。

继电器的种类很多，按输入信号的性质可分为电压继电器、电流继电器、时间继电器、温度继电器、速度继电器和压力继电器等；按动作原理可分为电磁式继电器、感应式继电器、电动式继电器、热继电器和电子式继电器等。由于电磁式继电器具有工作可靠、结构简单、制造方便、寿命长等一系列优点，故在机床电气控制系统中应用较广泛。常用的电磁式继电器有电压继电器、中间继电器和电流继电器。

电磁式继电器的结构及工作原理与接触器相似，是由电磁系统、触点系统和释放弹簧等组成的，其结构如图1-48所示。由于继电器用于控制电路，所以流过触点的电流比较小，故不需要灭弧装置。

a) 电压继电器实物图

b) 中间继电器实物图

c) 电流继电器实物图

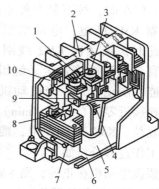
d) 继电器结构示意图

图 1-48　电磁式继电器实物及结构示意图
1—弹簧　2—框架　3—接线端子　4—线圈　5—护轨夹　6—底座
7—铁心　8—联动杆　9—动触点　10—静触点

**1. 电压继电器**

电压继电器的线圈并联在控制回路中，所以其匝数多，导线细，阻抗大。

电压继电器按动作电压值的不同，可分为过电压继电器、欠电压继电器和零电压继电器。过电压继电器在电源电压为线圈额定电压的110%~115%以上时动作；欠电压继电器在电源电压为线圈额定电压的40%~70%及以下时有保护动作；零电压继电器当电源电压降至线圈额定电压的5%~25%时有保护动作。

机床上常用的型号有JT3和JT4型继电器。

**2. 中间继电器**

中间继电器实质上是电压继电器的一种，但它的触点数可达6对甚至更多，触点额定电流一般为5~10A，其动作时间不大于0.05s，动作灵敏。可用于扩大继电器或接触器辅助触点的数量，也可用于扩大PLC的触点容量，起到中间转换的作用。

中间继电器主要依据被控制电路的电压等级、触点的数量、种类及容量来选用。机床上常用的有JZ7系列交流中间继电器和JZ8系列交直流两用中间继电器。

中间继电器的图形符号及文字符号如图1-49所示。

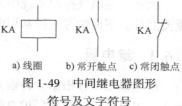

a) 线圈　　b) 常开触点　c) 常闭触点

图 1-49　中间继电器图形
符号及文字符号

JZ7 系列中间继电器的技术数据见表 1-16，适用于交流电压至 380V 或直流电压至 220V 的控制电路。

表 1-16 JZ7 系列中间继电器技术数据

| 型号 | 触点额定电压/V | | 吸引线圈额定电压/V | 触点额定电流/A | 触点数量 | | 最高操作频率/(次/h) |
|---|---|---|---|---|---|---|---|
| | 交流 | 直流 | | | 常开 | 常闭 | |
| JZ7-22 | 380 | 220 | 36, 127, 220, 380 | 5 | 2 | 2 | 1200 |
| JZ7-44 | 380 | 220 | 12, 36, 127, 220, 380 | 5 | 4 | 4 | 1200 |
| JZ7-62 | 380 | 220 | 12, 36, 127, 220, 380 | 5 | 6 | 2 | 1200 |
| JZ7-80 | 380 | 220 | 12, 36, 127, 220, 380 | 5 | 8 | 0 | 1200 |

### 3. 电流继电器

电流继电器的线圈串接在被测量的电路中，以反映电路电流的变化。为了不影响电路工作情况，电流继电器线圈匝数少，导线粗，线圈阻抗小。

电流继电器有欠电流继电器和过电流继电器两类。欠电流继电器的吸引电流为线圈额定电流的 30%~65%，释放电流为额定电流的 10%~20%。因此，在电路正常工作时，衔铁是吸合的，只有当电流降低到某一整定值时，欠电流继电器才释放，输出信号。过电流继电器在电路正常工作时不动作，当电流超过某一整定值时才动作，整定范围通常为 1.1~4 倍额定电流。机床上常用的电流继电器型号有 JL14、JL15、JT3、JT9、JT10 等。选择时要根据主电路中电流的种类和工作电流来选择。

电流继电器的文字代号为 KI，线圈方格中"$I>$"（或"$I<$"）表示过电流（或欠电流）继电器，如图 1-50 所示。电压继电器的文字代号为 KV，其图形符号与电流继电器类似，只是线圈方格中用 $U$ 表示。线圈方格中用"$U<$"（或"$U=0$"）表示欠电压（或零电压）继电器。

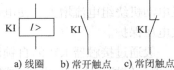

a) 线圈　b) 常开触点　c) 常闭触点

图 1-50 过电流继电器图形符号

## 1.6.2 保护环节

### 1. 短路保护

电动机绕组或导线的绝缘损坏，或者线路发生故障时，都可能造成短路事故。短路时，若不迅速切断电源，会产生很大的短路电流，使电气设备损坏。常用的短路保护元件有熔断器 FU 和断路器 QF。

在短路时，熔断器由于熔体熔断而切断电路起保护作用；断路器在电路出现短路故障时自动跳闸，起保护作用。

### 2. 过载保护

三相异步电动机的负载突然增加、断相运行或电网电压降低都会引起过载。电动机长期超载运行，其绕组温升将超过允许值，会造成绝缘材料变脆、变硬、减少寿命，甚至造成电动机损坏，因此要进行过载保护。常用的过载保护元件是热继电器 FR 和断路器 QF。

由于热继电器的热惯性较大，不会受电动机短时过载冲击电流或短路电流的影响而瞬时动作。热继电器具有过载保护作用而不具有短路保护作用。选择时注意，作为短路保护，熔断器熔体的额定电流一般不应超过热继电器发热元件额定电流的 4 倍。

### 3. 过电流保护

过大的负载转矩或不正确的起动方法,会引起电动机的过电流故障。过电流一般比短路电流要小,产生过电流比发生短路的可能性更大,尤其是在频繁正反转起动、制动的重复短时工作中更是如此。过电流保护主要应用于直流电动机或绕线转子异步电动机。对于三相笼型异步电动机,由于其短时过电流不会产生严重后果,故可不设置过电流保护。过电流继电器同时也起着短路保护的作用,一般过电流的动作值为起动电流的1.2倍。过电流保护元件是过电流继电器,通常采用过电流继电器和接触器配合使用。

将过电流继电器线圈串接于被保护的主电路中,其常闭触点串接于接触器控制电路中。当电流达到整定值时,过电流继电器动作,其常闭触点断开,切断控制电路电源,接触器断开电动机的电源而起到保护作用。

### 4. 零电压及欠电压保护

(1) 零电压保护 零电压保护是为防止电网失电后恢复供电时,电动机自行起动而实行的保护。当电动机正在运行时,如果电源电压因某种原因消失,那么在电源电压恢复时,必须防止电动机自行起动。否则,将可能造成生产设备的损坏,甚至发生人身事故。而对电网来说,若同时有许多电动机自行起动,则会引起总电流增加,也会使电网电压瞬间下降,因此要进行零电压保护。

(2) 欠电压保护 欠电压保护是为防止电源电压降到允许值以下,造成电动机损坏而实行的保护。当电动机正常运转时,如果电源电压过分地降低,将引起一些电器释放,造成控制电路工作不正常,可能发生事故。对电动机来说,如果电源电压过低、而负载不变,会造成电动机绕组电流增大,使电动机发热甚至烧坏,还会引起转速下降甚至停转,因此要进行欠电压保护。

一般通过接触器 KM 的自锁环节来实现电动机的零电压、欠电压保护,也可用断路器 QF 来进行保护,或用欠电压(或零电压)继电器来保护。

## 1.6.3 接地

所谓接地,就是将电气设备或过电压保护装置用接地线与接地体连接。实际上接地就是提供一个等电位点或电位面。

按照接地的目的可将接地分为工作接地和保护接地。

1) 工作接地:为了使电路或者设备正常运行需要的接地。如变压器的低压中性点接地。

2) 保护接地:为了防止电气设备金属外壳等由于绝缘体损坏可能的带电,这种电压可能会危及人身安全,因此而设的接地,也称为安全接地。保护接地是中性点不接地的电气系统最常采用的一种保护措施。

此外,还有过电压保护接地和防静电接地,它们是为了消除过电压危险或防止静电危险影响而设的接地。

### 1. 保护接地的形式

(1) TT 系统 电源系统有一点直接接地,如果设备外露部分中,导电部分的接地与电源系统的接地在电气上无关,这样的系统称为 TT 系统。TT 系统的接线方法如图 1-51 所示。机床的接地可以采用这种接地形式。

(2) TN 系统  电源系统有一点直接接地,如果负载设备外露部分中,导电部分通过保护线连接到电源系统接地点,这样的系统称为 TN 系统。根据中性线和保护线的布置,TN 系统可分为 3 种。

1) TN-S 系统:整个系统中,中性线(N 线)和保护线(PE 线)是分开的,接线方法如图 1-52 所示。机床的接地可以采用这种接地形式。

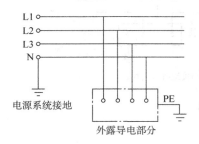

图 1-51  TT 系统的接线方法

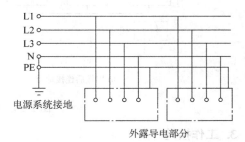

图 1-52  TN-S 系统的接线方法

在电气设计时,通常不把中性导体引入控制柜,如果一定要引入,必须标明 N 标志,在电气柜中不允许将 PE 线和 N 线短接。

2) TN-C-S 系统:系统中一部分中性线(N 线)和保护线(PE 线)的功能能合在一根导线上,接线方法如图 1-53 所示。机床的接地不可采用这种接地形式。

3) TN-C 系统:整个系统中,中性线(N 线)和保护线(PE 线)的功能能合在一根导线上,接线方法如图 1-54 所示。机床的接地不可采用这种接地形式。

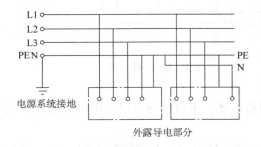

图 1-53  TN-C-S 系统的接线方法

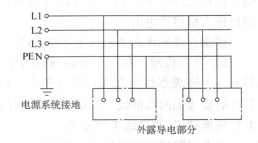

图 1-54  TN-C 系统的接线方法

**2. 保护接地的要点**

1) 电气设备都应有专门的保护导线接线端子(保护接线端子),并用"⏚"符号标记,也可用黄绿色标记。不允许用外壳、底盘上的螺钉代替保护接地端子。

2) 保护接地线用粗而短的黄绿线连接到保护接地端子排上(俗称接地铜牌),接地铜排要接入大地,且接地电阻要小于 4Ω。

3) 保护接地不允许形成环路,如图 1-55 所示。可以按图 1-56a、b 所示正确的方法接地。

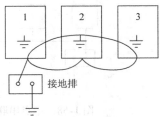

图 1-55  错误的保护接地

4）设备的金属外壳良好接地，是抑制放电干扰的最主要措施。

5）设备外壳接地，起到屏蔽作用，可减少与其他设备的相互电磁干扰。

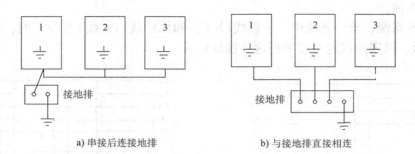

图 1-56　正确的保护接地

### 3. 工作接地

（1）工作接地的方式　直流电源要有一极接地，作为参考零电位，与其他极一起形成直流电压，例如 ±5V、±15V、±12V、+24V 等；信号输出有时也需要一根线接地作为基准电位，传输信号的大小和该基准电位相比较，如 RS-232C 的地线。这类为了保证设备的正常工作而设的地线称为工作地线。工作接地有浮地、单点接地和多点接地等方式。

1）浮地。浮地也称为悬浮接地。此种工作接地与金属机箱绝缘，工作地线是浮置的，其目的是防止外来共模噪声对内部电子线路的干扰，如图 1-57 所示。采用浮地方式的设备容易出现静电积累，会产生静电放电。在雷电环境下，静电产生的飞弧可能使操作人员遭受电击。

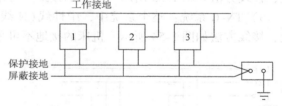

图 1-57　浮地方式

**注意**：浮地方式不能用于通信系统。

2）单点接地。在一个电路或设备中，只有一个物理点被定义为接地参考点，而其他需要接地的点都被接到这一点上的接地称为单点接地。单点接地有单点串联接地、单点并联接地和串-并接地 3 种方式。

单点串联接地方式如图 1-58 所示，这种接地方式容易引起公共地阻抗干扰；单点并联接地方式如图 1-59 所示，这种接地方式在高频时容易造成单元间的相互干扰，且成本相对较高。

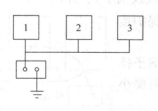

图 1-58　单点串联接地

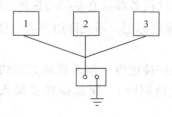

图 1-59　单点并联接地

3) 多点接地。多点接地是指设备中的各个接地线都直接接到距它最近的接地平面上，以便使接地线的长度最短。接地平面可以是设备的底板或者设备的框架，典型的有舰船和飞行器的壳体。单点接地的公共引线是母线，是一维导体；而多点接地的公共引线是接地面，是二维平面，这是两者的区别。

此外，还有混合接地，也就是采用单点接地和多点接地的混合方式。

(2) 工作接地的要点

1) 与保护接地相同，设备的工作接地不能布置成环形，一定要有开口。

2) 采用光电隔离、隔离变压器、继电器等隔离方法，切断设备或电路间的接地线环路，抑制接地线环路引起的共阻抗耦合干扰。

3) 设备内的数字地和模拟地都应该设置独立的地线，最后汇总到一起，如图1-60所示。

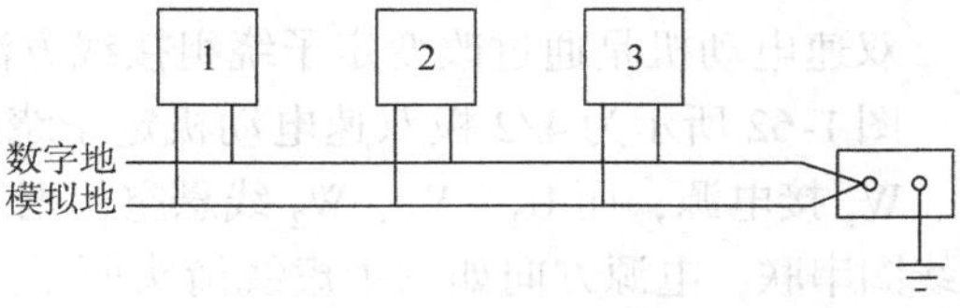

4) 浮地方式只适用于小规模设备和工作速度较低的电路，而对于规模较大的复杂电路或设备，则不应采用浮地方式。

图1-60 设备的数字地和模拟地的接法

5) 电气柜中的工作地线、保护地线和屏蔽地线一般都接至电柜中的中心接地点，然后连接大地，这种接法可使柜体、设备、屏蔽地和工作地保持在同一电位上，保护地和屏蔽地最终都连在一起后与大地连通。

## 1.7 三相异步电动机的变速（拓展学习）

在负载不变的情况下，人为地改变电动机的转速，以满足各种生产机械需求，这就是调速。怎样实现这种"调速"呢？

调速的方法很多，可以采用机械调速，也可以采用电气调速。采用电气调速可大大简化机械变速机构，并能获得较好的调速效果。

由电工基础知识可知，异步电动机的转速

$$n = (1-s)\frac{60f_1}{p} \tag{1-7}$$

式中，$f_1$为电源的频率；$p$为电动机的磁极对数；$s$为转差率，即转差与同步转速$n_0$的比值。

根据式(1-7)可知，异步电动机的转速可以通过改变频率$f_1$、磁极对数$p$和转差率$s$三种方法来实现。

### 1. 变频调速

变频调速是通过改变异步电动机供电电源的频率实现调速的。图1-61为电动机变频调

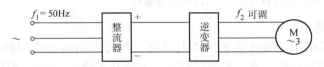

图1-61 电动机变频调速示意图

速示意图。变频调速装置主要由整流器和逆变器组成。通过整流器先将 50Hz 的交流电变换成电压可调的直流电,直流电再通过逆变器变成频率连续可调的三相交流电。在变频装置的支持下,实现了三相异步电动机的无级调速。

**2. 变极调速**

改变电动机每相绕组的连接方法可以改变磁极对数。极对数的改变可使电动机的同步转速发生改变,从而达到改变电动机转速的目的。由于磁极对数 $p$ 只能成倍变化,所以这种方法不能实现无级调速。目前已生产的变极调速电动机有双速、三速、四速等多种。变极调速虽不能平滑无级调速,但比较经济简单。在机床中常用减速齿轮箱来扩大调速范围。下面介绍双速电动机的电气控制。

双速电动机是通过改变定子绕组接线方法来获得两个同步转速的。

图 1-62 所示为 4/2 极双速电动机定子绕组接线示意图。图 1-62a 中,将定子绕组的 $U_1$、$V_1$、$W_1$ 接电源,而 $U_2$、$V_2$、$W_2$ 线悬空,则三相定子绕组接成三角形方式。每相绕组中的两个线圈串联,电源方向如图中虚线箭头所示。磁场具有 4 个极(即两对极),若将接线端 $U_1$、$V_1$、$W_1$ 连在一起,而 $U_2$、$V_2$、$W_2$ 接电源,则三相定子绕组变为双星形方式。每相绕组中的两个线圈并联,电流方向如图 1-62b 中实线箭头所示,磁场变为两个极(即一对极),电动机为高速。

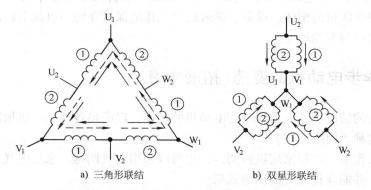

a) 三角形联结      b) 双星形联结

图 1-62 4/2 极双速电动机定子绕组接线示意图

图 1-63 所示为双速电动机控制电路,其中图 1-63a 为主电路,图 1-63b 为采用复合按钮联锁的高、低速直接转换的控制电路。

按下低速起动按钮 SB1,接触器 KM1 通电吸合,电动机定子绕组接成三角形,电动机以低速运转。若按下高速起动按钮 SB2,则 KM1 断电释放,同时接通 KM2 和 KM3,电动机定子绕组接成双星形,电动机以高速运转。简要分析如下:

按 SB1 ─┬─ KM1 通电自锁 ──→ M △ 形低速运行
         └─ 断开 KM2、KM3

按 SB2 ─┬─ 断开 KM1
         └─ KM2、KM3 通电自锁 ──→ M 双丫形高速运行

**3. 变转差率调速**

变转差率调速只适用于绕线转子异步电动机,其特点是电动机的同步转速 $n_0$ 在调速过程中保持不变,而是改变转差率 $s$ 来进行调速。主要有 3 种,即定子调压调速、转子电路串

# 第1章 三相异步电动机的基本控制

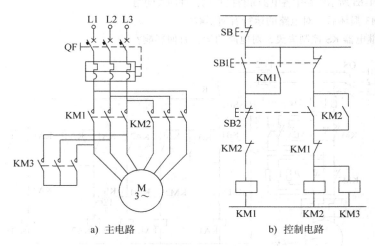

a) 主电路　　　　　　　b) 控制电路

图 1-63　双速电动机控制电路

电阻调速和串级调速。通常在电动机转子绕组电路中接入一个调速电阻，通过改变电阻即可实现调速。

1-1　刀开关安装时，为什么不得倒装或平装？

1-2　中间继电器和接触器有何异同？在什么条件下可以用中间继电器来代替接触器起动电动机？

1-3　电动机的起动电流很大。当电动机起动时，热继电器会不会动作？为什么？

1-4　画出时间继电器触点及线圈的图形符号。

1-5　既然在电动机的主电路中装有熔断器，为什么还要装热继电器？装有热继电器是否可以不装熔断器？为什么？

1-6　机床继电器-接触器控制电路中一般应设哪些保护？各有什么作用？短路保护和过载保护有何区别？零电压保护的目的是什么？

1-7　什么叫"自锁""互锁(联锁)"？举例说明各自的作用。

1-8　画出三相异步电动机星形-三角形减压起动的控制电路，并说明其优缺点及适用场合。

1-9　什么叫反接制动？什么叫能耗制动？各有什么特点及适应场合？

1-10　请画出速度原则下，反接制动的控制电路。

1-11　设计一个控制电路，要求：第一台电动机起动2s后，第二台电动机自行起动，运行5s后，第一台电动机停止并同时使第三台电动机自行起动，再运行10s后，电动机全部停止。

1-12　设计一小车运行的控制电路，小车由异步电动机拖动。其动作程序如下：小车由起点开始前进，到终点后停止；停留5min后自动返回原点停止。起点与原点有一段距离。如图1-64所示，要求小车在前进或后退途中任意位置都能起动或停止。

图 1-64　习题 1-12 图

1-13 分析图1-65所示电路中各电器元件的作用,并回答问题。
1) 接触器 KM3 损坏后,对电路的运行有何影响?
2) 如果速度继电器 KS 控制失灵,对电路的运行有何影响?

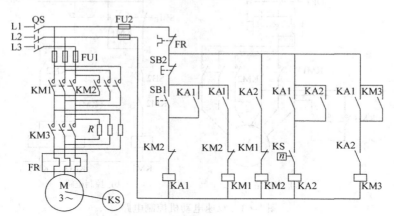

图 1-65 习题 1-13 图

# 第 2 章 典型机床的电气控制

机床是一种典型的机电一体化设备，它是用切削的方法将金属毛坯加工成机器零件的机器，是制造机器的机器，又称为"工作母机"或"工具机"。

机床主要由电力拖动系统控制，电力拖动系统包括电动机、传动机构和控制系统等环节，如图 2-1 所示。

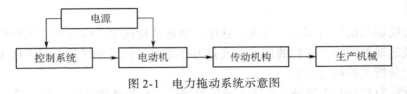

图 2-1　电力拖动系统示意图

早期的电力拖动是由一台电动机拖动一组生产机械，称为"成组拖动"。随着生产发展的需要，自 20 世纪 20 年代以来，在生产机械上广泛采用"单电动机拖动系统"，即由一台单独的电动机拖动一台生产机械。为了更好地满足生产机械各运动部件对机械特性的要求，简化机械传动机构，在 20 世纪 30 年代出现了"多电动机拖动系统"，即机械的各运动部件分别由不同的电动机来拖动。电力拖动系统按拖动电动机的不同，分为直流拖动系统和交流拖动系统。

电动机通常由电气控制系统控制。早期，是由继电器、接触器、按钮、限位开关等组成的继电器-接触器电气控制系统，对电动机实现起动、停止及有级调速等控制的。这种控制具有使用的单一性，其控制的输入、输出信号只有通和断两种状态，不能连续反映信号的变化，故称为断续控制。该系统的优点是结构简单、价格低廉、维护方便、抗干扰能力强，因此，广泛应用于各类机械设备中。

随着大规模集成电路和微处理器技术的发展和应用，在 20 世纪 70 年代出现了用软件手段来实现各种控制功能、以微处理器为核心的新型工业控制器——可编程序控制器（PLC）。这种控制器完全能够适应恶劣的工业环境，兼备计算机控制和继电器-接触器控制系统两方面的优点；同时，还具有程序编制清晰直观、方便易学、调试和查错容易等优点，故目前世界各国已将之作为一种标准化通用设备普遍应用于工业控制中。电子计算机控制系统的出现，不仅提高了电气控制的灵活性和通用性，而且其控制功能和控制精度都得到很大提高。

随着近代电力电子技术和计算机技术的发展以及现代控制理论的应用，自动化电力拖动正向着计算机控制的生产过程自动化方向迈进。

20 世纪 50 年代出现了数控机床，它是由计算机按照预先编好的程序，对机床实现自动化的数字控制。数控机床是综合应用了电子、检测、计算机、自动控制和机床结构设计等技术领域最新技术的成就。

在掌握常用电器元件及电气控制基本环节的基础上，本章将总结电气控制系统分析的基本内容和一般规律,并通过典型机床电气控制电路的分析,进一步说明电气控制系统分析的方法和具体步骤。

**【知识目标】**

1) 了解常用机床的组成及控制特点。

2) 认识电气控制系统的三大图样,掌握机床电气原理图的分析方法。

**【技能目标】**

1) 会分析常用机床的电气控制原理,触类旁通,具有识读其他设备电气原理图的能力。

2) 学会配电盘的装配,能安装和调试常用机床电路。

**【问题导入】**

常用的金属切削机床有车床、铣床、钻床、磨床和镗床等,你使用过哪些机床?你了解它们的组成及运动形式吗?它们的运动形式是怎样实现的?用怎样的工程图样来表达其控制原理的?如何分析其控制过程?

图 2-2 所示为 CW6132 型卧式车床的电气原理图。根据此图并结合该机床的动作,便可分析出其控制过程。

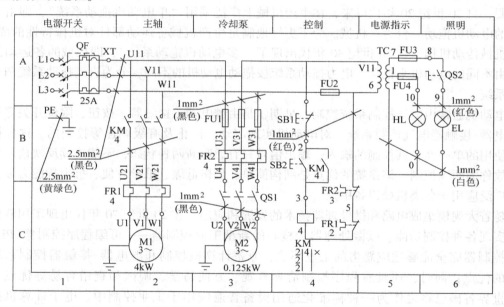

图 2-2  CW6132 型卧式车床电气原理图

注:为标注方便,图中各线圈及触点所在的区号都只用数字表示,忽略了竖边的字母分区。如 KM 线圈在 C4 区,简写为 4 区,后面图样相同。

## 2.1 电气图样

根据机床的机械运动形式对电气控制系统的要求,采用国家统一规定的电气图形符号和文字符号,按照电气设备和元器件的工作顺序,详细表示电路、设备或成套装置的全部基本组成和连接关系的图形叫电气控制系统图。它可以表达电气控制系统的组成、结构与工作原理。

电气控制系统图由图形符号、文字符号组成，并按照 GB/T 6988.1—2008《电气技术用文件的编制》要求来绘制。

图形符号表示一个电器设备的图形、标记或字符。这些图形符号必须采用国家标准来表示，如 GB/T 4728.7—2008《电气简图用图形符号 第 7 部分：开关、控制和保护器件》、GB/T 4728.9—2008《电气简图用图形符号 第 9 部分：电信、交换和外围设备》及 GB/T 23371.1—2013《电气设备用图形符号基本原则》等。文字符号用于标明电气设备、装置和元器件的名称及电路的功能、状态和特征，分为基本文字符号和辅助文字符号。第 1 章中已经学习了常用电气元器件的图形符号和文字符号。

电气控制系统图一般有电气原理图、电气元器件布置图及电气安装接线图。下面以 CW6132 型车床为例，介绍三大图样。

## 2.1.1 电气原理图

电气原理图是根据电气控制系统的工作原理绘制的。它采用电器元件展开的形式，利用图形符号和项目代号来表示电路各电器元件中导电部件和接线端子的连接关系。通过前面的学习知道，电气原理图中的电器元件并不是按其实际布置来绘制的，而是根据其在电路中所起的作用画在不同的部位上。

电气原理图具有结构简单、层次分明的特点，适于分析电路工作原理、设备调试与维修。根据图 2-2 所示的 CW6132 型卧式车床的电气原理图，说明如下。

(1) 电气原理图的组成 根据电路中电流的大小，电气原理图可分为主电路和控制电路。主电路是从电源到电动机或线路末端的电路，是强电流通过的电路。主电路一般由刀开关(或断路器)、熔断器、接触器主触点、热继电器发热元件与电动机等组成。控制电路包括电动机控制电路和辅助电路，辅助电路又包括照明电路、信号电路及保护电路等。

(2) 绘制电气原理图的原则

1) 图面区域的划分。为了便于检索电气线路、方便阅读分析，将原理图进行图面分区。横边从左到右用阿拉伯数字分别编号，竖边从上到下用英文字母区分，分区代号用该区域的字母和数字表示，如图 2-2 中 M1 电动机在 C2 区、M2 电动机在 C3 区等。通常情况下，竖边的字母可以省略，即只用数字表示，如"2"，表示第 2 区。

原理图图面区域横向最上方的说明，如图 2-2 所示的"电源开关""主轴""冷却泵"等，表明对应区域下方元件名称或电路的功能，便于理解全电路的工作原理。

2) 符号位置的索引。原理图中，各电器元件的导电部件如线圈和触点的位置，绘在它们起作用的地方；同一电器元件的各个部件可以不画在一起，如图 2-2 中，KM 的线圈在 C4 区，而其 3 个主触点在 B2 区。

在较复杂的电气原理图中，对继电器、接触器线圈的文字符号下方要标注其触点位置索引；而在触点文字符号下方要标注其线圈位置索引。符号位置的索引，用图号、页次和图区编号的组合表示。索引代号的组成如下：

```
1 / 2 · 3
```

1 ——表示图号

2 ——表示页次

3 ——表示图区号

  例如"90001/1·5"索引，表示电器元件的符号位置在图号为 90001 的第 1 页第 5 区。如果该图号仅为一页，则可省去页次，用"90001/5"即可；如果元件相关的各符号元素出现在同一图号的图样上，而该图号有几张图样时，索引代号可省去图号，用"1/5""2/4""3/3"即可；如果元件相关的各符号元素出现在只有一张图样的不同图区时，索引代号只用图区号表示，如图 2-2 所示，图区 C4 中接触器主触点 KM 下面的 4，即为最简略的索引代号，它指出接触器 KM 的线圈位置在本图第 4 区。

  在电气原理图中，接触器或继电器线圈与触点的从属关系，可用附图表示，即在原理图中相应线圈的下方，给出触点的图形符号(也可省略)，并在其下面注明相应触点的索引代号；对未使用的触点用"×"表明(也可空白)。例如，在图 2-2 中接触器 KM 线圈(C4 区)下端，其触点的位置索引中，左栏为主触点所在图区号(图中 3 个主触点都在 2 区)；中栏为辅助常开触点所在的图区号(1 个常开触点在 4 区)；右栏为辅助常闭触点所在的图区号(未使用)。

  3) 原理图中，各电气元器件一般应按动作顺序从上到下、从左到右依次排列，可水平布置或垂直布置。在各分支控制电路中，若两线交叉连接(有直接电联系)时，电气连接点必须用实心圆点标出；无直接电联系的交叉导线，交叉处不能画实心圆点。

  4) 原理图中，要给出导线的线号，线号可根据电源的类型来设置。导线的颜色也有标准，交流电源线用红色，零线用白色；直流电源线用蓝色；而接地线用黄绿双色，且应接到接地铜排上。

## 2.1.2 电气元器件布置图

  电气元器件布置图主要用来表明各种电气设备在机械设备上和电气控制柜中的实际安装位置，为机械电气控制设备的制造、安装、维修提供必要的资料。各电气元器件的安装位置是由机床的结构和工作要求决定的，如电动机要与被拖动的机械部件放在一起，限位开关应放在要取得信号的地方，操作元件要放在操纵台(或称按钮站)等操作方便的地方，一般电器元件应放在电气控制柜内。

  机床电气元器件布置图主要包括机床电气设备布置图、电气控制柜及配电盘电气元器件布置图、操纵台(或按钮站)电气设备布置图等。在绘制电气设备布置图时，所有能见到的以及需要表示清楚的电气设备，均用粗实线绘制出简单的外形轮廓；其他机械部件的轮廓用双点画线表示。图样中要表示出元器件的安装位置、安装方式以及电线的走线路径。

  图 2-3 所示为 CW6132 型车床电气设备安装布置示意图。图中 QF 为电源开关，QS1 为转换开关，QS2 为照明开关，SB1 为停止按钮，SB2 为起动按钮，M1、M2 分别为主电动机和冷却泵电动机，EL 为照明灯。该图只是示意了这些电器元件在机床上的大致位置。

  图 2-4 所示为 CW6132 型车床控制配电盘电器布置图(在主轴箱内)。图中 FU1~FU4 为熔断器，KM 为接触器，FR 为热继电器，TC 为照明变压器，XT 为接线端子板。

第2章 典型机床的电气控制　51

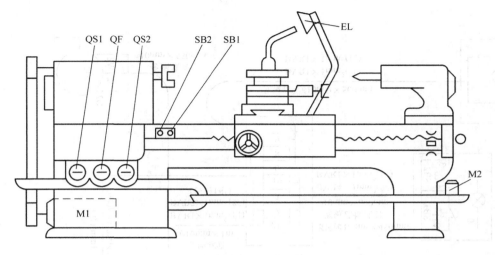

图2-3　CW6132型车床电气设备安装布置示意图

## 2.1.3　电气安装接线图

电气安装接线图是为安装电气设备(或元件)时进行配线或检查维修电气控制电路故障服务的。在图中要表示出各电气设备之间的实际接线情况,并标注出外部接线所需的数据。在接线图中各电气元器件的文字符号、连接顺序、导线线号编制都必须与电气原理图一致。绘制安装接线图应遵循以下原则:

1) 各电气元器件用规定的图形符号、文字符号绘制,同一电气元器件各部件必须画在一起。各电气元器件的位置应与实际安装位置一致。

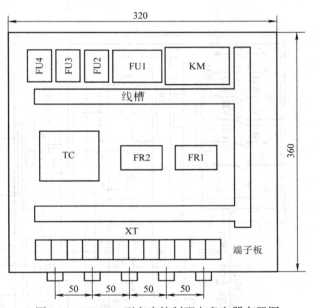

图2-4　CW6132型车床控制配电盘电器布置图

2) 不在同一控制柜或配电盘上的电气元器件的电气连接,必须通过端子板进行转接,各电气元器件的文字符号及端子板的编号应与原理图一致,并按原理图的接线进行连接。

3) 画导线时,应标明导线的规格、型号、根数和穿线管的尺寸,走向相同的多根导线可用单线表示。

图2-5所示是根据图2-2电气原理图绘制的接线图。图中表明了该电气设备中电源进线、按钮站、照明灯、限位开关、电动机与配电盘(电气安装板)接线端子之间的连接关系,也标注了所采用的包塑金属软管的直径和长度以及连接导线的根数、截面积与颜色,如按钮站与配电盘的连接。按钮站上有SB1、SB2、HL 3个电器元件,根据电气原理图,SB1与SB2的一端用线号为2的导线(红色)连接,该2号线还与配电盘中的KM辅助常开触点相

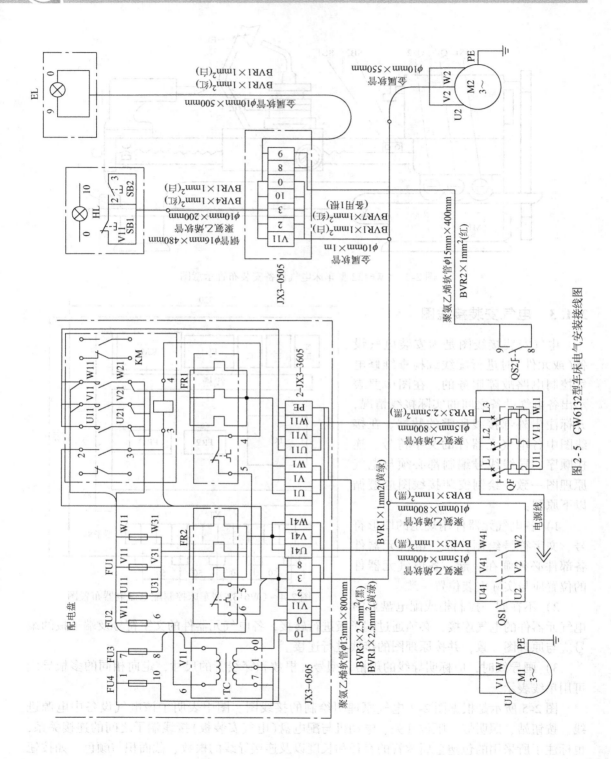

图 2-5 CW6132型车床电气安装接线图

连；同理，按钮 SB1 和 SB2 的另外一端线号为 V11 和 3 的导线(红色)、HL 上的 10 号线(红色)和 0 号线(白色)都要进到配电盘中，故有 5 根线通过包塑软管接到配电盘的接线端子中。图中，BVR4×1mm²(红)表示 4 根截面积为 1mm² 的红色软线。对于较为复杂的电气设备，当电气安装板上元器件较多时，还应绘制安装板的接线图。

## 2.2 电气控制电路的分析方法

电气原理图的阅读分析方法最为重要。仔细阅读设备说明书，在了解电气控制系统的总体结构、电动机和电气元器件的分布状况及控制要求的基础上，才可分析电气原理图。电气原理图的分析步骤如图 2-6 所示。

(1) 主电路分析　从主电路入手，根据每台电动机或电磁阀等执行电器的控制要求去分析它们的控制内容。控制内容包括起动、制动、方向控制和调速等基本控制环节。

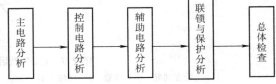

图 2-6　电气原理图分析步骤

(2) 控制电路分析　根据主电路中各电动机或电磁阀等执行电器的控制要求，逐一找出控制电路中的控制环节，利用前面学过的电动机控制基本环节的相关知识，按功能不同划分成若干个局部控制电路来进行分析。

(3) 辅助电路分析　辅助电路包括电源显示、工作状态显示、照明和故障报警等，它们大多是由控制电路中的电器元件来控制。所以在电路分析时，还要回过头来对照控制电路进行分析。

(4) 联锁与保护环节分析　机床对于安全性和可靠性有很高的要求，为实现这些要求，除了合理地选择拖动和控制方案外，在控制电路中还设置了一系列电气保护和必要的电气联锁。

(5) 总体检查　经过"化整为零"，逐步分析了每一个局部电路的工作原理及各部分之间的控制关系后，还必须用"集零为整"的方法，检查整个控制电路，看看是否有遗漏。特别要从整体角度去进一步检查和理解各控制环节之间的联系，理解电路中每个元件所起的作用。

## 2.3　C650 型卧式车床电气控制电路

【任务目标】

1) 熟悉 C650 型卧式车床的主要结构及电气控制要求，了解它的主要运动形式。
2) 能正确识读 C650 型卧式车床控制电路图，并能分析电路的工作程序。

### 2.3.1　C650 型卧式车床的结构及控制要求

**1. C650 型卧式车床的组成及运动形式**

C650 型卧式车床主要用于车削内外圆柱面、端面、螺纹和成形面，也可用钻头、铰刀等刀具进行钻孔、镗孔、倒角、割槽及切断等加工，其外观如图 2-7 所示，主要由床身、主轴变速箱、进给箱、溜板箱、刀架、尾座、丝杠及光杠等组成。

车床的切削运动包括主运动、进给运动及辅助运动。

图 2-7 C650 型卧式车床外观图
1—主轴变速箱 2—刀架 3—尾座 4—床身 5—丝杠 6—光杠 7—溜板箱 8—进给箱

1) 主运动是主轴通过卡盘或夹头带动工件的旋转运动，它承受车削加工时的主要切削功率；不同的加工工艺要求应选择不同的切削速度，所以主轴要求有变速功能。卧式车床一般采用机械变速。车削加工时，一般不要求反转，但在加工螺纹时，为避免乱扣，要求正转进刀反转退刀，所以要求主轴能够实现正反转。

2) 进给运动是溜板带动刀架的纵向或横向直线运动，其运动方式有手动和机动两种。加工螺纹时，要求工件的切削速度与刀架横向进给速度之间有严格的比例关系。所以，车床的主运动与进给运动由一台电动机拖动，并通过各自的变速箱来改变主轴转速与进给速度。

3) 辅助运动是刀架的快速移动及工件的夹紧、松开等，便于提高生产效率。

**2. C650 型卧式车床对电气控制的要求**

C650 型卧式车床采用 3 台三相笼型异步电动机拖动，即主轴电动机 M1（简称主电动机）、冷却泵电动机 M2 和溜板箱快速移动电动机 M3。从车削加工工艺出发，对各台电动机的控制要求如下。

(1) 主电动机 M1　功率为 30kW，允许在空载下直接起动；能实现正、反转，从而经主轴变速箱实现主轴的正、反转，或通过挂轮箱传给溜板箱来拖动刀架实现刀架的横向左、右移动；能实现单方向旋转的低速点动控制，以便进行车削加工前的对刀；采用反接制动，以适应工件加工时大转动惯量的影响；此外，还需要具有短路保护和过载保护，并在主电路中设置电流监视器。

(2) 冷却泵电动机 M2　功率为 0.15kW，用以在车削加工时，供出冷却液，对工件及刀具进行冷却。

(3) 快速移动电动机 M3　功率为 2.2kW，用于溜板箱连续移动时短时工作。只要求单向点动，因短时运转，故不设过载保护。

此外，还应有必要的联锁、保护以及安全可靠的照明等。

### 2.3.2　C650 型卧式车床的电气控制电路分析

C650 型卧式车床电气控制原理图如图 2-8 所示。图中各按钮、开关的名称及位置见表 2-1。

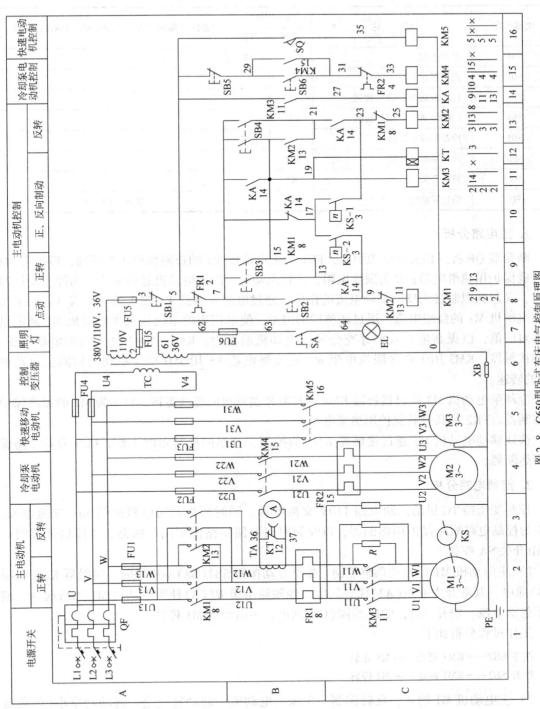

图 2-8 C650 型卧式车床电气控制原理图

表 2-1　C650 型卧式车床各按钮、开关的名称及位置

| 电器元件 | 名　称 | 参考图区位 常开 | 参考图区位 常闭 | 备注（限位开关受压动作时，手柄的情况） |
|---|---|---|---|---|
| SB1 | 总停按钮 | | A8 | |
| SB2 | 点动按钮 | B8 | | |
| SB3 | （主轴/进给）正转按钮 | B9 | | |
| SB4 | （主轴/进给）反转按钮 | B13 | | |
| SB5 | 冷却泵停止按钮 | | A15 | |
| SB6 | 冷却泵起动按钮 | B15 | | |
| SA | 照明开关 | B7 | | |
| SQ | 快速移动电动机开关 | A1 | | 快速手柄压下 |

**1. 主电路分析**

断路器 QF 将三相交流电源引入，FU1 为主电动机 M1 的短路保护用熔断器，FR1 为 M1 的过载保护用热继电器；R 为限流电阻，主轴点动时，限制电动机起动电流；而停车反接制动时，又起到限制过大反向制动电流的作用。通过电流互感器 TA 接入的电流表 A，用来监视主电动机 M1 的绕组电流，通过调整切削用量，使电流表的电流接近主电动机 M1 额定电流的对应值，以提高生产效率并充分发挥电动机的潜力。KM1、KM2 分别为主电动机正、反转接触器；KM3 用于短接限流电阻 R。速度继电器 KS 用于在反接制动时检测主电动机 M1 的转速。

冷却泵电动机 M2 通过接触器 KM4 的控制来实现单向连续运转，FU2 为 M2 的短路保护用熔断器，FR2 为其过载保护用热继电器。

快速移动电动机 M3 通过接触器 KM5 的控制实现单向旋转短时工作，FU3 为其短路保护用熔断器。

**2. 控制电路分析**

控制变压器 TC 供给控制电路 110V 交流电源，同时还为照明电路提供 36V 交流电源。FU5 为控制电路短路保护用熔断器，FU6 为照明电路短路保护用熔断器，车床局部照明灯 EL 由开关 SA 控制。

1）主电动机 M1 的点动调整控制。按下点动按钮 SB2(B8)不松手时，接触器 KM1 线圈(C8)通电，其常开主触点(A2)闭合，电源经限流电阻 R(C3)使主电动机 M1(C2)起动，减少了起动电流。松开 SB2，KM1 线圈(C8)断电，主电动机 M1 停转。

工作过程分析如下：

按下 SB2 → KM1 通电 → M1 正转
松开 SB2 → KM1 断电 → M1 停转

2）主电动机 M1 的正、反转控制。车床主电动机的起动特点是：起动功率小（因负载小），只是在车削时消耗较大功率。因此，虽然其主轴额定功率是 30kW，但因起动电流并不很大，所以，在非频繁点动的一般工作时，仍采用了全电压直接起动。

按下正转按钮 SB3(B9)时，KM3 线圈(C11)、KT 线圈(C12)通电吸合，其相应的触点

动作。KM3 主触点(C2)使 R 短接，KM3 的辅助常开触点(B14)使 KA 的线圈(C14)通电吸合，KA 的辅助常开触点(C9)使 KM1 线圈(C8)接通，其主触点 KM1(A2)闭合，电动机正转旋转。KA 的辅助常开触点(B11)和 KM1 的辅助常开触点(B9)使 KM1(C8)自锁。

工作过程分析如下：

反转按钮 SB4 的工作情况类似，请自行分析。

接触器 KM1 与 KM2 的常闭触点互相串接在对方线圈电路中，实现电动机 M1 正反转的互锁。

3) 主电动机 M1 的停车制动控制。主电动机停车时采用反接制动方式，由正反转可逆电路和速度继电器 KS 组成。

假设原来主电动机 M1 正转运行，则电动机转速大于 120r/min，KS 的正向常开触点 KS-1(C10)闭合，为正转制动做好准备；而此时反向常开触点 KS-2(C10)依然断开。按下总停按钮 SB1(A8)，原来通电的 KM1、KM3、KT 和 KA 随即断电，它们的所有触点均复位。当 SB1(A8)松开后，反转接触器 KM2 线圈(C13)由于 KS-1(C10)的闭合而立即通电，电流通路是：

线号 1 ⟶ SB1 常闭触点(A8) ⟶ KA 常闭触点(B10) ⟶ KS 正向常开触点 KS-1(C10) ⟶ KM1 常闭触点(C13) ⟶ KM2 线圈(C13) ⟶ 线号 0

这样，主电动机 M1 串入电阻 R 反接制动，正向转速很快降下来。当转速降到很低时($n<100r/min$)，KS 的正向常开触点 KS-1(C10)断开，从而切断了上述电流通路。至此，正向反接制动就结束了。

工作过程分析如下：

主电机正转时，KM1、KM3、KT、KA1 都通电，KS-1 闭合
按 SB1 ⟶ KM1、KM3、KT、KA1 都断电
松开 SB1 ⟶ KM2 通电 ⟶ M1 反接制动开始
当 $n<100r/min$ 时，KS-1 断开 ⟶ KM2 断电 ⟶ M1 反接制作结束

由控制电路可以看出，KM3 的常开触点(B14)直接控制 KA(C14)，因此 KM3 和 KA 触点的闭合和断开情况相同。从图 2-8 可知，KA 的常开触点用了 3 个(C9、B11、C13)，常闭触点(B10)用了 1 个。因 KM3 的辅助常开触点只有 2 个，故不得不增设中间继电器 KA 进行扩展，即中间继电器 KA(C14)起扩展接触器 KM3 触点的作用。可见，电气电路要考虑电器元件触点的实际情况，在电路设计时更应引起重视。

反向反接制动过程请自行分析。

4) 冷却泵电动机 M2 的控制。由停止按钮 SB5(A15)、起动按钮 SB6(B15)和接触器 KM4(C15)，构成冷却泵电动机 M2 单向旋转起动、停止控制电路。按下 SB6(B15)，KM4 线圈(C15)通电并自锁，M2 起动旋转；按下 SB5(A15)，KM4 线圈(C15)断电释放，M2 断开三相交流电源，自然停车。

5) 刀架快速移动电动机 M3 的控制。刀架快速移动是通过转动刀架手柄压动限位开关 SQ(B16) 来实现的。当手柄压下限位开关 SQ(B16) 时，接触器 KM5 线圈(C16) 通电吸合，其常开主触点闭合，电动机 M3 起动旋转，拖动溜板箱与刀架作快速移动；松开刀架手柄，限位开关 SQ(B16) 复位，KM5 线圈(C16) 断电释放，M3 停止转动，刀架快速移动结束。刀架移动电动机为单向旋转，而刀架的左右移动由机械传动实现。

6) 照明电路和控制电源。图 2-8 中 TC(A6) 为控制变压器，其二次绕组有两路。一路为 ~110V，为控制电路提供电源；另一路为 ~36V(安全电压)，为照明电路提供电源。将灯开关 SA(B7) 置于"合"位置时，SA 就闭合，照明灯 EL(C7) 点亮；SA(B7) 置于"分"位置时，EL(C7) 就熄灭。

7) 电流表 A 的保护电路。为了监视主电动机的负载情况，在电动机 M1 的主电路中，通过电流互感器 TA(B2) 接入电流表 A(B3)。为防止电动机起动、点动时起动电流和停车制动时制动电流对电流表的冲击，电路中接入一个时间继电器 KT，且 KT 线圈(C12) 与 KM3(C11) 线圈并联。起动时，KT 线圈(C12) 通电吸合，其延时断开常闭触点将电流表短接，经过一段延时(2s 左右)，起动过程结束，KT 延时断开常闭触点(C3) 断开，正常工作电流流经电流表，以便监视电动机在工作中电流的变化情况。

**3. C650 型卧式车床电气控制特点**

1) 采用 3 台电动机拖动，其中车床溜板箱的快速移动由一台快速移动电动机 M3 拖动。

2) 主电动机 M1 不但有正、反转，还有单向低速点动的调整控制，其正反向停车时均具有反接制动停车控制。

3) 设有检测主电动机工作电流的环节。

4) 具有完善的保护和联锁功能：主电动机 M1 正反转之间有互锁。熔断器 FU1～FU6 可实现各电路的短路保护；热继电器 FR1、FR2 实现 M1、M2 的过载保护；接触器 KM1、KM2、KM4 采用按钮与自锁环节，对 M1、M2 实现欠电压与零电压保护。

 **想一想**：在 C650 型卧式车床的电气控制电路中，不用继电器 KA 可以吗？为什么？

## 2.4　C650 型卧式车床电气控制线路的接线与装配（边学边做）

### 【任务目标】

1) 了解电气装配人员的工作情景，懂得基本装配工艺，尤其是导线的连接工艺。
2) 学会电气控制电路的调试程序，并掌握故障分析及排除的方法。

### 2.4.1　机床电气装配的一般工艺

**1. 找齐设备安装所需的电气材料**

1) 备齐设备上所需的电气柜、配电盘、电气面板、按钮盒及电器小配件。

2）电气装配人员准备好自己的工具包(含大号、中号十字螺钉旋具、小一字螺钉旋具、剥线钳、斜口钳、电工防水胶带、万用表、扳手、$\phi$2.5mm 钻头、$\phi$3.2mm 钻头、$\phi$4.2mm 钻头、M3 丝锥、M4 丝锥、丝锥绞手、粗齿锉一套)、M3 螺钉、M4 螺钉、M4 螺母及手电钻等。将所有工具整齐地放在一个手臂的范围内。

**2. 安装配电盘**

1）根据配电盘布置图量好线槽与导轨的长度，用锯弓截断(线槽要放在平坦的地方锯，导轨要夹在台虎钳锯，锯缝要平直)。

2）线槽与导轨锯断后可在砂轮机上磨直。两根线槽如果搭在一起，则搭线处的线槽端应磨成45°斜角。

3）用手电钻在线槽、导轨的两端打固定孔(用 $\phi$4.2mm 钻头)。

4）根据配电盘布置图的要求，将线槽、导轨放置在配电盘上，用黑色记号笔将定位孔的位置画在电气配电盘上。

5）先在配电盘上用样冲敲出样冲眼，然后用手电钻在样冲眼上打孔(用 $\phi$4.2mm 钻头)。

6）用 M4 螺钉、螺母将线槽、导轨固定在电气配电盘上。

7）开关电源、印制电路板等不易拆卸的电气元器件都要进行打孔、攻螺纹(用 $\phi$2.5mm 钻头打孔，然后用 M3 的丝锥攻螺纹)，印制电路板的下面要垫铜柱(根据需要选择高度)。

8）电气元器件底部通常都有一道槽，是专门用来卡在 C 形导轨上的；凤凰接线端子一般也是卡在 C 形导轨上的，其他接线端子一般使用高低导轨。

总之，安装次序应该先安装元器件，再安线槽，最后将配电盘安装到柜子里。

**3. 接线**

1）连接导线一般分为动力线、控制线及地线。使用时要注意导线的颜色。

① 动力线通常为黑色。根据电动机的额定电流选择线径，一般选用截面积为 2.5mm$^2$ 及以上的电线或电缆。

② 控制线分为交流线和直流线。交流用红色，零线用白色；直流用蓝色。同样也根据控制电路的额定电流选择线径。电气柜连接到外部的控制线通常用1mm$^2$及以上的电线或电缆连接，其他线一般都使用 0.5mm$^2$ 的电线，用防护管套保护。在走线时应注意交直流线、高低压线分开。

③ 接地线通常用专用的黄绿线。

2）剥线钳一般剥线长度为 5~7mm，不应剥太长，更不可以用斜口钳剥线，容易损伤电线。导线要套上线号(或号码管)，没有线号的要将线柄后部包裹绝缘胶布，以防铜线裸露。备用线要用绝缘胶布包裹端部。

3）继电器、接触器等电流不大的电器元件，可使用叉形接线柄；凤凰接线端子、PLC接线端子等小口径接线端子一般使用针形接线柄。若两段导线需要相互连接，则需使用接线端子转接或通过中间过渡接线管连接。

4）凡是拖在地上的电线要用包塑软管进行防护，露在外面的线要穿波纹管。电气线路沿线要贴吸盘(用 AB 胶固定)，然后用尼龙扎带捆扎在吸盘上。

5）柜子与柜门间的线束要捆扎，垂度要合适。

6）柜子与柜门之间应用不小于 2.5mm² 的接地线可靠连接。

7）接地端子的标示要明显。

此外，信号传感器、仪表通信、计算机通信、模拟量板卡输入、示波器输入等信号线都要用屏蔽线连接，且屏蔽线屏蔽层的接地位置也很重要，应符合图样要求。

### 2.4.2 实训步骤

**1. 电器元件的装配**

1）配电盘装配图的设计与连线。根据电气原理图统计配电盘上所安装的电器元件种类及个数。如 C650 型卧式车床中共有 1 个中间断路器（QF）；6 个熔断器（FU1～FU6），其中 3 个为三相熔断器、2 个为二相熔断器、1 个单相熔断器；1 个变压器（TC）；5 个接触器（KM1～KM5）；1 个中间继电器（KA）；1 个时间继电器（KT）；3 个制动电阻（R）。还应配有接线端子排、接地铜排及行线槽。凡是要连接到配电盘以外的电器元件上的导线，一定要先接到接线端子排上，再从端子排往外引线。

根据配电盘的尺寸和需用的电器元件，排布各电器元件的位置（可采用导轨进行安装）。安装之前要先读懂各电器元件的使用说明书。

对各电器元件接线时，要分清线圈、常开触点及常闭触点等。

2）按钮站装配图的设计与连线。按钮站上有 6 个按钮（SB1～SB5）、1 个扳钮开关（SA）及 1 块电流表（通常有一个电源指示灯）。安装时注意按钮的装配和接线，分清常开及常闭触点。

3）主电路及其他电器元件的连线。如有条件，可进行电动机的安装与调试。该机床有 3 台电动机，M1 有正反转要求，并将速度继电器 KS 与此电动机的轴相连。其他如照明灯、限位开关等要安装在机床上的相应部位。

**2. 电路调试**

1）先调试电器元件少的电路：

断开 M3、M2 的主电路，调试控制电路。

把 KM4 回路调试好后，再调试 KM5 回路。调试成功后，将主触点分别接入电动机 M3、M2，能正常起停即可。

2）再调试较复杂电路：

将 M1 的主电路断开。

若按下 SB2，KM1 吸合；松手后 KM1 断开，则正向点动回路正常。

按下 SB3，若 KM1、KM3、KA 吸合，则正向起动回路正常。同理，按下 SB4，若 KM2、KM3、KA 吸合，则反向起动回路正常。

接通 M1 的主电路，重复上述动作，电动机 M1 运转。假设 M1 正在正转，此时若按下总停按钮 SB1，所有电器断电；松开后，反转接触器 KM2 线圈通电，电动机立即停止。如果电动机不能停转，则检查速度继电器的辅助触点是否连接正确。

**3. 注意事项**

1）电流表不能接错。

2）通电时，要注意用电安全。

### 2.4.3 练一练：液压控制机床电气控制线路的安装和调试

**1. 设备、工具、材料**

电力拖动(继电器—接触器)实训台、三相异步电动机、连接导线、电工常用工具及万用表等。

**2. 训练内容及要求**

液压控制机床滑台在原位，SQ1 受压。按起动按钮 SB2 后，液压泵电动机接触器 KM1 得电，电磁阀 YV1 得电，控制开始"快进"；当滑台快进至 SQ2 受压后，电磁阀 YV2 得电，开始"工进"，同时动力头电动机接触器 KM2 起动。当滑台工进至终点 SQ3 受压后，滑台停止；延时 2s 后，动力头电动机接触器 KM2 停止，电磁阀 YV3 得电滑台"快退"；当滑台快退至原位 SQ1 受压后进行再循环。当按停止按钮 SB1 时，滑台停止工作。控制电路如图 2-9 所示，在自行分析电路功能后，按如下要求进行训练。

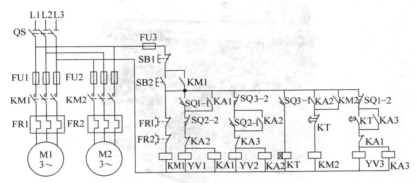

图 2-9 液压控制机床滑台运动及动力头工作的电气控制电路

1) 用仪表测量调整和选择元器件。
2) 根据原理图进行主电路及控制电路接线。
3) 板面导线敷设必须平直，各节点接线必须合理、紧密。
4) 连接电源、电动机等的导线必须通过接线柱引出，并有保护接地或接零。
5) 装接完毕后，请老师检查后方可通电试车，并能正确、熟练地对电路进行调试。
6) 如遇故障，请分析后自行排除。
7) 回答问题：

① 如果限位开关 SQ1-1 被取消，这种接法对电路有何影响？
② 如果电路出现只能起动滑台快进，不能工进，试分析接线时可能发生的故障。
③ 液压泵电动机若不能工作，动力头电动机是否能继续运行，为什么？
④ 时间继电器损坏对电路的运行有何影响？

## 2.5 XA6132 型卧式万能铣床电气控制电路

### 【任务目标】

1) 熟悉 XA6132 型卧式万能铣床的主要结构及电气控制要求，了解其主要运动形式。
2) 能正确识读 XA6132 型卧式万能铣床控制电路图，并能分析电路的工作原理。

## 2.5.1　XA6132型卧式万能铣床的结构及控制要求

### 1. XA6132型卧式万能铣床的组成及运动形式

XA6132型卧式万能铣床主要用于铣削各种平面、斜面、沟槽及齿轮的加工等，如果使用万能铣头、圆工作台、分度头等铣床附件，还可以扩大机床加工范围。其外观如图2-10所示，主要由底座、床身、悬梁、刀杆支架、升降台、溜板及工作台等组成。

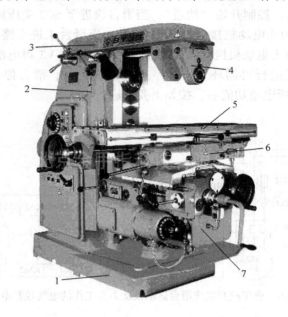

图2-10　XA6132型卧式万能铣床外观图
1—底座　2—床身　3—悬梁　4—刀杆支架　5—工作台　6—溜板　7—升降台

铣床运动形式包括主运动、进给运动及辅助运动。

1）主运动是铣刀的旋转运动，即主轴的旋转运动。

2）进给运动是工件夹持在工作台上，在垂直于铣刀轴线方向所做的直线运动，包括工作台上下、前后、左右3个相互垂直方向上的运动。

3）辅助运动是工件与铣刀相对位置的调整运动，即工作台在上下、前后、左右3个相互垂直方向上的快速直线运动及工作台的回转运动。

### 2. XA6132型卧式万能铣床对电气控制的要求

主轴由主电动机M1拖动；工作台的工作进给与快速移动皆由进给电动机M2拖动，但由电磁离合器来控制。使用圆工作台时，圆工作台的旋转也是由进给电动机拖动。另外，铣削加工时为冷却铣刀还设有冷却泵电动机M3。

（1）主轴拖动（M1）对电气控制的要求

1）主轴要有调速。选用法兰盘式三相笼型异步电动机，经主轴变速箱拖动，使主轴获得18种转速。

2）主轴能正、反转。铣床有顺铣和逆铣两种加工方式，可在加工前进行预选，故用转向选择开关来选择电动机的旋转方向。

3）主电动机停车时需要制动。由于铣刀的多刀多刃不连续切削，使负载波动较大，因此常在主轴传动系统中加入飞轮，以加大转动惯量，但这样对主轴的制动会带来影响。同时为确保安全，主轴在上刀时也应使主轴制动。XA6132型卧式万能铣床采用电磁离合器YC1来控制主轴停车制动和主轴上刀制动。

4）主电动机在主轴变速时要有主轴变速冲动环节。这样主轴在变速时齿轮能顺利啮合，减小了齿轮端面的冲击。

5）主电动机的起动、停止等控制设有两地操作站，以适应操作者在铣床正面或侧面的操作要求。

(2) 进给拖动对电气控制的要求

1）工作台的运行方式有手动、进给运动和快速移动3种。手动是通过操作者摇动手柄使工作台移动；进给运动与快速移动是由进给电动机M2拖动、通过工作台进给电磁离合器YC2与快速移动电磁离合器YC3的控制完成。

2）采用电气开关、机械挂档相互联动的手柄操作控制进给电动机，以减少按钮数量，避免误操作。也就是扳动操作手柄的同时压合相应的限位开关，并挂上相应传动机械的档。此时要求操作手柄扳动方向与运动方向一致，以增强直观性。

3）工作台的进给有左右的纵向运动、前后的横向运动和上下的垂直运动，它们都是由进给电动机拖动的，故进给电动机要求有正反转。采用的操作手柄有两个：一个是纵向操作手柄；另一个是垂直与横向操作手柄。前者有左、右、中间3个位置，后者有上、下、前、后、中间5个位置。

4）进给运动的控制也为两地操作方式。所以，纵向操作手柄与垂直、横向操作手柄各有两套，可在工作台正面与侧面实现两地操作，且这两套操作手柄是联动的，快速移动也是两地操作。

5）具有6个方向的联锁控制环节。为确保安全，工作台左、右、上、下、前、后6个方向的运动，同一时间只允许一个方向的运动。

6）进给运动由进给电动机拖动，经进给变速机构可获得18种进给速度。为使变速后齿轮的顺利啮合，减小齿轮端面的撞击，进给电动机应在变速后作瞬时点动。

7）为使铣床安全可靠地工作，铣床工作时，要求先起动主电动机（若换向开关扳到中间位置，主电动机则不旋转），才能起动进给电动机。停车时，主电动机与进给电动机同时停止，或先停进给电动机，后停主电动机。

8）工作台上、下、左、右、前、后6个方向的移动应设有限位保护。

## 2.5.2　XA6132型卧式万能铣床电气控制电路分析

XA6132型卧式万能铣床电气控制原理如图2-11所示。图中，M1为主电动机，M2为工作台进给电动机，M3为冷却泵电动机。该电路有两个突出的特点：一个是采用电磁离合器控制；另一个是机械操作与电气开关动作密切配合进行。

部分电器元件的名称及位置见表2-2。

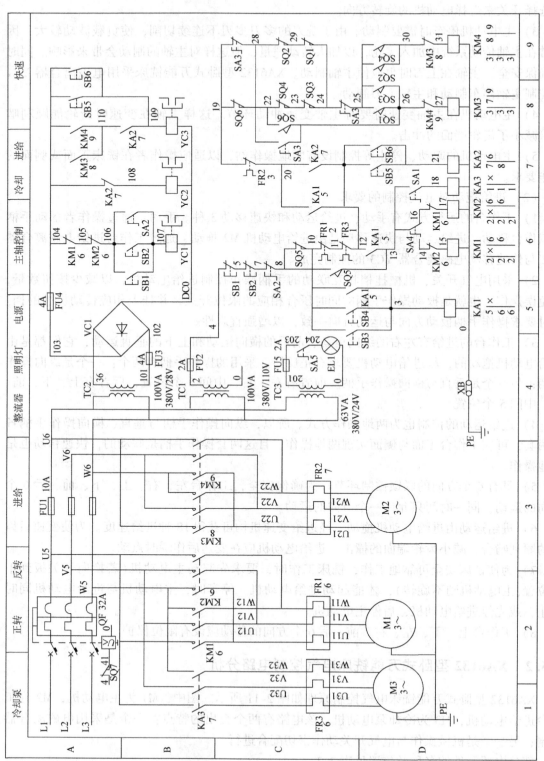

图 2-11 XA6132型卧式万能铣床电气控制原理图

表 2-2  XA6132 型卧式万能铣床部分电器元件的名称及位置

| 电器元件 | 名称 | 参考图区位 常开 | 参考图区位 常闭 | 备注（限位开关受压动作时，手柄的情况） |
|---|---|---|---|---|
| SQ1 | 向右进给限位开关 | D8 | C9 | 纵向操作手柄扳到右边位置 |
| SQ2 | 向左进给限位开关 | D9 | C9 | 纵向操作手柄扳到左边位置 |
| SQ3 | 向下或向前进给限位开关 | D8 | C8 | 垂直、横向进给手柄扳到向下或向前位置 |
| SQ4 | 向上或向后进给限位开关 | D9 | C8 | 垂直、横向进给手柄扳到向上或向后位置 |
| SQ5 | 主轴变速冲动开关 | C6 | C6 | 主轴变速手柄拉出 |
| SQ6 | 进给变速冲动开关 | C8 | C8 | 进给变速手柄向前拉到极限位置 |
| SQ7 | 开门断电限位开关 | A1 |  | 电器柜关门 |
| SA1 | 冷却泵选择开关 | D7 |  |  |
| SA2 | 主轴上刀制动开关 | B6 | C6 | 置于"接通"位置时，主轴制动 |
| SA3 | 圆工作台转换开关 | C7 | C8、C9 | 置于"接通"位置时，圆工作台工作 |
| SA4 | 主轴换向预选开关 | D6 | D6 | 正转、空档、反转 |
| SA5 | 照明灯开关 | C4 |  |  |
| SB1/SB2 | 主轴停止按钮 | B5/C6 | B6/C6 |  |
| SB3/SB4 | 主轴起动按钮 | C5/C5 |  |  |
| SB5/SB6 | 快速移动按钮 | D7、A8/D7、A9 |  |  |
| KA1 | 主轴起动继电器 | 线圈 D5 |  |  |
| KA2 | 快速移动继电器 | 线圈 D7 |  |  |
| KA3 | 冷却泵起动继电器 | 线圈 D7 |  |  |
| YC1 | 主轴制动电磁离合器 | 线圈 B6 |  | 线圈通电时，主轴抱闸制动 |
| YC2 | 进给运动电磁离合器 | 线圈 B7 |  | 线圈通电时，工作台或圆工作台进给运动 |
| YC3 | 快速移动电磁离合器 | 线圈 B8 |  | 线圈通电时，工作台快速移动或/圆工作台快速回转 |

**1. 主电路分析**

主电动机 M1 由接触器 KM1、KM2 控制实现正反向旋转，由热继电器 FR1 作过载保护。进给电动机 M2 由接触器 KM3、KM4 控制实现正反向旋转，由热继电器 FR2 作过载保护，熔断器 FU1 作短路保护。冷却泵电动机 M3 由中间继电器 KA3 控制、单向旋转，由热继电器 FR3 作过载保护。整个电路由断路器 QF 作短路、过载保护。

**2. 控制电路分析**

（1）主拖动控制电路分析

1）主电动机 M1 的起动控制。主电动机 M1 由正、反转接触器 KM1(D6)、KM2(D6)实现正反转全电压起动，由主轴换向开关 SA4(D6)预选。KA1(D5)为主电动机起动继电器，按下 SB3(C5)或 SB4(C5)时，KA1 线圈通电并自锁。

2）主电动机 M1 的制动控制。由主轴停止按钮 SB1(B5、B6)或 SB2(C6)、正转接触器 KM1(D6)或反转接触器 KM2(D6)以及主轴制动电磁离合器 YC1(B6)构成主轴制动停车控制环节。电磁离合器 YC1 安装在主轴传动链中，安装在主电动机相连的第一根传动轴上。

主轴停车时，按下 SB1(B5、B6)或 SB2(C6)，KM1 线圈(D6)或 KM2 线圈(D6)断电释放，断开主电动机 M1 的三相交流电源；同时电磁离合器 YC1 线圈(B6)通电，产生磁场，在电磁吸力作用下将摩擦片压紧产生制动，使主轴迅速制动。当松开 SB1(B5、B6)或 SB2

（C6）时，YC1 线圈（B6）断电，摩擦片松开，制动结束。

3）主轴上刀换刀时的制动控制。在主轴上刀或更换铣刀时，主电动机不得旋转，否则会发生严重人身事故。主轴上刀制动环节，由主轴上刀制动开关 SA2（B6）控制。

在主轴上刀换刀前，将 SA2 扳到"接通"位置，SA2 常闭触点（C6）断开，断开主轴起动控制电路，主电动机 M1 不能起动或旋转；而 SA2 常开触点（B6）闭合，使主轴制动电磁离合器 YC1 线圈（B6）得电吸合，主轴处于制动状态。

上刀换刀结束后，再将 SA2 扳至"断开"位置，SA2 常开触点（B6）断开，解除主轴制动状态；同时，SA2 常闭触点（C6）闭合，为主电动机起动作准备。

4）主轴变速冲动控制。限位开关 SQ5 为主轴变速冲动开关。

主轴变速时，首先将主轴变速手柄压下，使手柄的榫块自槽中滑出，然后向外拉动手柄，使榫块落到第二道槽内为止；再转动变速刻度盘，把所需转速对准指针；最后把手柄快速推回原来位置，使榫块落进槽内，变速操作才完成。

假设主电动机正在正转运行。

在将变速手柄推回原位置过程中，将瞬间压下主轴变速冲动开关 SQ5，使 SQ5 常闭触点（C6）断开，KM1 线圈（D6）断电，主电动机 M1 停止；SQ5 常开触点（C6）闭合，KM1 线圈（D6）又瞬间通电，主电动机 M1 作瞬时转动，有利于齿轮啮合。当变速手柄榫块落入槽内时，SQ5 不再受压，其常开触点（C6）断开，切断主电动机瞬时点动电路，主轴变速冲动结束。

反转时的情况自行分析。

5）开门断电保护。在机床左壁龛上安装了限位开关 SQ7，关门时受压。SQ7 常闭触点（A1）与断路器 QF 脱扣线圈（A1）串联。当打开控制箱门时，SQ7 释放，其常闭触点（A1）闭合，使断路器 QF 的脱扣线圈得电，QF（A2）跳闸，达到开门断电保护目的。

（2）进给拖动控制电路分析　进给电动机 M2 由 KM3、KM4 控制，实现正反转。该进给控制电路的电源经过 KA1 常开触点（C6）引入。KA1（D5）是主电动机起动继电器，由主电动机起动按钮 SB3（C5）或 SB4（C5）控制。这样可以保证，只有主轴旋转后工作台才能进给的联锁要求。

工作台移动方向由各自的操作手柄来选择，共有两个操作手柄。

一个为左右（纵向）操作手柄，有右、中、左三个位置。当扳向右面时，通过其联动机构将纵向进给离合器挂上，同时将向右进给的按钮式限位开关 SQ1 压下，则其常开触点 SQ1（D8）闭合，常闭触点 SQ1（C9）断开；当扳向左时，SQ2 受压；在中间时，SQ1 和 SQ2 都不动作。

另一个为前后（横向）和上下（升降）十字操作手柄。该手柄有五个位置，即上、下、前、后和中间零位。当扳动十字操纵手柄时，通过联动机构，将控制运动方向的机械离合器合上，同时压下相应的限位开关。若向下或向前扳动，则 SQ3（C8、D8）受压；若向上或向后扳动，则 SQ4（C8、D9）受压。

SA3（C7、C8、C9）为圆工作台转换开关。它是一种二位式选择开关，当使用圆工作台时，SA3（C7）闭合，当不使用圆工作台而使用普通工作台时，SA3（C8）和 SA3（C9）均闭合。

1）工作台左右（纵向）移动。工作台若左右（纵向）移动，除了 SA3 置于使用普通工作台位置外，十字手柄必须置于中间零位。若要工作台向右进给，则将纵向手柄扳向右，使得 SQ1 受压，KM3 通电，M2 正转。工作台向右进给，KM3 通电的电流通路为：

线号 19→SQ6（C8）→SQ4（C8）→SQ3（C8）→SA3（C8）→SQ1（D8）→KM4 常闭互锁触点（D8）→KM3 线圈（D8）→线号 0

从此电流通路中不难看到，如果操作者同时将十字手柄扳向工作位置，则 SQ4 和 SQ3 中必有一个断开，KM3 线圈（D8）不能通电。该机床就是通过这种电气方式来实现工作台左右移动同前后、上下移动之间的互锁。

若此时需快速移动，则要按动 SB5（D7）或 SB6（D7），使 KA2（D7）以"点动"方式通电。按下按钮时，KA2（B8）使快速离合器 YC3 通电吸合，工作台向右快速移动；松手后，即恢复向右进给状态。

工作台向左移动时电路的工作原理与向右时相似，请自行分析。

2）工作台前后（横向）和上下（升降）移动。若要工作台向上进给，则将十字手柄扳向上，使得 SQ4 受压，KM4 通电，M2 反转。工作台向上进给，KM4 通电的电流通路为：

线号 19→SA3（C9）→SQ2（C9）→SQ1（C9）→SA3（C8）→SQ4（D9）→KM3 常闭互锁触点（D9）→KM4 线圈（D9）→线号 0

上述电流通路中的常闭触点 SQ2（C9）和 SQ1（C9）用于工作台前后、上下移动同左右移动之间的互锁。

类似地，若要快速上升，按动 SB5 或 SB6 即可。

工作台的向下移动控制原理与向上移动控制类似，请自行分析。

若要工作台向前进给，则只需将十字手柄扳向前，使得 SQ3 受压，KM3 通电，M2 正转，工作台向前进给。工作台向后进给，可将十字手柄向后扳动实现。

3）工作台进给的快速移动。进给方向的快速移动是由电磁离合器 YC3 改变传动链来获得的。

主轴起动后，将进给操作手柄扳到所需移动方向对应位置，则工作台按操作手柄选择的方向以选定的进给速度进给。此时如按下快速移动按钮 SB5（或 SB6），快速移动继电器 KA2 线圈通电，KA2 常闭触点（A7）断开，工作台进给电磁离合器 YC2 线圈（B7）断开，KA2 常开触点（B8）闭合，快速移动电磁离合器 YC3 线圈（B8）通电吸合，工作台按原运动方向作快速移动。松开 SB5（或 SB6），快速移动停止，工作台仍以原进给速度继续进给。快速移动也是点动控制。

主轴停车时工作台也可以快速移动。

4）工作台各运动方向的联锁。在同一时间内，工作台只允许向一个方向移动，各运动方向之间的联锁是利用机械和电气两种方法来实现的。

工作台的向左、向右控制，是同一手柄操作的。手柄本身起到左右移动的联锁作用。同理，工作台的前后和上下四个方向的联锁，是通过十字手柄本身来实现的。

工作台的左右移动同上下及前后移动之间的联锁是利用电气方法来实现的，电气联锁原理已在工作台移动控制原理中分析过。

5）工作台进给变速冲动控制。进给变速冲动只有在主轴起动后，纵向进给操作手柄、垂直与横向操作手柄均置于中间位置时才可进行。

与主轴变速类似，为了使变速时齿轮易于啮合，控制电路中也设置了瞬时冲动控制环节。变速应在工作台停止移动时进行。操作过程是：先起动主电动机 M1，拉出蘑菇形变速手轮，同时转动至所需要的进给速度，再把手轮用力往外一拉，并立即推回原位。

在手轮拉到极限位置时，其连杆机构推动冲动开关 SQ6，使得 SQ6 常闭触点（C8）断开、SQ6 常开触点（C8）闭合。由于手轮被很快推回原位，故 SQ6 短时动作，KM3 短时通电，M2 短时冲动。KM3 通电的电流通路为：

线号 19→SA3（C9）→SQ2（C9）→SQ1（C9）→SQ3（C8）→SQ4（C8）→SQ6（C8）→KM4 常闭互锁触点（D8）→KM3 线圈（D8）→线号 0

（3）圆工作台控制　圆工作台的回转运动是由进给电动机经传动机构驱动的。在使用圆工作台时，要将圆工作台转换开关 SA3 置于圆工作台"接通"位置，而且必须将左右操作手柄和十字操作手柄置于中间停止位置。

按主轴起动按钮 SB3 或 SB4，主电动机 M1 起动。此时进给电动机 M2 也因 KM3 的通电而旋转，由于圆工作台的机械传动链已接上，故也跟着旋转。这时，KM3 的通电电流通路为：

线号 19→SQ6（C8）→SQ4（C8）→SQ3（C8）→SQ1（C9）→SQ2（C9）→SA3（7C）→KM4 常闭互锁触点（D8）→KM3 线圈（D8）→线号 0

可见，通路中的 SQ1～SQ4 常闭触点为互锁触点，起着圆工作台转动与工作台三种移动的联锁保护作用。圆工作台也可通过蘑菇形变速手轮变速。

此外，当圆工作台转换开关 SA3 置于"断开"位置，而左右及十字操作手柄置于中间"零位"时，也可用手动机械方式使它旋转。

（4）冷却泵电动机的控制　冷却泵电动机 M3 通常在铣削加工时由冷却泵转换开关 SA1（D7）控制，当 SA1 扳到"接通"位置时，继电器 KA3 线圈（D7）通电吸合，M3 起动旋转。热继电器 FR3 为过载保护。

**3. XA6132 型卧式万能铣床的电气控制特点**

1）电气控制电路与机械配合相当密切。例如，配有与方向操作手柄关联的限位开关、与变速手柄或手轮关联的冲动开关。各种运动之间的联锁，既有通过电气方式，也有通过机械方式来实现的。

2）进给控制电路中的各种开关进行了巧妙的组合，既达到了一定的控制目标，又进行了完善的电气联锁。

3）控制电路中设置了变速冲动控制，有利于齿轮的啮合，使变速顺利进行。

4）采用两地控制，操作方便。

## 2.6　Z3040 型摇臂钻床电气控制电路

**【任务目标】**

1）熟悉 Z3040 型摇臂钻床的主要结构及电气控制要求，了解其主要运动形式。

2）能正确识读 Z3040 型摇臂钻床控制电路图，并能分析电路的工作原理。

### 2.6.1　Z3040 型摇臂钻床的结构及控制要求

**1. Z3040 型摇臂钻床的组成及运动形式**

Z3040 型摇臂钻床的外观如图 2-12 所示，主要由床身、工作台、立柱、摇臂及主轴箱等组成，可进行钻孔、扩孔、铰孔、攻螺纹及修刮端面等多种形式的加工。其特点是操作方便、灵活，适用范围广，特别适用于带有多孔的大型工件的孔加工。Z3040 型摇臂钻床最大钻孔直径为 40mm。

Z3040 型摇臂钻床的内立柱固定在底座上，外面套着空心的外立柱，外立柱可绕着不动的内立柱回转 360°。摇臂一端的套筒部分与外立柱滑动配合，借助升降丝杠沿外立柱上下移动,还可绕立柱回转。主轴箱安装在摇臂上,可以通过手轮操作使它沿摇臂水平导轨移动。

摇臂钻床运动形式包括主运动、进给运动及辅助运动。

1) 主运动是主轴带动钻头做旋转运动。

2) 进给运动是钻头的上下运动。

3) 辅助运动是主轴箱沿摇臂的水平移动,摇臂沿外立柱的垂直移动,摇臂连同外立柱一起相对于内立柱的回转运动。

**2. Z3040 型摇臂钻床对电气控制的要求**

(1) 电力拖动特点

1) Z3040 型摇臂钻床采用多电动机拖动:由主轴电动机拖动主轴旋转的主运动和主轴的进给运动;由摇臂升降电动机拖动摇臂的升降;由液压泵电动机拖动液压泵供出压力油,完成主轴箱、内外立柱和摇臂的夹紧与松开;由冷却泵电动机拖动冷却泵,供出冷却液进行刀具加工过程中的冷却。

图 2-12 Z3040 型摇臂钻床外观图
1—底座 2—工作台 3—套筒 4—外立柱
5—摇臂 6—摇臂升降丝杠
7—主轴箱 8—主轴

2) 摇臂钻床的主运动与进给运动皆为主轴的运动。为此,这两种运动由一台主电动机拖动,分别经主轴传动机构、进给传动机构来实现主轴的旋转和进给。所以主轴变速机构与进给变速机构均装在主轴箱内。

3) 摇臂钻床有两套液压控制系统,一套是操作机构液压系统,另一套是夹紧机构液压系统。前者由主电动机拖动齿轮泵送出压力油,通过操纵机构实现主轴正/反转、停车制动、空档、变速等操作。后者由液压泵电动机拖动液压泵送出压力油,推动活塞带动菱形块来实现主轴箱、内外立柱和摇臂的夹紧与松开。

(2) 电气控制要求

1) 4 台电动机因容量较小,均采用全电压直接起动。主轴旋转与进给要求有较大的调速范围,钻削加工要求主轴正、反转,这些皆由液压和机械系统完成,主电动机为单向旋转。

2) 摇臂升降由升降电动机拖动,故升降电动机要求正、反转。

3) 液压泵电动机用来拖动液压泵送出不同流向的压力油,推动活塞,带动菱形块动作,以此来实现主轴箱、内外立柱和摇臂的夹紧与松开,故液压泵电动机要求有正、反转。

4) 摇臂的移动必须按照摇臂松开→摇臂移动→摇臂移动到位自动夹紧的程序进行,这就要求摇臂夹紧、松开与摇臂升降应按上述程序对液压泵电动机和升降电动机进行自动控制。

5) 钻削加工时应由冷却泵电动机拖动冷却泵,供出冷却液对钻头进行冷却,冷却泵电动机为单向旋转。

6) 要求有必要的联锁与保护环节。

7) 具有机床安全照明和信号指示电路。

### 2.6.2 Z3040 型摇臂钻床电气控制电路分析

Z3040 型摇臂钻床电气原理如图 2-13 所示,图中,M1 为主电动机,M2 为摇臂升降电动机,M3 为液压泵电动机,M4 为冷却泵电动机。

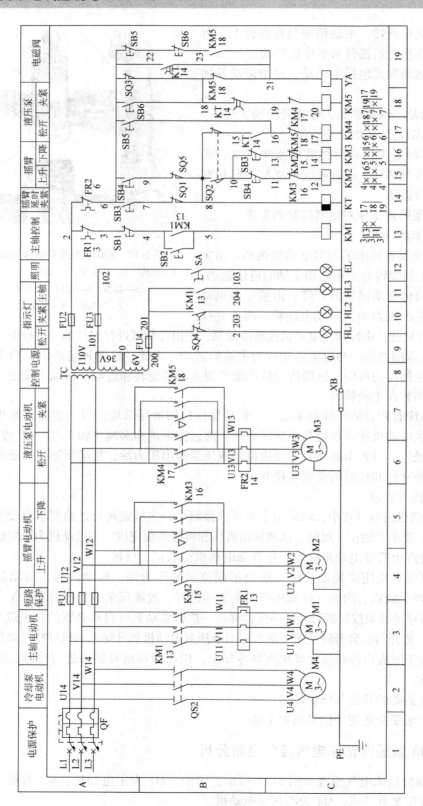

图 2-13 Z3040型摇臂钻床电气原理图

主轴箱上的 4 个按钮 SB1、SB2、SB3 与 SB4，分别是主电动机停止、起动和摇臂上升、下降按钮。主轴箱移动手轮上的 2 个按钮 SB5、SB6，分别为主轴箱、立柱松开按钮和夹紧按钮。扳动主轴箱移动手轮，可使主轴箱作左右水平移动；主轴移动手柄则用来操纵主轴作上下垂直移动，它们均为手动进给，主轴也可采用机动进给。

该机床部分电器元件的名称及位置见表 2-3。

表 2-3　Z3040 型摇臂钻床部分电器元件的名称及位置

| 电器元件 | 名　　称 | 参考图区位 常开 | 参考图区位 常闭 | 备注（限位开关受压动作时，手柄的情况） |
|---|---|---|---|---|
| SQ1 | 摇臂上升极限开关 |  | B14 | 摇臂上升到极限时 |
| SQ2 | 摇臂松开到位开关 | B15 | B17 | 摇臂松开到位时 |
| SQ3 | 摇臂夹紧到位开关 |  | A19 | 摇臂夹紧到位时 |
| SQ4 | 主轴箱、立柱夹紧到位开关 | B10 | B10 | 立柱、主轴箱夹紧时 |
| SQ5 | 摇臂下降极限开关 |  | B15 | 摇臂下降到极限时 |
| SB1 | 主轴停止按钮 |  | A13 |  |
| SB2 | 主轴起动按钮 | B13 |  |  |
| SB3 | 摇臂上升按钮 | A14 | B16 |  |
| SB4 | 摇臂下降按钮 | A15 | B15 |  |
| SB5 | 主轴箱、立柱松开按钮 | A17 | A19 |  |
| SB6 | 主轴箱、立柱夹紧按钮 | A18 | B19 |  |
| YA | 松开、夹紧电磁铁 | 线圈 C19 |  | 线圈通电时，松开；线圈断电时，抱闸夹紧 |

**1. 主电路分析**

三相交流电源由断路器 QF 控制。主电动机 M1 旋转由接触器 KM1 控制。主轴的正、反转由机械机构完成。热继电器 FR1 为电动机 M1 的过载保护。

摇臂升降电动机 M2 的正、反转由接触器 KM2、KM3 控制实现。

液压泵电动机 M3 由接触器 KM4、KM5 控制实现正反转，由热继电器 FR2 作过载保护。

冷却泵电动机 M4 容量为 0.125kW，由开关 QS2 根据需求控制其起动与停止。

**2. 控制电路分析**

（1）主电动机 M1 的起动控制　按下起动按钮 SB2（B13）→KM1 线圈（C13）通电并自锁→M1 全电压起动旋转。同时 KM1 常开辅助触点（B11）闭合→指示灯 HL3（C11）亮，表明主电动机 M1 已起动，并拖动齿轮泵送出压力油。此时，可操作主轴操作手柄，进行主轴变速、正转、反转等控制。

（2）摇臂升降（发出摇臂移动信号→发出松开信号→摇臂移动，摇臂移动到所需位置→夹紧信号→摇臂夹紧）　摇臂升降电动机 M2 的控制电路是由摇臂上升按钮 SB3、下降按钮 SB4 及正反转接触器 KM2、KM3 组成具有双重互锁功能的正、反转点动控制电路。液压泵电动机 M3 的正、反转由正、反转接触器 KM4、KM5 控制，M3 拖动双向液压泵，供出压力油，经 2 位六通电磁阀 YA 送至摇臂夹紧机构实现夹紧与松开。下面以摇臂上升为例来分析摇臂升降及夹紧、松开的控制原理。

摇臂上升动作的程序分三步：摇臂松开→摇臂上升→摇臂夹紧。

1) 摇臂松开过程：

按下 SB3→SB3 常闭触点（C16）断开、常开触点（A14）闭合→KT 时间继电器得电吸合（C14）→KT 瞬时触点闭合（C17）→KM4 线圈得电吸合（C17）、YA 电磁阀线圈（C19）得电吸合→液压泵电动机 M3 正转→摇臂松开。摇臂松开过程中，弹簧片压摇臂松开到位限位开关 SQ2，使其动作。此时，KT 的延时闭合常闭触点（B18）断开。

2) 摇臂上升过程：

SQ2 常闭触点（B17）断开→KM4 线圈（C17）失电释放→液压泵电动机 M3 停转→摇臂松开停止。

SQ2 常开触点（B15）闭合→KM2 线圈得电吸合（C15）→摇臂电动机 M2 正转→摇臂上升。

3) 摇臂夹紧过程：

当摇臂上升到所需位置时，松开 SB3（A14）→断电延时继电器 KT 线圈（C14）失电释放、KM2 线圈（C15）失电释放→摇臂电动机 M2 停转→摇臂停止上升。

KT 断电延时 1~3s 后→断开的 KT 断电延时闭合常闭触点（B18）闭合→KM5 线圈（C18）得电吸合→KM5 主触点闭合（B7）、KM5 常开触点（B19）闭合→液压泵电动机 M3 反转、YA 电磁铁（C19）继续得电吸合→摇臂到达预定位置开始夹紧→弹簧片使摇臂夹紧到位开关 SQ3（A19）断开→KM5 线圈（C18）失电释放→YA 电磁铁（C19）失电释放、液压泵电动机 M3 停转→摇臂夹紧。

以上过程简化如下：

按住SB3→KT通电 ┌→ KM4通电 → M3正转，松开
　　　　　　　　└→ YA通电，摇臂松开 → 到位压SQ2 ┌→ KM4断电 → M3停(不供油)
　　　　　　　　　　　　　　　　　　　　　　　　└→ KM2通电 → M2正转 → 摇臂上升

松开SB3 → KT断电 ┌→ KM2断电 → M2停 → 摇臂停止上升
　　　　　　延时 └→ KM5通电 → M3反转，夹紧 → 到位压SQ3 → KM5断电 →
　　　　　　　　　　YA断电、M3停 → 摇臂夹紧

**值得注意的是**，在时间继电器 KT 断电延时的时间内，KM5 线圈仍处于断电状态，这几秒钟的延时确保了升降电动机 M2 在断开电源依惯性旋转已经完全停止后，才开始摇臂的夹紧动作。所以 KT 延时长短应按大于 M2 电动机断开电源到完全停止所需时间来整定。

此外，在分析以上动作程序时还要特别注意：

1) SQ3 在摇臂夹紧时断开，摇臂松开时接通。SQ3 应调整到摇臂夹紧后即动作的状态，若调整不当，摇臂夹紧后仍不能动作，将使液压泵电动机 M3 长期工作而过载。

2) 不要误认为 YA 电磁阀在接通电源后就得电工作，YA 电磁阀线圈（C19）得电由 KT 的延时断开常开触点（B19）和 KM5 常开触点（B19）控制。

3) 在分析按下 SB3 和 SB4 时，不要忽视其常闭触点的作用。

摇臂升降的极限保护由组合开关来实现。当摇臂上升（上升极限开关 SQ1）或下降（下降极限开关 SQ5）到极限位置时，使相应常闭触点断开，SQ1（或 SQ5）切断对应的上升或下降接触器 KM2（或 KM3）线圈电路，使 M2 电动机停止，摇臂停止移动，实现上升、下降的极限保护。

(3) 主轴箱和立柱的夹紧与松开控制　主轴箱在摇臂上的夹紧松开及内外立柱之间的

夹紧与松开，均采用液压操纵，且由同一油路控制，所以它们是同时进行的。

工作时要求 2 位六通电磁阀 YA 线圈处于断电状态。松开由松开按钮 SB5 控制，夹紧由夹紧按钮 SB6 控制，并有松开指示灯 HL1 和夹紧指示灯 HL2 显示其状态。

主轴箱和立柱的松开与夹紧动作程序为：松开→转动→夹紧。

1) 主轴箱和立柱同时松开：

按下松开按钮 SB5(A17)→接触器 KM4(C17)吸合→液压泵电动机 M3 正转→拖动液压泵送出压力油。

由于 YA 电磁阀线圈(C19)不通电，其送出的压力油经 2 位六通阀进入另一油路，即进入立柱与主轴箱松开油腔，推动活塞和菱形块使立柱和主轴箱同时松开→行程开关 SQ4 不再受压，其触点 SQ4(B10)复位闭合→松开指示灯 HL1(C10)亮，表明立柱与主轴箱已松开。

这时可以水平移动主轴箱或是转动摇臂。

2) 主轴箱和立柱同时夹紧：

按下夹紧按钮 SB6(A18)→接触器 KM5 线圈(C18)吸合→液压泵电动机 M3 反转，拖动液压泵送出压力油至夹紧油腔，使立柱与主轴箱同时夹紧→压下夹紧到位开关 SQ4，SQ4 常闭触点(B10)断开，HL1(C10)灯灭；SQ4 常开触点(B10)闭合，HL2(C10)亮，指示立柱与主轴箱均已夹紧，可以进行钻削加工。

(4) 冷却泵电动机 M4 的控制　冷却泵电动机 M4 由开关 SQ2(B2)手动控制，单向旋转。可视加工需求，使其起动或停止。

(5) 照明与信号指示电路

1) HL1(C10)为主轴箱与立柱松开指示灯。HL1 亮，表示已松开，可以手动操作主轴箱移动手轮，使主轴箱沿摇臂水平导轨移动或推动摇臂连同外立柱绕内立柱回转。

2) HL2(C10)为主轴箱与立柱夹紧指示灯。HL2 亮，表示主轴箱已夹紧在摇臂上，摇臂连同外立柱夹紧在内立柱上，可以进行钻削加工。

3) HL3(C11)为主电动机起动旋转指示灯。HL3 亮，表示可以操作主轴手柄进行对主轴的控制。

4) EL(C12)为机床局部照明灯，由控制变压器 TC(A9)供给交流 36V 安全电压，由手动开关 SA 控制。

**3. 电气控制特点**

1) Z3040 型摇臂钻床采用的是机、电、液联合控制。主电动机 M1 虽只作单向旋转，拖动齿轮泵送出压力油，但主轴经主轴操作手柄来改变两个操纵阀的相互位置，使压力油做不同的分配，从而使主轴获得正转、反转、变速、停止及空档等工作状态。这一部分构成操纵机构液压系统。

另一机构液压系统是摇臂、立柱和主轴箱的夹紧松开机构液压系统，该系统又分为摇臂夹紧松开油路与立柱、主轴箱夹紧松开油路。经推动油腔中的活塞和菱形块来实现夹紧与松开。

2) 摇臂升降与摇臂夹紧松开之间有严格的程序要求，电气控制与液压、机械协调配合自动实现先松开摇臂、再移动，移动到位后再自动夹紧。

3) 电路有完善的联锁与保护，有明显的信号指示，便于操作机床。

① 限位保护。SQ1 和 SQ5 分别为摇臂上升与下降的限位保护；SQ2 为摇臂松开到位开

关；SQ3 为摇臂夹紧到位开关。

② 延时保护。使用了断电延时继电器 KT，确保了升降电动机 M2 在断开电源且完全停止后才开始夹紧联锁。

③ 互锁保护。立柱与主轴箱松开、夹紧按钮 SB5、SB6 的常闭触点串接在电磁阀线圈 YA 电路中，在进行立柱与主轴箱松开、夹紧操作时，确保压力油只进入立柱与主轴箱夹紧松开油腔而不进入摇臂松开夹紧油腔的联锁。此外，升降电动机 M2 的正反转具有双重互锁；液压泵电动机 M3 正反转具有电气互锁。

## 2.7 TSPX619 型卧式镗床电气控制电路

### 【任务目标】

1）熟悉 TSPX619 型卧式镗床的主要结构及电气控制要求，了解它的主要运动形式。

2）能正确识读 TSPX619 型卧式镗床控制电路图，并能分析电路的工作原理。

### 2.7.1 TSPX619 型卧式镗床的结构及控制要求

#### 1. TSPX619 型卧式镗床的组成及运动形式

TSPX619 型卧式镗床的外形如图 2-14 所示，由床身、主轴箱、前立柱、主轴、平旋盘、下溜板、上溜板、工作台、后立柱和数显表等组成，主要用于钻孔、镗孔、铰孔、锪平面和铣平面等，使用附件后，还可车削螺纹。

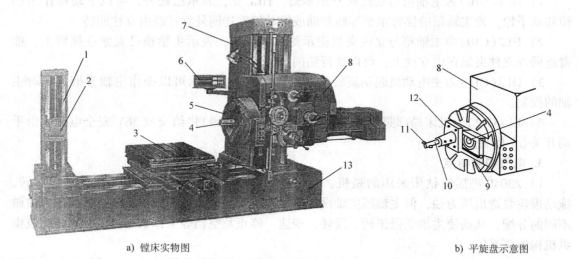

a) 镗床实物图　　　　　　　　　　　　b) 平旋盘示意图

图 2-14　TSPX619 型卧式镗床外形图

1—后立柱　2—尾座　3—下、上溜板及工作台　4—主轴　5—平旋盘　6—数显表
7—前立柱　8—主轴箱　9—径向刀架　10—刀杆　11—镗刀　12—镗杆座　13—床身

TSPX619 型卧式镗床是早期的 T68 改进型设备。T 代表铣镗系列，S 代表沈阳，P 表示带平旋盘，X 表示有数字显示功能，61 表示卧式，9 表示主轴直径为 90mm。

TSPX619 型卧式镗床的床身一端固定有前立柱,前立柱的垂直导轨上装有主轴箱。主轴箱可沿着导轨垂直移动,上面装有主轴、平旋盘、变速箱、进给箱和操纵机构等部件。切削刀具固定在主轴箱前端的锥形孔里,或装在平旋盘的径向刀架溜板上。主轴工作时,一边旋转一边沿轴向作进给运动。平旋盘只能旋转,其上的刀架溜板可作垂直于主轴轴线方向的径向进给运动。主轴和平旋盘是通过单独的传动链传动,相互独立转动。

后立柱的尾座用来支承装夹在主轴上的镗杆末端,它与主轴箱同时升降,两者的轴线始终在一直线上。后立柱可沿床身导轨在主轴的轴线方向调整位置。

安装工件的工作台安置在床身中部的导轨上,由上溜板、下溜板和可转动的工作台组成,可作平行于和垂直于主轴轴线方向的移动,也可作回转运动。

机床的垂直坐标(主轴箱升降)、横向坐标(工作台横向移动)装有数显装置,可显示主轴箱或工作台的位置。

卧式镗床的运动形式主要有以下 3 种。

1) 主运动:主轴及平旋盘的旋转运动。

2) 进给运动:主轴的轴向进给,平旋盘上刀架溜板的径向进给,主轴箱的垂直进给,工作台的纵向进给和横向进给。

3) 辅助运动:工作台的回转,后立柱的水平移动,尾座的垂直移动及各部分的快速移动等。

**2. TSPX619 型卧式镗床的控制要求**

1) 为适应多种加工工艺要求,主轴旋转和进给都应有较大的调速范围。本机床采用双速笼型异步电动机作为主电动机,并采用机电联合调速,既扩大了调速范围,又简化了传动机构。

2) 主运动和进给运动采用同一台电动机拖动,由于进给运动有几个方向,所以要求主电动机能正、反转,并可调速;高速运转时应先经低速起动;各方向的进给应有联锁。

3) 各进给部分应能快速移动,故采用了一台快速电动机拖动。

4) 为适应调整需要,要求主拖动电动机能正、反向点动,并且有准确的制动。本机床采用反接制动控制。

## 2.7.2 TSPX619 型卧式镗床电气控制电路分析

TSPX619 型卧式镗床的电气原理图如图 2-15 所示。

**1. 主电路分析**

1) 主电动机 M1 为三角形-双星形接法的双速笼型异步电动机,由接触器 KM1、KM2 控制其正、反转电源的通断。低速时由接触器 KM6 控制,将定子绕组接成三角形;高速时由 KM7、KM8 控制,将定子绕组接成双星形。高、低速转换由限位开关 SQ 控制。低速时,可直接起动。高速时,先低速起动,延时后自动转换为高速运行。这种二级起动可减小起动电流。

M1 能正/反转运行、正/反向点动及反接制动。点动、制动以及变速中的脉动慢转时,在定子电路中均串入限流电阻 $R$,以减少起动和制动电流;主轴变速和进给变速均可在停车情况或在运行中进行。只要进行变速,M1 电动机就脉动缓慢转动,以利于齿轮啮合,使变速过程顺利进行。

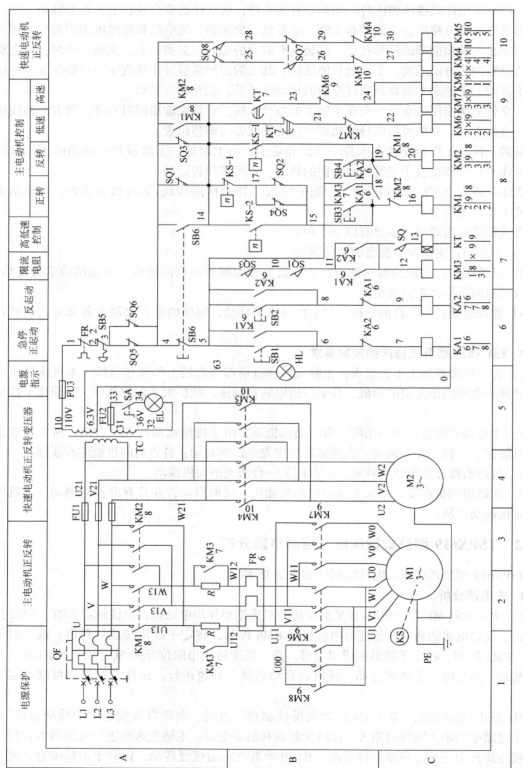

图 2-15 TSPX619型卧式镗床电气原理图

热继电器 FR 为过载保护，电阻 R 为反接制动及点动控制的限流电阻，接触器 KM3 为电阻 R 的短接接触器。

2) 主轴箱、工作台与主轴由快速移动电动机 M2 拖动实现其快速移动，由接触器 KM4、KM5 控制其正、反转电源的通断。它们之间的机动进给有机械和电气联锁保护。由于快速进给电动机 M2 为短时工作，故不设过载保护。

**2. 控制电路分析**

三相交流电源由断路器 QF 经熔断器 FU1 加在变压器 TC 的一次绕组，经降压后输出 110V 交流电压作为控制电路的电源，36V 交流电压作为机床工作照明灯电源。合上 QF，电源信号灯 HL(B5) 亮，表示控制电路电源电压正常。

该机床部分电器元件的名称及位置见表 2-4。

表 2-4　TSPX619 型卧式镗床部分电器元件的名称及位置

| 电器元件 | 名称 | 参考图区位 常开 | 参考图区位 常闭 | 备注（限位开关受压动作时，手柄的情况） |
|---|---|---|---|---|
| SQ | 主轴高低速开关 | C7 | | 主轴高速手柄压下 |
| SQ1 | 主轴变速开关 | B7 | A8 | 主轴变速操作盘的操作手柄未拉出 |
| SQ2 | 主轴变速开关 | | B8 | 主轴变速操作盘的操作手柄未拉出 |
| SQ3 | 进给变速开关 | B7 | A8 | 进给变速操作盘的操作手柄未拉出 |
| SQ4 | 进给变速开关 | | B8 | 进给变速操作盘的操作手柄未拉出 |
| SQ5 | 主轴箱、工作台进给开关 | A6 | A6 | 主轴箱、工作台机动进给位置 |
| SQ6 | 主轴、平旋盘进给开关 | A6 | A6 | 主轴、平旋盘进给机动进给位置 |
| SQ7 | 快速正向 | B10 | B10 | 快速正向位置 |
| SQ8 | 快速反向 | B10 | B10 | 快速反向位置 |
| SB1 | 主轴正向起动按钮 | B6 | | |
| SB2 | 主轴反向起动按钮 | B6 | | |
| SB3 | 正向点动按钮 | B8 | | |
| SB4 | 反向点动按钮 | B8 | | |
| SB5 | 急停按钮 | A6 | | |
| SB6 | 停止按钮 | A6 | A8 | |
| KA1 | 主轴正向起动继电器 | 线圈 C6 | | |
| KA2 | 主轴反向起动继电器 | 线圈 C6 | | |

(1) 主电动机起动控制（以正转为例分析）

1) 低速起动控制。将高、低速变速手柄扳到"低速"档，限位开关 SQ(C7) 未受压。由于限位开关 SQ1、SQ3 在不变速时受压，它们的常开触点(B7)闭合，常闭触点(A8)断开。

按下正转起动按钮 SB1(B6)，中间继电器 KA1 线圈(C6)通电吸合并自锁→KA1 常开触点(B7)闭合→接触器 KM3 线圈(C7)通电吸合→KM3 主触点短接了主电动机 M1 中的制动电阻 R。KA1 常开触点(B8)闭合，接触器 KM1 线圈(C8)通电吸合→KM6 线圈(C9)通电吸合。接触器 KM1 主触点(A2)接通 M1 正转电源、接触器 KM6 主触点(B2)将 M1 绕组接成三角形联结，主电动机 M1 低速正转起动运行。按下主电动机 M1 的停止按钮 SB6（A6），KA1、KM3、KM1、KM6 线圈断电释放，主电动机 M1 制动停止。工作过程分析如下：

按 SB1 → KA1 通电自锁 → KM3 通电 → KM6 通电
         └→ KM1 通电 → M1 星形联结低速运行

2）高速起动控制。将高、低速变速手柄扳到"高速"档，限位开关 SQ 受压。

按下正转起动按钮 SB1（B6）→中间继电器 KA1 线圈（C6）通电吸合并自锁→接触器 KM3（C7）、KM1（C8）、KM6（C9）及时间继电器 KT（C7）得电吸合→主电动机 M1 绕组被接成三角形，低速起动。

经过一定时间后(3s 左右)→时间继电器 KT 的延时断开常闭触点（B9）断开→接触器 KM6 线圈（C9）断开释放；KT 的延时闭合常开触点（B9）闭合→接触器 KM7（C9）、KM8（C9）线圈得电吸合→主触点将主电动机 M1 绕组接成双星形联结，高速正转。工作过程分析如下：

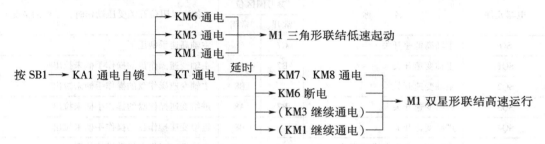

反转起动按钮 SB2（B6）的工作过程与正转起动按钮 SB1 类似，请读者自行分析。

（2）主电动机 M1 制动控制 当主电动机 M1 高速或低速正向运行时，因主轴转速 $n>120\text{r/min}$，速度继电器 KS-1 正向常开触点（B8）闭合，为主电动机 M1 的反接制动做准备。

按下停止按钮 SB6（A6）→中间继电器 KA1（C6）、接触器 KM3（C7）、KM1（C8）断电释放→接触器 KM2（C8）、KM6（C9）线圈得电吸合→M1 反向三角形联结，并串电阻 R 反接制动，转速迅速下降。当转速下降到 $n<100\text{r/min}$ 时→已经闭合的 KS-1 常开触点（B8）断开→接触器 KM2（C8）、KM6（C9）断电→M1 反接制动结束。

主电动机 M1 高速或低速反向运动时的情况与此类似，请读者自行分析。

（3）主轴点动控制 按下正转点动按钮 SB3（B8）→接触器 KM1（C8）、KM6（C9）线圈得电吸合→M1 三角形联结→串电阻 R 低速正转点动。

主轴反转点动按钮 SB4（B8）的工作过程与点动按钮 SB3 类似，请读者自行分析。

（4）主轴与进给变速控制 由 SQ1、SQ2、SQ3、SQ4、KT、KM1、KM2、KM6 组成主轴与进给变速冲动控制电路。

主轴变速是通过转动变速操作盘，选择合适的转速来进行变速的。主轴变速时可直接拉出主轴变速操作盘的操作手柄进行变速，而不必按主电动机的停止按钮。具体操作过程如下：

当主电动机 M1 在加工过程中需要进行变速时，设电动机 M1 运行于正转状态，主轴转速 $n>120\text{r/min}$，速度继电器 KS-1 常开触点（B8）闭合。

将主轴变速操作盘的操作手柄拉出，SQ1、SQ2 复位。SQ1 常开触点（B7）断开→KM3（C7）与 KT 线圈（C7）断电→KM3 主触点断开→限流电阻 R 串入电动机回路；SQ1 常闭触点（A8）闭合→KM2 线圈（C7）得电吸合→KM2 常开触点（A9）闭合→KM6 线圈（C9）得电→M1

三角形联结→串电阻 $R$ 反接制动。

主电动机速度迅速下降，当转速 $n<100r/min$ 时→速度继电器 KS-1 常开触点（B8）断开→KM2 线圈（C7）断电释放→主电动机 M1 停转；同时，KM1 线圈（C8）得电吸合→主电动机 M1 低速正转起动。当转速 $n>120r/min$ 时，速度继电器 KS-1 常闭触点（B8）断开→主电动机 M1 又停转；当转速 $n<100r/min$ 时，速度继电器 KS-1 常闭触点（B8）又复位闭合→主电动机 M1 又正转起动。如此反复，直到新的变速齿轮啮合好为止。

此时转动变速操作盘，选择新的速度后，将变速手柄压回原位。

进给变速控制过程与主轴变速控制过程基本相似，拉出的变速手柄是进给变速操作手柄，分析时将主轴变速控制中的限位开关 SQ1、SQ2 换成 SQ3、SQ4。

（5）快速移动进给电动机 M2 的控制  机床工作台的纵向和横向快速进给、主轴的轴向快速进给、主轴箱的垂直快速进给都是由电动机 M2 通过机械齿轮的啮合来实现的。将快速手柄扳至快速正向移动位置，限位开关 SQ7 被压下，SQ7 常开触点（B10）闭合→KM4 线圈（C10）得电闭合→进给电动机 M2 起动正转→带动各种进给正向快速移动。

将快速手柄扳至反向位置压下限位开关 SQ8 时，情况同上类似，请自行分析。

当快速操作手柄扳回中间位置时，SQ7、SQ8 均不受压，M2 停车，快速移动结束。

（6）联锁环节

1）主轴箱或工作台机动进给与主轴机动进给的联锁。为了防止工作台或主轴箱机动进给时，出现将主轴或平旋盘刀具溜板也扳到机动进给的误操作，设置了与工作台、主轴箱进给操纵手柄有机械联动的限位开关 SQ5；在主轴箱上设置了与主轴、平旋盘刀具溜板进给手柄有机械联动的限位开关 SQ6。

当工作台、主轴箱进给操纵手柄扳在机动进给位置时，压下 SQ5，SQ5 常闭触点（A6）断开。若此时又将主轴、平旋盘刀具溜板进给手柄扳在机动进给位置，则压下 SQ6，其常闭触点（A6）断开，于是切断了控制电路电源，使主电动机 M1 和快速移动电动机 M2 无法起动，从而避免了由于误操作带来的运动部件相撞事故的发生，实现了主轴箱或工作台与主轴或平旋盘刀具溜板的联锁保护。

2）M1 主电动机正转与反转之间，高速与低速运行之间，快速移动电动机 M2 的正转与反转之间均设有互锁控制环节。

（7）保护环节  该机床设有急停按钮 SB5（A6），此按钮为红色蘑菇头自锁按钮，机床出现紧急情况时按下，其常闭触点断开，控制电路保持断电，电动机停止运行。故障排除后，右旋蘑菇头使按钮恢复到常态，其常闭触点闭合，为正常工作做准备。

**3. 辅助电路分析**

TSPX619 型卧式镗床设有 36V 安全电压局部照明灯 EL，由开关 SA 手动控制。电路还设有 6.3V 电源指示灯 HL，表明电源电压是否正常。

**4. TSPX619 型卧式镗床电气控制特点**

1）主轴与进给电动机 M1 为双速电动机。低速时可直接起动；高速时，先低速起动，而后自动转换成高速运行，以减小起动电流。

2）主电动机 M1 能正反向点动、正反向连续运行，并具有停车反接制动。在点动、反接制动以及变速中的脉动低速旋转时，定子绕组接成三角形联结，电路串入限流电阻 $R$，以减小起动电流和反接制动电流。

3)主轴变速与进给变速可在停车情况下或在运行中进行。变速时,主电动机 M1 定子绕组接成三角形联结,以速度继电器 KS 的 100~120 r/min 转速连续反复低速运行,以利于齿轮啮合,使变速过程顺利进行。

4)主轴箱、工作台与主轴、平旋盘刀架进给等部分的快速移动由单独的快速移动电动机 M2 拖动,它们与机动进给之间有机械和电气的联锁保护。

## 2.8  M7120 型平面磨床电气控制电路

【任务目标】

1)熟悉 M7120 型平面磨床的主要结构及电气控制要求,了解其主要运动形式。
2)能正确识读 M7120 型平面磨床控制电路图,并能分析电路的工作原理。

### 2.8.1  M7120 型平面磨床的结构及控制要求

**1. M7120 型平面磨床的组成及运动形式**

M7120 型平面磨床的外形如图 2-16 所示,主要由床身、工作台、电磁吸盘、砂轮箱及立柱等组成。

高速砂轮对工件进行磨削加工(精密加工机床),可加工硬质材料,其特点是加工精度高,光洁度高。

M7120 型平面磨床的运动形式如下:

1)主运动:砂轮的旋转运动,线速度为 30~50m/s。

2)进给运动:工作台在床身导轨上的直线往复运动;磨头(砂轮箱)在滑座立柱上做横向和垂直直线运动;采用液压驱动,可平滑调速。

3)拖动方式:主电动机带动砂轮旋转,液压泵电动机拖动工作台进给,冷却泵电动机进行冷却。

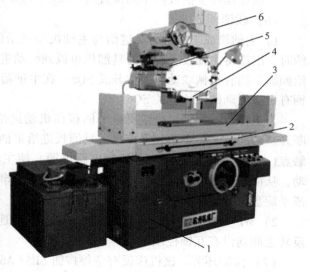

图 2-16  M7120 型平面磨床外观图
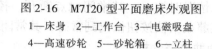
1—床身  2—工作台  3—电磁吸盘
4—高速砂轮  5—砂轮箱  6—立柱

**2. M7120 型平面磨床的控制要求**

1)起动顺序:先冷却泵、后主轴,或两者同时通电。
2)保护:电磁吸盘欠电压保护、短路保护、过载保护及零电压保护等。
3)工件去磁。

### 2.8.2  M7120 型平面磨床电气控制电路分析

图 2-17 所示为 M7120 型平面磨床电气控制原理图,包括主电路、控制电路、电磁吸盘控制电路和辅助电路等。

# 第2章 典型机床的电气控制

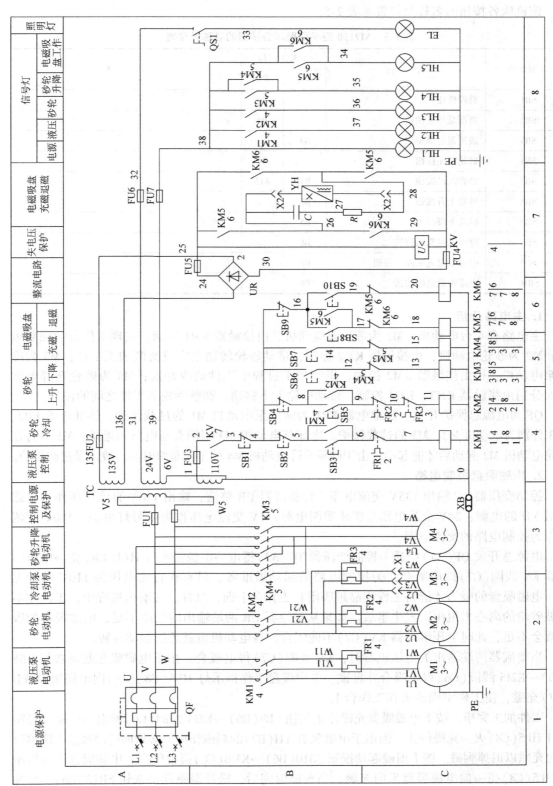

图 2-17 M7120型平面磨床电气控制原理图

该机床各按钮的名称及位置见表 2-5。

表 2-5 M7120 型平面磨床各按钮的名称及位置

| 电器元件 | 名 称 | 参考图区位 常开 | 参考图区位 常闭 | 备 注 |
|---|---|---|---|---|
| SB1 | 总停按钮 | | B4 | |
| SB2 | 液压泵停止按钮 | | B4 | |
| SB3 | 液压泵起动按钮 | B4 | | |
| SB4 | 砂轮停止按钮 | | B4 | |
| SB5 | 砂轮起动按钮 | B4 | A15 | |
| SB6 | 砂轮上升按钮 | B5 | | |
| SB7 | 砂轮下降开关 | B5 | | |
| SB8 | 电磁吸盘充磁按钮 | B6 | | |
| SB9 | 电磁吸盘充磁停止按钮 | | B6 | |
| SB10 | 电磁吸盘退磁按钮 | B6 | | |

**1. 主电路分析**

主电路有 4 台电动机。M1 为液压泵电动机，由接触器 KM1 控制，实现工作台的往复运动；M2 为砂轮电动机，由接触器 KM2 控制，带动砂轮转动来完成磨削加工工件；M3 为冷却泵电动机，也由接触器 KM2 控制，供给加工过程中工件的冷却液；M4 为砂轮升降电动机，分别由接触器 KM3、KM4 控制，带动砂轮上下移动，调整砂轮和工件之间的位置。

QF 为电源总保护开关。热继电器 FR1 为液压泵电动机 M1 的过载保护，热继电器 FR2、FR3 分别为电动机 M2、M3 的过载保护。冷却泵电动机 M3 用插头与电路相连接，M3 只有在砂轮电动机 M2 起动后才能起动。由于砂轮升降电动机 M4 的工作是短时的，故未设过载保护。

**2. 电磁吸盘控制电路**

控制变压器 TC 输出 135V 交流电压，经整流器 UR 整流，输出 110V 直流电压作为电磁吸盘 YH 的电源；24V 交流电压是机床照明电源；6V 交流电压作为信号灯电源；110V 交流电压为控制电路的交流电源。

电源总开关 QF(A1) 接通→控制变压器 TC(A3) 得电→电源指示灯 HL1(C8) 亮→电压继电器 KV 线圈(C7) 得电吸合，为控制电路的起动做准备。只有在直流电压为 110V 的情况下，电磁吸盘的吸力才能将工件牢靠地吸附在工作台上面，这样，在磨削过程中，工件才不会被砂轮的离心力甩出而发生事故。如果从整流器 UR 两端输出的电压不足，电磁吸盘的吸力就会不足，此时电压继电器 KV(C7) 不能闭合，各电动机也就无法起动运转。

当整流器两端输出的电压正常时，KV 线圈(C7) 得电吸合。按下电磁吸盘起动按钮 SB8(B6)→KM5 线圈(C6) 得电吸合并自锁→电磁吸盘工作指示灯 HL5(C8) 亮→向电磁吸盘 YH(B7) 充磁，使工件牢固地吸在工作台上。

工件加工完毕，按下电磁吸盘充磁停止按钮 SB9(B6)→KM5 线圈(C6) 断电→电磁充磁指示灯 HL5(C8) 灭→充磁停止。但由于电磁吸盘 YH(B7) 的剩磁作用，必须向电磁吸盘 YH(B7) 反向充磁以退掉剩磁。按下退磁起动按钮 SB10(B6)→KM6(C6) 得电闭合→电磁吸盘工作指示灯 HL5(C8) 亮→向电磁吸盘反向充磁。当剩磁退完后，松开退磁起动按钮 SB10(B6)→KM6

(C6)失电断开→电磁吸盘工作指示灯 HL5(C8)灭,退磁完毕,此时即可取下工件。

电路中,电磁吸盘 YH(B7)由插件 X2(B7、C7)接入;电阻 R 和电容器 C 起保护作用。

**3. 电动机控制电路分析**

当电源电压正常时,电压继电器 KV 的常开触点(B4)闭合,才可进行操作。

(1) 液压泵电动机 M1 的控制

1) 起动过程:按下 SB3(B4)→KM1 线圈(C4)得电吸合并自锁→M1 起动→液压泵运行指示灯 HL2(C8)亮。

2) 停止过程:按下 SB2(B4)→KM1 线圈(C4)失电断开→M1 停转→HL2(C8)灭。

(2) 砂轮电动机 M2、冷却泵电动机 M3 的控制

1) 起动过程:按下 SB5(B4)→KM2 线圈(C4)得电吸合→M2 起动→砂轮运转指示灯 HL3(C8)亮。

由于冷却泵电动机 M3 通过接插件 X1(C2)和 M2 联动控制,故 M2 起动旋转后,M3 才能起动旋转。当不需要冷却泵时,可将插头拔出,冷却泵电动机 M3 停转。

2) 停止过程:按下 SB4(B4)→KM2 线圈(C4)失电释放→砂轮电动机 M2、冷却泵电动机 M3 同时断电停转→HL3(C8)灭。

FR2 与 FR3 的常闭触点串联在 KM2 线圈回路中,M2、M3 中任一台过载时,相应的热继电器动作,都将使 KM2 线圈失电释放,M2、M3 同时停止。

(3) 砂轮升降电动机 M4 的控制电路 砂轮升降电动机采用正反转点动控制。

砂轮上升控制过程:按下 SB6(B5)→KM3 线圈(C5)得电吸合→M4 起动正转→砂轮升降指示灯 HL4(C8)亮。当砂轮上升到预定位置时,松开 SB6(B5)→KM3 线圈(C5)失电释放→M4 停转→HL4(C8)灭。

砂轮下降控制请读者自行分析。

为了防止同时按下 SB6、SB7 或其他原因使 KM3、KM4 同时得电,造成电源短路,KM3、KM4 控制回路中采用了互锁电路。

此外,EL 为工作照明灯,QS1 为其开关。

**4. M7120 型平面磨床电气控制特点**

M7120 型平面磨床采用电磁吸盘装夹工件,而不是靠普通的夹具。由于采用电磁吸盘控制电路,因此电路中用欠电压继电器 KV 进行了欠电压保护。此外,对电磁吸盘线圈还有过电压及短路保护。

2-1 在电气系统分析中,主要涉及哪些技术资料和文件?并请简述它们的用途。

2-2 简述电气原理图分析的一般步骤。

2-3 请叙述 C650 型卧式车床按下反向起动按钮 SB4 后的起动工作原理;若主电动机正在反向运行,请叙述停车时反接制动的工作原理。

2-4 若 C650 型卧式车床的主电动机 M1 只能点动,可能的故障原因是什么?在此情况下冷却泵能否正常工作?

2-5 C650 型卧式车床的控制电路中为何用中间继电器 KA?

2-6 XA6132 型卧式铣床中,三个电磁离合器各起什么作用?

2-7 试分析 XA6132 铣床主电动机反转运行时的主轴变速冲动控制。
2-8 试分析 XA6132 铣床工作台向左移动时的控制过程。
2-9 XA6132 铣床主电动机采用的是反接制动吗？
2-10 XA6132 铣床中，为什么要安装开门断电开关？此开关是怎样工作的？
2-11 XA6132 铣床中，为什么冷却泵用继电器控制，而另外两台电动机用交流接触器控制？
2-12 试分析 Z3040 型摇臂钻床摇臂升降过程的电气控制。
2-13 试分析 Z3040 型摇臂钻床主轴箱与立柱同时夹紧的电气控制。
2-14 Z3040 型摇臂钻床中，电磁阀 YA 的作用是什么？
2-15 Z3040 型摇臂钻床中，开关 SQ3 损坏后会产生怎样的故障现象？
2-16 Z3040 型摇臂钻床中，KT 是通电延时继电器还是断电延时继电器？其作用有哪些？
2-17 Z3040 型摇臂钻床中，若按下主轴起动按钮 SB2，主轴是否立刻带动钻头开始旋转？为什么？
2-18 TSPX619 型卧式镗床的进给运动有哪些？
2-19 试分析 TSPX619 型卧式镗床主电动机反转高速起动的控制过程。
2-20 试分析 TSPX619 型卧式镗床主电动机高速反转时的制动控制。
2-21 试分析 TSPX619 型卧式镗床进给时的变速控制。
2-22 M7120 型平面磨床中的电压继电器 KV 起什么作用？
2-23 试分析 M7120 型平面磨床砂轮下降时的电气控制。

# 第 3 章 典型机床的PLC控制

前面学习了典型机床的继电器-接触器控制系统线路分析。随着大规模集成电路和微处理器技术的发展和应用,在机床电气控制中,出现了用软件手段来实现各种控制功能、以微处理器为核心的新型工业控制器,即可编程序控制器。

可编程序控制器(简称PLC)将传统的继电器-接触器控制技术和计算机控制技术、通信技术融为一体,正以显著的优势广泛应用于各种生产机械和生产过程的自动控制中。

本章以西门子 S7-200 系列 PLC 为例,介绍其基本指令及使用,并重点介绍在典型机床中的应用。

## 【知识目标】

1) 了解 PLC 的产生过程、特点、应用及发展趋势。
2) 掌握 PLC 的基本结构、工作原理和常用的编程语言。
3) 掌握西门子 S7-200 系列 PLC 的基本逻辑指令系统。
4) 掌握梯形图和指令程序设计的基本方法。
5) 掌握梯形图编程规则、编程技巧和方法。

## 【技能目标】

1) 能根据项目要求,设计 PLC 的硬件接线图,进一步熟练掌握 PLC 的接线方法。
2) 能熟练应用西门子 S7-200 系列 PLC 基本逻辑指令,编写控制系统的梯形图和指令程序。
3) 能熟练使用西门子公司的 STEP7-Micro/WIN32 编程软件,设计 PLC 控制系统的梯形图和指令程序,并写入 PLC 进行调试运行。
4) 能根据机床动作和 I/O 接口,分析典型机床的 PLC 控制梯形图。

## 【问题导入】

20 世纪 60 年代末期,在技术改造浪潮的冲击下,为使汽车结构及外形不断改进、品种不断增加,需要经常变更生产工艺。这就希望在控制成本的前提下,尽可能缩短产品的更新换代周期,以满足生产的需求,使企业在激烈的市场竞争中取胜。美国通用汽车公司(GM)于 1968 年提出了汽车装配生产线改造项目用控制器的十项指标,即新一代控制器应具备的 10 项指标:

1) 编程简单,可在现场修改和调试程序。
2) 维护方便,采用插入式模块结构。
3) 可靠性高于继电器控制系统。
4) 体积小于继电器控制柜。
5) 能与管理中心计算机系统进行通信。
6) 成本可与继电器控制系统相竞争。

7) 输入量是 115V 交流电压(美国电网电压为 110V)。

8) 输出量为 115V，输出电流在 2A 以上，能直接驱动电磁阀。

9) 系统扩展时，原系统只需作很小改动。

10) 用户程序存储器容量至少为 4KB。

1969 年，美国数字设备公司(DEC)首先研制出第一台符合要求的控制器，即可编程序逻辑控制器(PLC)，并在美国 GE 公司的汽车自动装配线上试用成功。此后，这项技术迅速发展，从美国、日本、欧洲普及到全世界。我国从 1974 年开始研制可编程序控制器，1977 年应用于工业生产中。目前世界上已有数百家厂商生产可编程序控制器，其型号多达数百种。

在第 2 章中我们学习了 C650 型卧式车床、TSPX619 型卧式镗床等典型机床的继电器-接触器控制线路分析，如何用可编程序控制器(PLC)来改造这些机床呢？改造后的机床有什么优点呢？

## 3.1 初步认识 PLC

### 3.1.1 PLC 系统的组成及工作原理

**1. PLC 系统的组成**

(1) 硬件　可编程序控制器主机的硬件电路由中央处理器(CPU)、存储器、基本 I/O 接口电路、外设接口和电源五部分组成，PLC 典型硬件系统框图如图 3-1 所示。

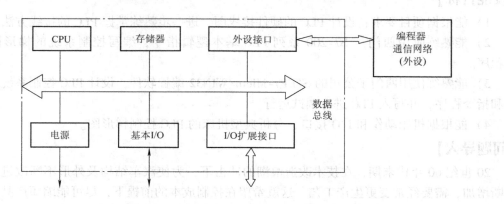

图 3-1 PLC 典型硬件系统框图

1) 中央处理器(CPU)。CPU 是可编程序控制器的控制中枢，在系统监控下工作，承担着将外部输入信号的状态写入输入映像寄存器区域，再将结果送到输出映像寄存器区域的任务。CPU 常用的微处理器有通用型微处理器、单片机和位片式计算机等。小型 PLC 的 CPU 多采用单片机或专用 CPU；大型 PLC 的 CPU 多用位片式结构，具有高速数据处理能力。

2) 存储器(Memory)。可编程序控制器的存储器由只读存储器(ROM)和随机存储器(RAM)两大部分构成。只读存储器(ROM)用于存放系统程序；中间运算数据和用户程序存放在随机存储器(RAM)中；需要掉电保护的中间运算数据和用户程序保存在只读存储器 EEPROM 或由高能电池支持的 RAM 中。

3) 基本 I/O 接口电路:

① 输入接口单元：PLC 内部输入电路的作用是将 PLC 外部电路（如限位开关、按钮、传感器等）提供的符合 PLC 输入电路要求的电压信号，通过光耦合电路送至 PLC 内部电路。输入电路通常以光电隔离和阻容滤波的方式提高抗干扰能力，输入响应时间一般为 0.1～15ms。多数 PLC 的输入接口单元都相同，通常有两种类型，如图 3-2 所示。图 3-2a 为直流输入电路；图 3-2b 为交流输入电路。

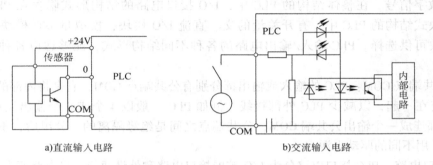

图 3-2　PLC 的输入电路

② 输出接口单元：PLC 输出电路用来将 CPU 运算的结果变换成一定形式的功率输出，驱动被控负载（如电磁铁、继电器、接触器线圈等）。PLC 输出电路结构形式分为继电器输出、晶体管输出和晶闸管输出 3 种，如图 3-3 所示。

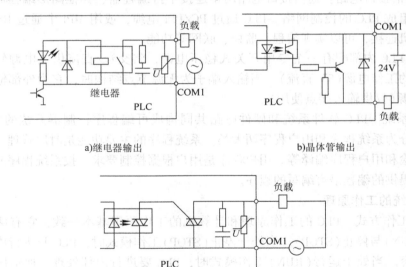

图 3-3　PLC 的输出电路

在继电器输出中，CPU 可以根据程序执行的结果，使 PLC 内部继电器线圈通电，带动触点闭合；通过继电器闭合的触点，由外部电源驱动交、直流负载。其优点是过载能力强，交、直流负载皆宜；但因为是有触点系统，故存在动作速度较慢、使用寿命有限等缺点。

双向晶闸管输出和晶体管输出分别具有驱动交、直流负载的能力。在晶闸管输出中，CPU 通过光耦合电路的驱动，使双向晶闸管通断，可以驱动交流负载；在晶体管输出中，CPU 通过光耦合电路的驱动，使晶体管通断，驱动直流负载。两者优点均为无触点开关系统，不存在电弧现象，而且开关速度快；缺点是半导体器件的过载能力差。

根据输入/输出电路的结构形式不同，I/O 接口又可分为开关量 I/O 接口和模拟量 I/O 接口两大类。其中模拟量 I/O 要经过 A-D、D-A 转换电路的处理，转换成计算机系统所能识别的数字信号。在整体结构的 PLC 中，I/O 接口电路的结构形式隐含在 PLC 的型号中；在模块式结构的 PLC 中，有开关量的交、直流 I/O 模块，模拟量 I/O 模块及各种智能 I/O 模块可供选择。PLC 输入/输出电路的各种不同结构形式，能够适应各种不同负载的要求。

③ 公共端点 COM：PLC 的输入或输出都分别有公共端点 COM，它是将内部的公共端于 PLC 内部连在一起，以减少 PLC 外部接线。例如 PLC 一般以 4 个或 8 个输出接点为一组，在 PLC 内部连成一个输出公共端 COM，公共端点之间是绝缘隔离的。分组后，不同组的负载，可以采用不同的驱动电源。

4) 接口电路。PLC 接口电路分为 I/O 扩展接口电路和外设通信接口电路两大类。

① I/O 扩展接口电路：I/O 扩展接口电路用于连接 I/O 扩展单元，可以用来扩充开关量 I/O 的点数和增加模拟量的 I/O 端子。I/O 扩展接口电路采用并行接口和串行接口两种电路形式。

② 外设通信接口电路：通信接口电路用于连接手持编程器、其他图形编程器和文本显示器等，并能组成 PLC 的控制网络。PLC 通过 PC/PPI 电缆，或用 MPI 卡通过 RS-485 接口和电缆与计算机连接，可以实现编程、监控、联网等功能。

5) 电源。PLC 内部配有一个专用开关式稳压电源，将交流/直流供电电源转化为 PLC 内部电路需要的工作电源(5V 直流)。当输入端子为无源节点结构时，它为外部输入元件提供 24V 直流电源(仅供输入端点使用)。

(2) 软件系统  PLC 软件系统和硬件电路共同构成可编程序控制器系统的整体。PLC 软件系统又可分为系统程序和用户程序两大类。系统程序的主要功能是时序管理、存储空间分配、系统自检和用户程序编译等。用户程序是用户根据控制要求，按系统程序允许的编程规则，用厂家提供的编程语言编写的程序。

## 2. PLC 系统的工作原理

(1) 扫描工作方式  PLC 的工作原理和计算机的工作原理基本一致，它有两种工作模式，即运行(RUN)与停止(STOP)。当处于停止(STOP)工作模式时，PLC 只进行内部处理和通信服务等内容。当处于运行(RUN)工作模式时，PLC 要进行内部处理、通信服务、输入处理、执行程序和输出处理等操作，并按上述过程循环扫描工作。PLC 的这种周而复始的循环工作方式称为循环扫描工作方式。

循环扫描的工作方式是 PLC 的一大特点，也可以说 PLC 是"串行"工作的，这和传统的继电器控制系统"并行"工作有质的区别。PLC 的串行工作方式避免了继电器控制系统中触点竞争和时序失配的问题。

(2) 扫描周期  PLC 在运行工作模式时，执行一次循环扫描操作所需要的时间称为扫描周期，其典型值约为 1~100ms。扫描周期与用户程序的长短、指令的种类和 CPU 执行指令的速度有很大的关系。当用户程序较长时,指令执行时间在扫描周期中占有相当大的比值。

(3) 工作过程  可编程序控制器通过循环扫描输入端口的状态、执行用户程序来实现控制任务,其操作过程框图如图3-4所示,操作过程分析如下。

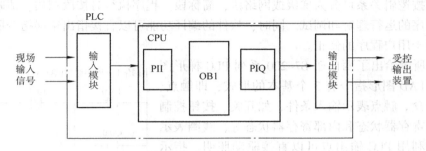

图3-4  可编程序控制器系统的操作过程框图

PLC将内部数据存储器分成若干个寄存区域,其中过程映像区域又称为I/O映像寄存器区域。过程映像区域的输入映像寄存器区域(PII)用来存放输入端点的状态,输出映像寄存器区域(PIQ)用来存放用户程序(OB1)运行的结果。

PLC输入模块的输入信号状态与外部输入信号相对应,为外部输入信号经过隔离和滤波后的有效信号。开关量输入电路通过识别外部输入电平0或1,识别开关的通断。CPU在每个扫描周期的开始,扫描输入模块的信号状态,并将其状态送入到输入映像寄存器区域;CPU根据用户程序中的程序指令来处理外部输入信号,并将处理结果送到输出映像寄存器区域。

PLC输出模块具有一定的负载驱动能力,在额定负载以内,直接与负载相连可以驱动相应的执行器。

(4) 输入/输出滞后时间  输入/输出滞后时间又称为系统响应时间,是指PLC的外部输入信号发生变化的时刻到它控制的外部输出信号发生变化的时刻之间的时间间隔。由输入电路滤波时间、输出电路的滞后时间和因扫描工作方式产生的滞后时间三部分组成。

输入单元的RC滤波电路用来滤除由输入端引入的干扰噪声,消除因外接输入触点动作时产生抖动引起的不良影响,滤波电路的时间常数决定了输入滤波时间的长短,其典型值为10ms左右。输出单元的滞后时间与输出单元的类型有关,继电器输出电路的滞后时间一般在10ms左右;双向晶闸管型输出电路在负载通电时的滞后时间一般在1ms左右,负载由通电到断电时的最大滞后时间为10ms;晶体管型输出电路的滞后时间一般在1ms以下。由扫描工作方式引起的滞后时间最长可达2个扫描周期以上。

对于用户来说,合理编制程序是缩短响应时间的关键。

## 3.1.2  PLC的表达方式

采用编程语言标准(IEC1131-3)的PLC,目前有5种编程语言,即梯形图(Ladder diagram,LAD)、指令表(Instruction list,IL)、功能块图(Function block diagram,FBD)、顺序功能图(Sequential function chart,SFC)及结构文本(Structured text,ST)。其中顺序功能图(SFC)、梯形图(LAD)和功能块图(FBD)是图形编辑语言,指令表(IL)和结构文本(ST)是文字语言。

## 1. 梯形图

利用梯形图（LAD）编辑器可以建立与电气原理图相类似的程序，梯形图是 PLC 编程的高级语言，很容易被 PLC 编程人员和维护人员接受和掌握。目前，所有 PLC 厂商生产的 PLC 均支持梯形图语言编程。

梯形图按逻辑关系可分为梯级或网络段，简称段。程序执行时按段扫描，清晰的段结构有利于对程序的运行理解和调试。同时，软件的编译功能可以直接指出错误指令所在段的段标号，有利于用户程序的修正。

图 3-5 所示给出了西门子 S7-200 系列 PLC 梯形图应用实例。LAD 图形指令有 3 个基本的形式，即触点、线圈和指令盒。触点表示输入条件，如开关、按钮控制的输入映像寄存器状态和内部寄存器状态等；线圈表示输出结果，利用 PLC 输出点可以直接驱动照明、指示灯、继电器、接触器线圈及内部输出条件等负载；指令盒代表一些较复杂功能的附加指令，例如定时器、计数器或数学运算指令等附加指令。

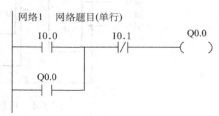

图 3-5　梯形图

## 2. 指令表

指令表（IL）编辑器使用指令助记符创建控制程序，类似于计算机的汇编语言，适合熟悉 PLC 并且有逻辑编程经验的程序员编程，提供了不同于梯形图或功能图编辑器的编程途径。指令表是手持式编程器惟一能够使用的编程语言，指令表编程语言是一种面向机器的语言，具有指令简单、执行速度快等优点。

下面程序是图 3-5 所示的梯形图（LAD）转化成的指令表（IL）。

NETWORK　1

```
LD       I0.0
O        Q0.0
AN       I0.1
=        Q0.0
```

## 3. 功能块图

功能块图（FBD）是一种类似于数字逻辑门电路的编程语言，有数字电路基础的人很容易掌握。该编程语言用类似"与门""或门"的框来表示逻辑运算关系，框的左侧为逻辑运算的输入变量，右侧为输出变量。

对于西门子 S7-200 系列的 PLC，用 STEP7-Micro/WIN32 V3.1 编程软件可得到与图 3-5 相应的功能块图，如图 3-6 所示。

图 3-6　功能块图

## 4. 顺序功能图

顺序功能图（SFC）用来描述开关量控制系统的功能，是一种位于其他编程语言之上的图形语言，用于编制顺序控制程序。顺序功能图提供了一种组织程序的图形方法，根据它可以很容易地画出顺序控制梯形图程序。

**5. 结构文本**

结构文本(ST)是 IEC1131-3 标准创建的一种专用的高级编程语言。与梯形图相比，它能实现复杂的数学运算，编写的程序非常简洁和紧凑。

### 3.1.3 PLC 的技术指标

可编程序控制器的种类很多，用户可以根据控制系统的具体要求来选择不同技术性能指标的 PLC。可编程序控制器的技术性能指标主要有以下几个方面。

**1. I/O 点数**

可编程序控制器的 I/O 点数指外部输入、输出端子数量的总和，又称主机的开关量 I/O 点数。它是描述 PLC 大小的一个重要参数。

**2. 存储容量**

PLC 的存储器由系统程序存储器、用户程序存储器和数据存储器 3 部分组成。PLC 存储容量通常指用户程序存储器和数据存储器容量之和，表征系统提供给用户的可用资源，是系统性能的一项重要技术指标。

**3. 扫描速度**

可编程序控制器采用循环扫描工作方式，扫描速度与周期成反比。影响扫描速度的主要因素有用户程序的长度和 PLC 产品的类型。PLC 中 CPU 的类型、机器字长等直接影响 PLC 运算精度和运行速度。

**4. 指令系统**

指令系统是指 PLC 所有指令的总和。可编程序控制器的编程指令越多，软件功能就越强，但掌握应用也相对复杂。用户应根据实际控制要求，选择合适指令功能的可编程序控制器。

**5. 可扩展性**

小型 PLC 的基本单元(主机)多为开关量 I/O 接口，各厂家在 PLC 基本单元的基础上大力发展模拟量处理、高速处理、温度控制及通信等智能扩展模块。智能扩展模块的多少及性能也成为衡量 PLC 产品水平的标志。

**6. 通信功能**

PLC 的通信有 PLC 之间的通信和 PLC 与计算机或其他设备之间的通信。通信主要涉及通信模块、通信接口、通信协议和通信指令等内容。PLC 的组网和通信能力也成为 PLC 产品水平的重要衡量指标之一。

另外，生产厂家还提供 PLC 的外形尺寸、重量、保护等级、适用温度、相对湿度及大气压等性能指标参数，供用户参考。

### 3.1.4 PLC 的分类

目前，可编程序控制器产品种类很多，型号和规格也不统一。分类时，一般按以下原则来考虑。

**1. 按 I/O 点数和功能分类**

按 I/O 点数的多少可将 PLC 分成小型、中型和大型。

小型(微型)PLC 的 I/O 点数小于 256 点，以开关量控制为主，具有体积小、价格低的优点,适用于小型设备的控制。

中型PLC的I/O点数在256~1024之间,功能比较丰富,兼有开关量和模拟量的控制能力,适用于较复杂的逻辑控制和闭环过程控制。

大型PLC的I/O点数在1024点以上,用于大规模过程控制、集散式控制和工厂自动化网络。

各厂家可编程序控制器产品自我定义的大型、中型和小型各有不同。例如有的厂家建议小型PLC为512点以下,中型PLC为512~2048点,大型PLC为2048点以上。

**2. 按结构形式分类**

根据结构形式不同,可编程序控制器可分为整体式结构和模块式结构两大类,如图3-7所示。

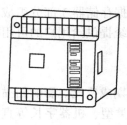
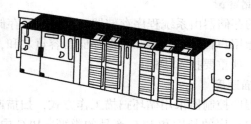

a) 整体式结构　　　　　　　　　　b) 模块式结构

图3-7　PLC的不同结构形式

整体式结构一般是小型PLC,它将所有电路安装于1个机箱内作为基本单元;可通过并行接口电路连接I/O扩展单元。

模块式结构多为中型以上PLC,不同功能的模块,可以组成不同用途的PLC,适用于不同要求的控制系统。

**3. 按用途分类**

根据可编程序控制器的用途,PLC可分为通用型和专用型两大类。

通用型PLC作为标准装置,可供各类工业控制系统选用。

专用型PLC是专门为某类控制系统设计的,结构更为合理,控制性能更完善。随着可编程序控制器应用的逐步普及,专为家庭自动化设计的超小型PLC也正在形成家用微型系列。

## 3.2　S7-200系列PLC

### 3.2.1　S7-200系列PLC介绍

**1. S7-200系列PLC**

S7-200系列PLC有CPU21X和CPU22X两代产品,CPU21X系列PLC现在已经很少使用,CPU22X系列PLC应用较多。CPU22X型PLC有CPU221、CPU222、CPU224和CPU226四种基本型号,如图3-8所示。

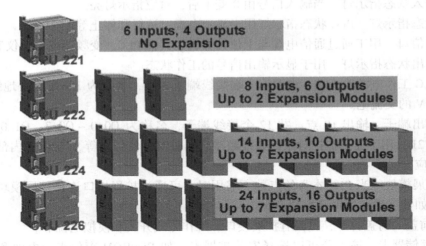

图 3-8 CPU22X 系列 PLC

CPU221：具有 6 输入/4 输出，共计 10 个数字量 I/O 点，无 I/O 扩展能力，6KB 程序和数据存储空间。它还有 4 个独立的 30kHz 高速计数器，2 个独立的 20kHz 高速脉冲输出端，1 个 RS-485 通信/编程口，具有 PPI 通信协议、MPI 通信协议和自由通信方式。

CPU222：具有 8 输入/6 输出，共计 14 个数字量 I/O 点，6KB 程序和数据存储空间。它可以连接 2 个扩展模块，最大扩展 78 路数字量 I/O 或 10 路模拟量 I/O 点，其他功能同 CPU221。

CPU224：具有 14 输入/10 输出，共计 24 个数字量 I/O 点，13KB 程序和数据存储空间。它可以连接 7 个扩展模块，最大扩展 168 路数字量 I/O 或 35 路模拟量 I/O 点，也有高速计数器和高速脉冲输出端，这在以后的章节中将详细介绍。

CPU226：具有 24 输入/16 输出，共计 40 个数字量 I/O 点，13KB 程序和数据存储空间。它可以连接 7 个扩展模块，最大扩展 248 路数字量 I/O 或 35 路模拟量 I/O 点，也有高速计数器和高速脉冲输出端，同时增加了通信口的数量，通信能力大大增强。

**2. CPU224 PLC 系统的构成**

本书主要以 CPU224 为例，介绍 PLC 的系统构成。

图 3-9 所示的 CPU224 PLC 系统外形结构中，各部分的名称及作用如下：

（1）输入端子　输入 14 点，共 16 个接线端子，名称为 I0.0～I0.7、I1.0～I1.5 和公共端子 1M、2M；用于连接主令信号及检测信号，如起停按钮、限位开关和传感器等，与 PLC 内部的输入位存储器相对应。

（2）传感器电源端子　接线端子 2 个，名称为 24V、0V，是 PLC 提供给传感器的电源。

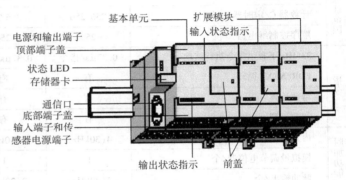

图 3-9 CPU224 PLC 系统

（3）输入状态指示灯　当输入信号由0变1后，对应指示灯亮。

（4）状态指示灯　PLC状态指示灯用于显示电源、运行和停止等。

（5）通信口　用于通过通信电缆与上位计算机、其他PLC、变频器或自控仪表连接。

（6）输出状态指示灯　用于显示输出信号的工作状态。

（7）PLC工作电源输入端　电源输入端接线端子3个，名称为L、N、E(地线)。输入为110~240V的交流电。

（8）输出端子　输出10点，共12个接线端子，名称为Q0.0~Q0.7、Q1.0、Q1.1和公共端1L、2L。用于连接被控对象，如接触器、电磁阀、信号灯等，与PLC内部的输出位存储器相对应。

（9）扩展模块　当PLC本身的点数不够用时，可通过扩展接口连接扩展模块来完成不同的任务，如数字量和模拟量控制模块。

（10）前盖　前盖打开，里面有扩展接口、工作方式开关和模拟电位器。

（11）存储器卡　该卡位可以选择安装扩展卡，如EEPROM存储卡、电池和时钟卡等模块。

**3. CPU22X系列PLC主要技术指标**

技术指标是选用PLC的依据，CPU22X系列PLC的CPU主要技术指标见表3-1。

表3-1　CPU22X系列PLC的CPU的主要技术指标

| | 型　号 | CPU221 | CPU222 | CPU224 | CPU226 |
|---|---|---|---|---|---|
| | 外形尺寸/mm | 90×80×62 | 90×80×62 | 120.5×80×62 | 190×80×62 |
| 存储器 | 程序/字 | 2048 | 2048 | 4096 | 4096 |
| | 用户数据/字 | 1024 | 1024 | 2560 | 2560 |
| | 用户存储器类型 | EEPROM | EEPROM | EEPROM | EEPROM |
| | 数据后备(超级电容)典型值/小时 | 50 | 50 | 190 | 190 |
| 输入输出 | 本机I/O点数 | 6入/4出 | 8入/6出 | 14入/10出 | 24入/16出 |
| | 扩展模块数量 | 无 | 2个 | 7个 | 7个 |
| | 数字量I/O映像区大小/位 | 256 | 256 | 256 | 256 |
| | 模拟量I/O映像区大小/位 | 无 | 16入/16出 | 32入/32出 | 32入/32出 |
| 内存地址范围 | I/O映像寄存器/位 | 128I和128Q | 128I和128Q | 128I和128Q | 128I和128Q |
| | 内部继电器/位 | 256 | 256 | 256 | 256 |
| | 计数器C/定时器T/个 | 256/256 | 256/256 | 256/256 | 256/256 |
| | 顺序控制继电器S/位 | 256 | 256 | 256 | 256 |
| 指令 | 33MHz下布尔指令执行速度 | 0.37μs/指令 | 0.37μs/指令 | 0.37μs/指令 | 0.37μs/指令 |
| | FOR/NEXT循环 | 有 | 有 | 有 | 有 |
| | 增数运算 | 有 | 有 | 有 | 有 |
| | 实数运算 | 有 | 有 | 有 | 有 |
| 附加功能 | 内置高速计数器/个 | 4(30kHz) | 4(30kHz) | 6(30kHz) | 6(30kHz) |
| | 模拟量调节电位器/个 | 1 | 1 | 2 | 2 |
| | 脉冲输出/个 | 2(20kHz) | 2(20kHz) | 2(20kHz) | 2(20kHz) |

(续)

| 型号 | | CPU221 | CPU222 | CPU224 | CPU226 |
|---|---|---|---|---|---|
| 外形尺寸/mm | | 90×80×62 | 90×80×62 | 120.5×80×62 | 190×80×62 |
| 附加功能 | 通信中断/个 | 1 发送器<br>2 接收器 | 1 发送器<br>2 接收器 | 1 发送器<br>2 接收器 | 1 发送器<br>2 接收器 |
| | 定时中断/个 | 2(1~255ms) | 2(1~255ms) | 2(1~255ms) | 2(1~255ms) |
| | 硬件输入中断/个 | 4 | 4 | 4 | 4 |
| | 定时时钟 | 有(时钟卡) | 有(时钟卡) | 有(内置) | 有(内置) |
| | 口令保护 | 有 | 有 | 有 | 有 |
| 通信 | 通信口数(RS-485)个 | 1 | 1 | 1 | 2 |
| | 支持协议 CPU 通信口 0 | 自由口/<br>PPI/MPI | 自由口/<br>PPI/MPI | 自由口/<br>PPI/MPI | 自由口/<br>PPI/MPI |
| | CPU 通信口 1 | 无 1 号口 | 无 1 号口 | 无 1 号口 | 自由口/<br>PPI/MPI |

## 3.2.2 S7-200 系列 PLC 数据存储区及元件功能

**1. 输入继电器**

每个输入继电器(I)都有一个 PLC 的输入端子相对应,用于接收外部的开关信号。当外部的开关信号闭合时,输入继电器的线圈得电,在程序中其常开触点闭合、常闭触点断开。这些触点可以在编程时任意使用,使用次数不受限制。

在每个扫描周期的开始,PLC 对各输入点进行采样,并把采样值送到输入映像寄存器。PLC 在接下来的扫描周期各阶段不再改变输入映像寄存器中的值,直到下一个扫描周期的输入采样阶段。

各型号主机的输入映像寄存器区的大小可以参考主机性能指标表,实际输入点数不能超过这个数量。未用的输入映像区可以作为其他编程元件使用,如可以作为通用辅助继电器或数据寄存器,但只有在寄存器整个字节的所有位都未占用的情况下才可作为他用,否则会出现错误执行结果。

**2. 输出继电器**

每个输出继电器(Q)都有一个 PLC 上的输出端子相对应。当通过程序使输出继电器线圈得电时,PLC 主机上的输出端开关闭合,可以作为控制外部负载的开关信号。同时在程序中其常开触点闭合、常闭触点断开。这些触点可以在编程时任意使用,使用次数不受限制。

在每个扫描周期的输入采样、程序执行等阶段,并不把输出结果信号直接送到输出继电器,而只是送到输出映像寄存器,只有在每个扫描周期的末尾才将输出映像寄存器中的结果信号送到锁存器,对输出点进行刷新。实际未用的输出映像区可作他用,用法与输入继电器相同。

**3. 通用辅助继电器**

通用辅助继电器(M)如同继电器控制系统中的中间继电器,在 PLC 中没有输入、输出端与之对应,因此通用辅助继电器的线圈不直接受输入信号的控制,其触点不能驱动外部负载，外部负载必须由输出继电器的外部硬接点来驱动。辅助继电器的常开、常闭触点在 PLC 的梯形图中可以无限次地自由使用。

**4. 特殊标志继电器**

特殊标志继电器（SM）是一种特殊的辅助继电器，它具有特殊功能或具有与存储系统状态变量相关的控制参数和信息。用户可以通过特殊标志来沟通 PLC 与被控程序，以便实现一定的控制动作；也可以通过直接设置某些特殊标志继电器位来使设备实现某种功能。例如：

SM0.0：在 RUN 状态时，一直为 1。常用于 RUN 监控，属只读型。

SM0.1：首次扫描为 1，以后为 0。常用来对程序进行初始化，属只读型。

SM0.2：当机器执行数学运算的结果为负时，该位被置 1，属只读型。

SM0.3：从电源开启条件进入 RUN（运行）模式时，接通一个扫描周期。可用于在启动操作之前提供机器预热时间。

SM0.4：该位提供一个周期为 1min 的时钟脉冲，30s 为 1，30s 为 0。

SM0.5：该位提供一个周期为 1min 的时钟脉冲，0.5s 为 1，0.5s 为 0。

SM0.6：该位为扫描时钟脉冲，本次扫描为 1，下次扫描为 0，交替循环。该位可用作扫描计数器输入。

SM36.5：高速计数器 HSC0 当前计数方向控制位。置位时，HSC0 递增计数，属可写型。

其他常用特殊标志继电器的功能可以参见相应的手册。

**5. 变量存储器**

PLC 执行程序过程中，会存在一些控制过程的中间结果，这些中间数据也需要用存储器来保存。变量存储器（V）就是根据这个实际要求设计的。变量存储器是 S7-200 CPU 为保存中间变量而建立的一个存储区，用 V 表示，可以按位、字节、字、双字四种方式来存取。

**6. 局部变量存储器**

局部变量存储器（L）用来存放局部变量。局部变量与变量存储器所存储的全局变量十分相似，主要区别是：全局变量是全局有效的，而局部变量是局部有效的。全局有效是指同一个变量可以被任何程序（包括主程序、子程序和中断程序）访问；而局部有效是指变量只与特定的程序相关联。该区域的数据可以按位、字节、字、双字四种方式来存取。

S7-200 PLC 提供 64 个字节的局部存储器，其中 60 个可以作为暂时存储器或给子程序传递参数。主程序、子程序和中断程序都可使用这 64 个字节的局部存储器。不同程序的局部存储器不能互相访问。机器在运行时，根据需要动态地分配局部变量存储器；在执行主程序时，分配给子程序或中断程序的局部变量存储区是不存在的，当子程序调用或出现中断时，需要为之分配局部变量存储器，新的局部变量存储器可以是曾经分配给其他程序块的同一个局部存储器。

**7. 顺序控制继电器**

顺序控制继电器（S）就是根据顺序控制的特点和要求设计的。顺序控制继电器区是 S7-200 CPU 为顺序控制继电器的数据而建立的一个存储区，用 S 表示。在顺序控制过程中，用于组织步进过程的控制，可以按位、字节、字、双字四种方式来存取。

**8. 定时器**

定时器（T）是 PLC 中重要的编程元件，是累计时间增量的内部器件。定时器的工作过程与继电器控制系统的时间继电器基本相同，使用时要提前输入时间预设值。当定时器的当前值达到预设值时,它的常开触点闭合、常闭触点断开,利用定时器的触点就可以得到控制所需要的延时时间。

**9. 计数器**

计数器(C)用来累计输入脉冲的次数,是应用非常广泛的编程元件,经常用来对产品进行计数或进行特定功能的编程,使用时要提前输入它的设定值(计数的个数)。当输入触发条件满足时,计数器开始累计其输入端脉冲电位上升沿(正跳变)的次数,当计数器计数达到预定的设定值时,其常开触点闭合,常闭触点断开。

**10. 模拟量输入映像寄存器/模拟量输出映像寄存器**

模拟量输入电路用以实现模拟量-数字量(A-D)之间的转换,而模拟量输出电路用以实现数字量-模拟量(D-A)之间的转换,PLC处理的是其中的数字量。

S7-200 PLC将测得的模拟量(如温度、压力)转换成1个字长(2个字节)的数字量,模拟量输入映像寄存器用标识符(AI)、数据长度(W)及字节的起始地址表示。同理,模拟量输出映像区是S7-200 CPU为模拟量输出端信号开辟的一个存储区。S7-200将1个字长(2个字节,16位)的数字量按比例转换为电流或电压。模拟量输出映像寄存器用标识符(AQ)、数据长度(W)及字节的起始地址表示。

模拟量输入映像寄存器(AI)/模拟量输出映像寄存器(AQ)都是以偶数号字节进行编址来存取转换过的模拟量,如0、2、4、6、8。编址内容包括元件名称、数据长度和起始字节的地址,如AIW6、AQW12等。

1)模拟输入映像寄存器AIW8的编址为:

2)模拟输出映像寄存器AQW10的编址为:

PLC对这两种寄存器的存取方式不同点是,模拟量输入映像寄存器只能做读取操作,而对模拟量输出映像寄存器只能做输入操作。

**11. 高速计数器**

CPU22X PLC提供了6个高速计数器(HC0、HC1、…、HC5),用来累计比主机CPU扫描速度更快的高速脉冲。高速计数器有32位有符号整数累计值(或当前值),若要存取高速计数器中的值,则必须给出高速计数器的地址,即存储器类型(HC)及计数器号(如0~5),如HC2。如图3-10所示,高速计数器的当前值为只读值,可作为双字(32位)来寻址。

**12. 累加器**

S7-200 PLC的CPU提供了4个32位累加器(AC0、AC1、AC2、AC3),是用来暂存数据的寄存器。它可以用来存放数

图3-10 存取高速计数器当前值

据，如运算数据、中间数据和结果数据；也可以向子程序传递参数，或从子程序获取参数。累加器支持以字节（B）、字（W）和双字（DW）的存取。但是，以字节形式读/写累加器中的数据时，只能读/写累加器 32 位数据中的最低 8 位数据；如果是以字的形式读/写累加器中的数据，则只能读/写累加器 32 位数据中的低 16 位数据。只有采取双字的形式读/写累加器中的数据时，才能一次读写全部 32 位数据。如图 3-11 所示。

因为 PLC 的运算功能是离不开累加器的，因此不能像占用其他存储器那样占用累加器。

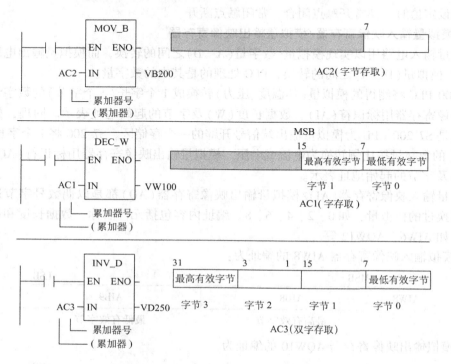

图 3-11　累加器操作

## 3.3　电动机起动、停止的 PLC 控制

### 【项目任务 1】

三相异步电动机直接起动的继电器-接触器控制电路如图 3-12 所示，如改用 PLC 来控制此电动机的起动和停止，应该如何实现？

### 【任务目标】

1）掌握 PLC 的编程语言。
2）熟悉 STEP7-Micro/WIN32 编程软件的使用。
3）会用 PLC 的基本逻辑指令编制电动机起动、停止的控制程序。

要编制电动机起动、停止的 PLC 控制程序，首先要了解 PLC 的编程语言。

基本逻辑指令是 PLC 中最基础的编程语言，掌握了基本逻辑指令也就初步掌握了 PLC 的使用方法。PLC 生产厂家很多，其梯形图的形式大同小异，指令系统也大致相同，只是形式稍有不同。西门子 S7-200 系列 PLC 基本逻辑指令共有 27 条，下面分别结合具体的项目要求说明相关指令的含义和梯形图编制的基本方法。

基本逻辑指令是指构成基本逻辑运算功能指令的集合，包括基本位操作、置位/复位、边沿触发、定时、计数及比较等逻辑指令。

## 3.3.1 基本位操作指令

位操作指令是 PLC 常用的基本指令。梯形图指令有触点和线圈两大类，触点又分为常开和常闭两种形式；语句表指令有"与""或"以及"输出"等逻辑关系。位操作指令能够实现基本的位逻辑运算和控制。

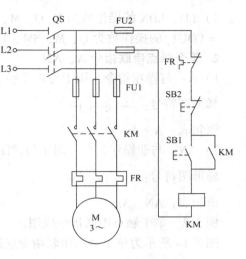

图 3-12　三相异步电动机直接起动继电器-接触器控制电路

**1. 取指令及输出指令 LD、LDN、=（OUT）**

1）LD：取指令，从梯形图左侧母线开始，连接常开触点。

梯形图符号：┤├ Ax.y

语句表：LD　Ax.y

指令后面的是操作数。Ax.y 表示 PLC 内部元件的位地址。

2）LDN：取非指令，从梯形图左侧母线开始，连接常闭触点。

梯形图符号：┤/├ Ax.y

语句表：LDN　Ax.y

3）=（OUT）：输出指令，用于线圈输出。

梯形图符号：──( ) Ax.y

语句表：=（OUT）　Ax.y

**例 3-1**　位指令程序应用。

图 3-13 所示为位指令程序应用的梯形图和语句表。

指令说明：

1）只要不超出 PLC 的内存容量，LD、LDN 可以多次使用。

2）输出指令"="用于输出继电器、辅助继电器、定时器和计数器等，但不能用于输入继电器；连续输出的"="指令可以多次使用（图 3-13 中，"= Q0.1"指令之后又有一个输出"= Q0.2"，这种形式称为连续输出）。在一个程序段中，输出继电器只能用一次，即不能出现两个相同编号的输出继电器；但输出继电器的触点可以多次使用。

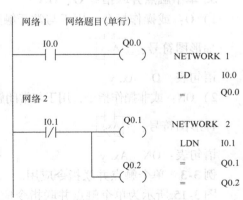

图 3-13　位指令程序应用

3) LD、LDN 的操作数为 I、Q、M、SM、T、C、V、S。
=(OUT) 的操作数为 Q、M、SM、T、C、S。

**2. 单个触点串联指令 A、AN**

1) A：与操作指令，用于与常开触点的串联。

梯形图符号： ─┤ Ax.y ├─

语句表：A    Ax.y

2) AN：与非操作指令，用于与常闭触点的串联。

梯形图符号： ─┤ Ax.y ├/─

语句表：AN    Ax.y

**例 3-2** 单个触点串联指令应用。

图 3-14 所示为单个触点串联指令应用的梯形图和语句表。

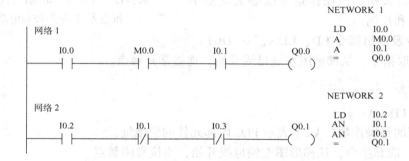

图 3-14　单个触点串联指令应用

指令说明：

1) A、AN 是单个触点连接指令，可以连续多次使用。

2) 只要不超出 PLC 的内存容量，A、AN 指令次数和顺序不受任何限制。

3) A、AN 的操作数为 I、Q、M、S、SM、T、C、V。

**3. 单个触点并联指令 O、ON**

1) O：或操作指令，用于与常开触点的并联。

梯形图符号： ┤Ax.y├

语句表：O    Ax.y

2) ON：或非操作指令，用于与常闭触点的并联。

梯形图符号： ┤Ax.y├

语句表：ON    Ax.y

**例 3-3** 单个触点并联指令应用。

图 3-15 所示为单个触点并联指令应用的梯形图和语句表。

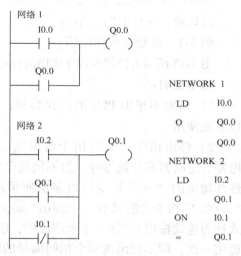

图 3-15　单个触点并联指令应用

指令说明：

1）O、ON 是单个触点并联连接指令，可以连续多次使用。

2）只要不超出 PLC 的内存容量，O、ON 指令次数和顺序不受任何限制。

3）O、ON 的操作数为 I、Q、M、S、SM、T、C、V。

在较复杂梯形图的逻辑电路图中，触点的串、并联关系不能全部用简单的与、或、非逻辑关系描述。语句表指令系统中设计了"电路块与(串联)操作"和"电路块或(并联)操作"指令。

电路块的构成是指以 LD 为起始的触点串、并联网络，如图 3-16 所示。

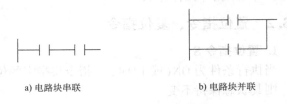

a) 电路块串联    b) 电路块并联

图 3-16 电路块构成

### 4. 电路块的并联指令 OLD

电路块或(并联)操作，是将梯形图中以 LD 起始的电路块和另一个以 LD 起始的电路块并联起来。

**例 3-4** 电路块的并联指令应用。

图 3-17 所示为电路块并联指令应用的梯形图和语句表。

指令说明：

1）几个串联电路块并联连接时，各电路块的起始指令用 LD 或 LDN；终了指令用 OLD，表示和前面电路块的关系。

2）当多个串联电路块并联连接时，OLD 指令可以多次连续使用。

3）OLD 指令无操作数。

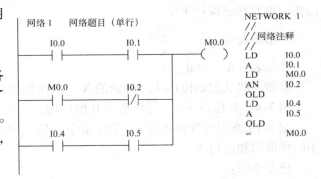

图 3-17 电路块的并联指令应用

### 5. 电路块的串联指令 ALD

电路块与(串联)操作，是将梯形图中以 LD 起始的电路块和另一个以 LD 起始的电路块串联起来。

**例 3-5** 电路块的串联指令应用。

图 3-18 所示为电路块串联指令应用的梯形图和语句表。

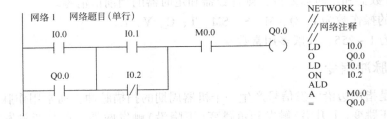

图 3-18 电路块的串联指令应用

指令说明:

1) 几个并联电路块串联连接时,各电路块的起始指令用 LD 或 LDN;终了指令用 ALD,表示和前面电路块的关系。

2) 当多个并联电路块串联连接时,ALD 指令可以多次连续使用。

3) ALD 指令无操作数。

### 3.3.2 置位指令、复位指令

**1. 置位指令 S**

当执行条件为 ON(或 1)时,S 指令将指定的位变为 ON(或 1),若无其他指令对该位操作,则其状态保持不变。

梯形图符号:—( S )
                 N

语句表:S  s-bit,N

功能:将从起始位(s-bit)开始的 N 个元件置为 1。

**2. 复位指令 R**

当执行条件为 ON(或 1)时,R 指令将指定的位变为 OFF(或 0),若无其他指令对该位操作,则其状态保持不变。

梯形图符号:—( R )
                 N

语句表:R  s-bit,N

功能:将从起始位(s-bit)开始的 N 个元件置为 0。

**例 3-6** 置位指令 S、复位指令 R 的应用。

图 3-19 所示为置位指令 S、复位指令 R 应用的梯形图和语句表。

指令说明:

1) 置位、复位指令一般成对出现;对于执行位元件来说,如果其中的任意一个指令有效,则一直保持相应的状态,除非另一个指令有效。

2) 当置位、复位指令同时有效时,根据 PLC 的扫描工作方式,写在后面的指令具有优先权。

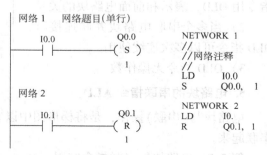

图 3-19 置位指令 S、复位指令 R 的应用

3) 若对计数器和定时器复位,则计数器和定时器的当前值清零。

4) S、R 的操作数为 I、Q、M、SM、T、C、V、L。

N 的范围为 1~255,一般多用常数。

### 3.3.3 边沿脉冲指令

边沿触发是指用边沿触发信号产生一个机器周期的扫描脉冲,通常用作脉冲整形。边沿触发指令分为正跳变(上升沿)触发和负跳变(下降沿)触发两类。正跳变触发指输入脉冲的上升沿使触点闭合(ON)一个扫描周期;负跳变触发指输入脉冲的下降沿使触点闭合(ON)一个扫描周期。边沿触发指令格式见表 3-2。

表 3-2 边沿触发指令格式

| LAD | STL | 功能、注释 |
| --- | --- | --- |
| ─┤P├─ | EU(Edge Up) | 正跳变，无操作元件 |
| ─┤N├─ | ED(Edge Down) | 负跳变，无操作元件 |

指令说明：

1）任何输出位通常只能用上述一条指令控制其状态。

2）当 EU 和 ED 指令用于跳转指令以及子程序时，指令的操作结果是不定的。

**例 3-7** 边沿脉冲指令应用。

图 3-20 所示为边沿脉冲指令应用的梯形图和语句表。

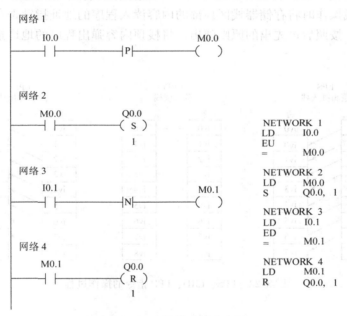

图 3-20 边沿脉冲指令应用

I0.0 的上升沿（EU）使触点产生一个扫描周期的时钟脉冲，驱动线圈 M0.0 通电产生一个扫描周期，M0.0 常开触点闭合一个扫描周期，使线圈 Q0.0 置位有效（Q0.0 = 1），并保持。

I0.1 的下降沿（ED）使触点产生一个扫描周期的时钟脉冲，驱动线圈 M0.1 通电产生一个扫描周期，M0.1 常开触点闭合一个扫描周期，使线圈 Q0.0 复位有效（Q0.0 = 0），并保持。时序分析如图 3-21 所示。

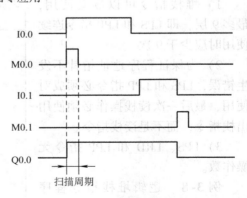

图 3-21 边沿触发时序分析

### 3.3.4 逻辑堆栈指令

LD 指令是从梯形图最左侧母线画起的，如果要生成一条分支的母线，则需要利用语句表的栈操作指令来描述。

栈操作语句表指令格式:

LPS(Logic Push):逻辑入栈操作指令(分支点路开始指令)。用于生成一条新的母线,其左侧是原来的主逻辑块,右侧为若干个新的从逻辑块。LPS 的作用是把当前运算值复制后压入堆栈,以备后用。新母线右侧第一个新的从逻辑块,可在 LPS 指令后继续编程。

LRD(Logic Read):逻辑读栈指令,读取最近的 LPS 压入堆栈的内容。用于新母线右侧第二个以后的从逻辑块编程。

LPP(Logic Pop):逻辑出栈指令(分支点路结束指令)。用于新母线右侧的最后一个从逻辑块编程,在读取离它最近的 LPS 压入堆栈内容的同时复位该条新母线。

栈操作指令对栈区的影响如图 3-22 所示。入栈操作时将断点的地址压入栈区,栈区内容自动下移。读栈操作时将存储器栈区顶部的内容读入程序的地址指针寄存器,栈区内容不变。出栈操作时,按照后进先出的原则弹出,将栈顶内容弹出程序的地址指针寄存器,栈的内容依次上移。

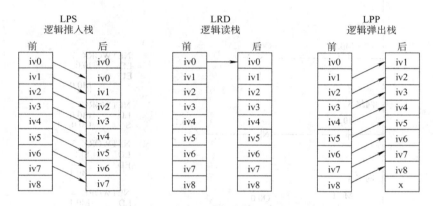

图 3-22 LPS、LRD、LPP 指令的操作过程

使用说明:

1) 堆栈指令可以嵌套使用,最多 9 层,即 LPS 和 LPP 指令连续使用时应少于 9 次。

2) 为保证程序地址指针不发生错误,LPS 和 LPP 指令必须成对使用,最后一次读栈操作必须使用出栈指令,而不是读栈指令。

3) LPS、LRD 和 LPP 指令无操作数。

**例 3-8** 逻辑堆栈指令程序应用。

图 3-23 所示为逻辑堆栈指令程序应用的梯形图和语句表。

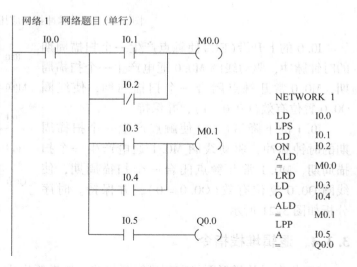

图 3-23 逻辑堆栈指令程序应用

## 3.3.5 STEP7-Micro/WIN32 编程软件的使用(边学边练)

**1. 编程软件介绍**

SIMATIC S7-200 编程软件是指西门子公司为 S7-200 系列 PLC 编制的工业编程软件的集合，其中 STEP7-Micro/WIN32 软件是基于 Windows 的应用软件，具有简单易学、高效、节省时间的优点，可解决复杂的自控任务。

**2. 熟悉编程软件**

（1）STEP7-Micro/WIN32 窗口组件及功能 启动 STEP7-Micro/WIN32 编程软件，其窗口组件如图 3-24 所示。

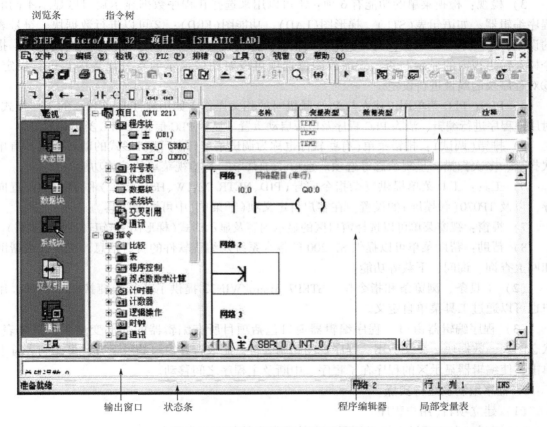

图 3-24　STEP7-Micro/WIN32 窗口组件

STEP7-Micro/WIN32 窗口的首行主菜单包括文件、编辑、检视、PLC、排错(调试)、工具、视窗及帮助等，主菜单下方两行为工具条快捷按钮，其他为窗口信息显示区。

窗口信息显示区又分为程序数据显示区(程序编辑器和局部变量表)、浏览条、指令树和输出窗口。在检视菜单子目录栏中选中浏览条和指令树时，可在窗口左侧垂直地依次显示出浏览条和指令树窗口；选中工具栏的输出视窗时，可在窗口下方横向显示输出窗口，非选中时为隐藏方式。输出窗口下方为状态条，提示 STEP7-Micro/WIN32 状态信息。

STEP7-Micro/WIN32 编程软件的主菜单包括 8 个选项。如图 3-25 所示，各主菜单功能简介如下。

```
STEP 7-Micro/WIN 32 - 项目1 - [SIMATIC LAD]
文件(F)  编辑(E)  检视(V)  PLC(P)  排错(D)  工具(T)  视窗(W)  帮助(H)
```

图3-25 主菜单条

1) 文件：文件的操作有新建、打开、关闭、保存、另存、导入、导出、上、下载，页面设置，打印及浏览等。

2) 编辑：编辑菜单提供程序的撤销、剪切、粘贴、全选、插入、删除、查找、替换等子目录，用于程序的修改操作。

3) 检视：检视菜单的功能有6项：①可以用来选择在程序数据显示窗口区显示不同的程序编辑器，如语句表(STL)、梯形图(LAD)、功能图(FBD)；②可以进行数据块、符号表的设定；③对系统块配置、交叉引用、通信参数进行设置；④工具栏区可以选择浏览栏、指令树及输出视窗的显示与否；⑤缩放图像选项可以对图像显示的百分比等内容进行设定；⑥对程序块的属性进行设定。

4) PLC：PLC菜单用以建立与PLC联机时的相关操作，如用软件改变PLC的工作模式、对用户程序进行编辑、清除PLC程序及电源启动重置、显示PLC信息及PLC类型设置等。

5) 排错(调试)：排错菜单(有些软件也称为调试菜单)用于联机形式的动态调试，有单次扫描、多次扫描、呈现状态等选项。选项"子菜单"与检视菜单的缩放功能一致。

6) 工具：工具菜单提供复杂指令向导(PID、NETR/NETW、HSC指令)和TD200设置向导，以及TP070(触摸屏)的设置。在客户自定义项(子菜单)中可添加工具。

7) 视窗：视窗菜单可以选择窗口区的显示内容及显示形式(梯形图、语句表及各种表格)。

8) 帮助：帮助菜单可以提供S7-200的指令系统及编程软件的所有信息，提供在线帮助和网上查询、询问、下载等功能。

(2) 工具条、浏览条和指令树　STEP7-Micro/WIN32提供了两行快捷按钮工具条，用户也可以通过工具菜单自定义。

(3) 程序编辑器窗口　程序编辑器窗口包括项目所有编辑器的局部变量表、符号表、状态图表、数据块、交叉引用、程序视图和制表符。制表符在窗口的最下方，可在制表符上单击，使编辑器显示区的程序在子程序、中断及主程序之间移动。

**3. 程序编制及运行实操**

(1) 建立项目(用户程序)

1) 打开已有的项目文件。打开已有的项目文件的方法有2种：

① 由"文件"菜单打开，引导到现存项目，并打开文件。

② 由文件打开，最近工作的项目文件名在"文件"菜单下列出，可直接选择而不必打开对话框。

另外也可以用Windows资源管理器寻找到适当的目录，打开扩展名为".mwp"的项目文件。

2) 创建新项目(文件)。创建新项目的方法有3种：

① 单击"新建"快捷按钮。

② 拉开"文件"菜单，单击新建按钮，建立一个新文件。

③ 点击浏览条中程序块图标，新建一个STEP7-Micro/WIN32项目。

3）确定 CPU 类型。一旦打开一个项目，开始写程序之前可以选择 PLC 的类型。确定 CPU 有两种方法：

① 在指令树中右击"项目1（CPU221）"，在弹出的对话框中单击"类型（T）…"，即弹出"PLC 类型"对话框，选择所用 PLC 型号后，确认。

② 用"PLC"菜单选择"类型（T）…"项，弹出"PLC 类型"对话框，然后选择正确的 CPU 类型。

（2）梯形图编辑器

1）梯形图元素的工作原理。触点代表"电流"可以通过的开关，线圈代表由"电流"充电的中间继电器或输出；指令盒代表"电流"到达此框时执行指令盒的功能。例如，计数、定时或数学操作。

2）梯形图排布规律。网络必须从触点开始，一个线圈或指令盒只能使用一次，并且不准多个线圈串联使用。

3）在梯形图上编辑元件：

① 进入梯形图编辑器。拉开"检视"菜单，单击"阶梯"选项，可以进入梯形图编辑状态，程序编辑窗口显示梯形图编辑图标。

② 编辑元件的输入方法。编程元件包括线圈、触点、指令盒及导线等。程序一般是循序输入，即自上而下、自左向右地在光标所在处放置程序元件（输入指令），也可以移动光标在任意位置输入程序元件。每输入一个程序元件光标自动向前移动到下一列，换行时单击下一行位置移动光标。如图 3-26 所示。图中方框即为光标，→表示可以继续输入编程元件。

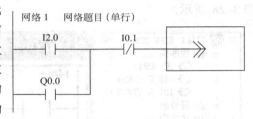

图 3-26　梯形图指令编辑器

编程元件的输入有指令树双击、拖放、单击工具条快捷按钮或快捷操作等若干方法。在梯形图编辑器中，单击快捷键按钮 F4、F6、F9 及指令树双击均可以选择输入编程元件。

工具条有 7 个编程按钮：前 4 个为连接导线，后 3 个为触点、线圈和指令盒。

编程元件的输入是在程序编辑窗口中，在需要放置元件的位置处输入编程元件。编程元件的输入有两种方法：

a）用鼠标左键输入编程元件。例如输入触点元件，先将光标移到编辑区域，单击工具条的触点按钮，出现下拉菜单，如图 3-27a 所示。用鼠标单击选中编辑元件，按"Enter"键，输入编程元件图形，再单击编程元件符号上方的"???"，输入操作数。

b）采用功能键（F4、F6、F9 等）、移位键和"Enter"键配合使用安放编程元件。例如安放输出触点，则按 F6 键，弹出图 3-27b 所示下拉菜单，选择编程元件（可使用移位键寻找需要的编程元件）后，按"Enter"键；编程元件出现在光标处，再按"Enter"键，光标选中元件符号上方的"???"，输入操作数后按"Enter"键确认。

当输入地址符号超出范围或指令类型不匹配时，在该值下面会出现红色波浪线。一行程序输入结束后，单击该行下方的编程区域，输入触点生成新的一行。

对于上、下行并联的操作，可将光标移到要合并的触点处，单击"上行"或"下行"按钮即可。

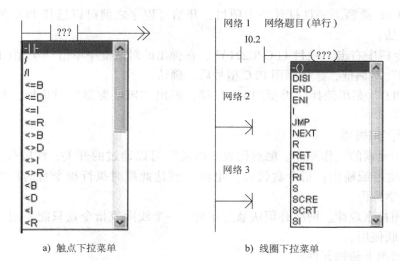

图 3-27 触点、线圈指令的下拉对话框

③ 梯形图功能指令的输入。采用指令树双击的方式,可在光标处输入功能指令,如图 3-28 所示。

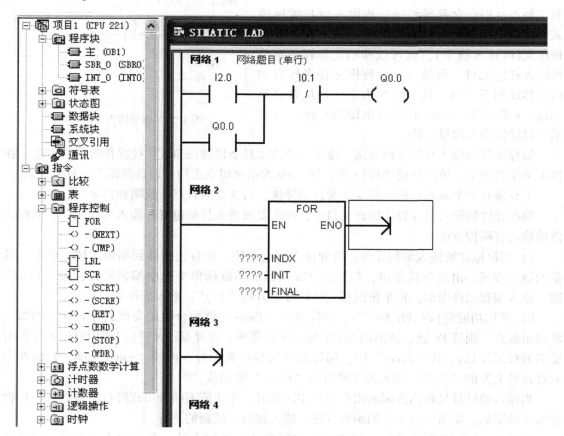

图 3-28 功能指令的输入

(3) 程序的编辑及参数设定　程序的编辑包括程序的剪切、复制、粘贴、插入和删除，字符串替换、查找等。

1) 插入和删除。程序插入的选项有行、列、阶梯、向下分支的竖直垂线、中断或子程序等。插入和删除的方法有两种：

① 在程序编辑区单击鼠标右键，弹出图3-29所示的下拉菜单，单击"插入"或"删除"项，在弹出的子菜单中单击插入或删除的选项进行编辑。

② 用"编辑"菜单选择"插入"或"删除"项，弹出子菜单后，单击插入或删除的选项进行程序编辑。

2) 程序的复制和粘贴。程序的复制、粘贴，可以由"编辑"菜单选择"复制"和"粘贴"项，进行复制和粘贴，也可以由工具条中复制和粘贴的快捷按钮进行复制和粘贴，还可以用光标选中复制内容

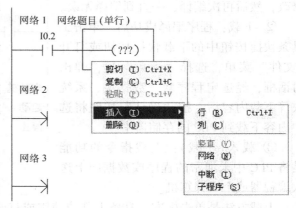

图3-29　插入下拉菜单

后，单击鼠标右键，在弹出的菜单选项中选择"复制"，然后"粘贴"。

程序的复制，分为单个元件的复制和网络复制两种。单个元件复制是在光标含有编程元件时单击"复制"项；网络复制可通过在复制区拖动光标或使用Shift及上下移位键，选择单个或多个相邻网络，网络变黑选中后单击"复制"。光标移到粘贴处后，可以用已有效的粘贴按钮进行粘贴。

3) 符号表。利用符号表对POU中符号赋值的方法是：单击浏览条中符号表按钮，在程序显示窗口的符号表内输入参数，建立符号表，符号表如图3-30所示。符号的使用方法有两种：

| | 名称 | 地址 | 注释 |
|---|---|---|---|
| 1 | 电动机 | Q0.0 | |
| 2 | 起动 | I0.0 | |
| 3 | 停止 | I0.1 | |
| 4 | | | |
| 5 | | | |

图3-30　符号表

① 编程时使用符号名称，在符号表内填写符号名和对应的直接地址。

② 编程时使用直接地址，符号表中填写符号名和对应的直接地址，编译后，软件直接赋值。

使用上述两种方法经编译后，由"检视"菜单选中符号寻址项后，直接地址将转换成符号表中对应的符号名。由"检视"菜单选中"符号信息表"项，在网络下方出现符号表，格式如图3-31所示。

4) 程序的编译及上、下载：

① 编译：用户程序编辑完成后，用主菜单"PLC"的下拉菜单中的编译、全部编译选

项或工具条中编译快捷按钮对程序进行编译，编译后在显示器下方的输入窗口显示编译结果，并能明确指出错误的网络段，可以根据错误的提示对程序进行修改，然后再次编译，一直到编译无误。

② 下载：程序编译成功后，单击工具条快捷按钮中的下载快捷按钮或打开"文件"菜单，选择"下载"项，弹出对话框，经选定程序块、数据块、系统块等下载内容后，按"确认"按钮将选中内容下载到 PLC 的存储器中。

③ 载入（上载）：上载指令的功能是将 PLC 中未加密的程序或数据向上送入编程器或个人计算机。

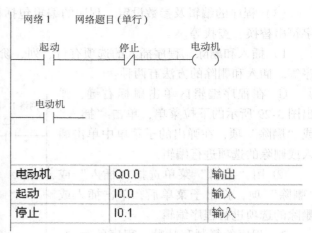

图 3-31 带符号表的梯形图

上载方法是单击标准工具条上载快捷键或打开"文件"菜单选择"上载"项，弹出上载对话框。选择程序块、数据块、系统块等上载内容后，可在程序显示窗口上载 PLC 内容程序和数据。

**4. 程序的监视、运行调试及其他**

（1）程序的运行  当 PLC 工作方式开关在 TERM 或 RUN 位置时（CPU21X 系列方式开关只能在 TERM 位置），操作 STEP7-Micro/WIN32 的菜单命令或快捷按钮都可以对 CPU 工作方式进行软件设置。

（2）程序的监视  使用程序编辑器，如语句表（STL）、梯形图（LAD）、功能图（FBD）等，可以在 PLC 运行时监视程序执行的过程和各元件的状态及数据，这里重点介绍梯形图监视运行功能的方法。

打开"排错"菜单，选中程序状态，这时闭合触点和通电线圈内部颜色变蓝（呈阴影状态）。在 PLC 的运行（RUN）工作状态，随着输入条件的改变、定时或计数过程的进行，每个扫描周期的输出处理阶段将各个元件的状态刷新，可以动态显示各个定时、计数器的当前值，并用阴影表示触点和线圈通电状态，在线动态观察程序的运行，如图 3-32 所示。

（3）动态调试  结合程序监视运行的动态显示，分析程序运行的结果以及影响程序运行的因素，然后退出程序运行和监视状态，在 STOP 状态下对程序进行修改编辑，重新编译、下载、监视运行，如此反复修改调试，直至得到正确运行结果。

（4）编程语言的选择  编程语言

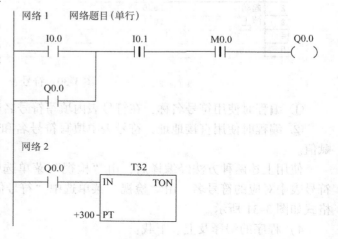

图 3-32 梯形图运行状态的监视

有 SIMATIC 指令与 IEC1131-3 指令两种编程模式,选择的方法为:打开"工具"菜单,打开"选项"目录,在弹出的对话框中选择指令系统。例如选择 SIMATIC 指令编程模式,只要助记符集选"国际"、编程模式选"SIMATIC",即选中 SIMATIC 指令。

(5) 其他功能　STEP7-Micro/WIN32 编程软件提供有 PID(闭环控制)、HSC(高速计数)、NETR/NETW(网络通信)和人机界面 TD200 的使用向导功能。

在"工具"菜单下"指令向导"选项,可以为 PID、NETR/NETW 和 HSC 指令快捷简单地设置复杂的选项,选项完成后,指令向导将为所选设置生产程序代码。

"工具"菜单的"TD200D 精灵"选项,是 TD200 的设置向导,用来帮助设置 TD200 的信息。设置完成后,向导将生成支持 TD200 的数据块代码。

### 3.3.6　电动机起动、停止的 PLC 控制(边学边做)

**1. 输入/输出信号分析**

根据电动机起停控制系统的任务描述,输入信号有起动按钮 SB1、停止按钮 SB2 共 2 个输入点;输出信号有控制电动机转动的接触器 KM 这 1 个输出点。

**2. 系统硬件设计**

硬件设计包括系统的主电路、系统 I/O 元件分配表和输入/输出接线图。

(1) 系统主电路　主电路与继电器-接触器控制电路的主电路相同。

(2) 系统元件分配表　根据以上分析可知,输入信号有 SB1、SB2,输出信号有 KM。确定它们与 PLC 中的输入继电器和输出继电器的对应关系,可得 PLC 控制系统的输入/输出(I/O)端口地址分配表,见表 3-3。

表 3-3　电动机直接起动 PLC 控制系统的 I/O 端口地址

| 输入 | | | 输出 | | |
| --- | --- | --- | --- | --- | --- |
| 设备名称 | 代号 | 输入点编号 | 设备名称 | 代号 | 输出点编号 |
| 起动按钮(常开触点) | SB1 | I0.0 | 接触器 | KM | Q0.1 |
| 停止按钮(常开触点) | SB2 | I0.1 | | | |

(3) PLC 接线示意图　根据 PLC 控制系统 I/O 端口地址分配表,可画出 PLC 的外部接线示意图,如图 3-33 所示。

**3. 系统软件设计**

方法 1　采用起停电路编程。

根据控制要求,其梯形图如图 3-34 所示。起动按钮 I0.0 和停止按钮 I0.1 串联,并在起动按钮 I0.0 两端并联自锁触点 Q0.1,最后串接输出线圈 Q0.1。

方法 2　采用指令 S、R 编程。

三相异步电动机的起停控制也可采用指令 S、R 进行编程,其梯形图如图 3-35 所示。起动按钮 SB1(I0.0)、停止按钮 SB2(I0.1)分别驱动指令 S、R。当要起动时,按起动按钮 SB1(I0.0),使

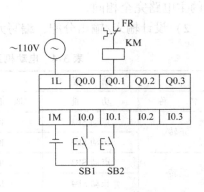

图 3-33　PLC 外部接线图

输出线圈 Q0.1 置位并保持；当按停止按钮时，I0.1 常开触点闭合，使输出线圈 Q0.1 复位并保持。

由上可知，方法 2 的设计方案更佳。

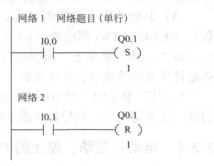

图 3-34　起保停电路　　　　　　　　图 3-35　用指令 S、R 编程

**注意**：在方法 1 的梯形图中，用 I0.1 的常闭触点；而在方法 2 中，用 I0.1 的常开触点，但它们的外部输入接线却完全相同。

### 3.3.7　电动机正反转的 PLC 控制（边学边做）

**【项目任务 2】**

如何实现三相异步电动机的"正-停-反"及"正-反-停"控制，动作包括正、反向点动控制？

**【任务目标】**

1）掌握 PLC 的梯形图中互锁的使用。

2）会用 PLC 的基本逻辑指令编制电动机"正-停-反"及"正-反-停"的控制程序。

**1. 硬件设计**

1）主电路：三相异步电动机的正反向点动、连续控制是要求电动机在正转和反转时都能实现点动及连续控制方式。主电路如图 3-36 所示，与前面学过的继电器-接触器正反转控制的主电路完全相同。

2）设计输入/输出分配，编写元件分配表，见表 3-4。I/O 分配如图 3-37 所示。

表 3-4　电动机正、反转 PLC 控制系统的 I/O 端口地址

| 输入信号 | | | 输出信号 | | |
| --- | --- | --- | --- | --- | --- |
| 名　称 | 功　能 | 地址编号 | 名　称 | 功　能 | 地址编号 |
| 正转 | 点动 SB1 | I0.0 | 正转 | KM1 | Q0.0 |
|  | 长动 SB2 | I0.1 | 反转 | KM2 | Q0.1 |
| 反转 | 点动 SB3 | I0.2 |  |  |  |
|  | 长动 SB4 | I0.3 |  |  |  |
| 停车 | SB5 | I0.4 |  |  |  |
| 过载 | FR | I0.5 |  |  |  |

图 3-37 中的输出端，用了 KM1 和 KM2 两个常闭触点，在硬件上进行了互锁保护。

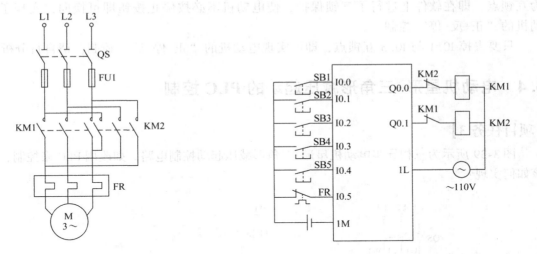

图 3-36　电气控制主电路　　　　图 3-37　PLC 控制系统的 I/O 分配图

**2. 软件设计**

根据要求，设计的电动机正、反向运行梯形图如图 3-38 所示。

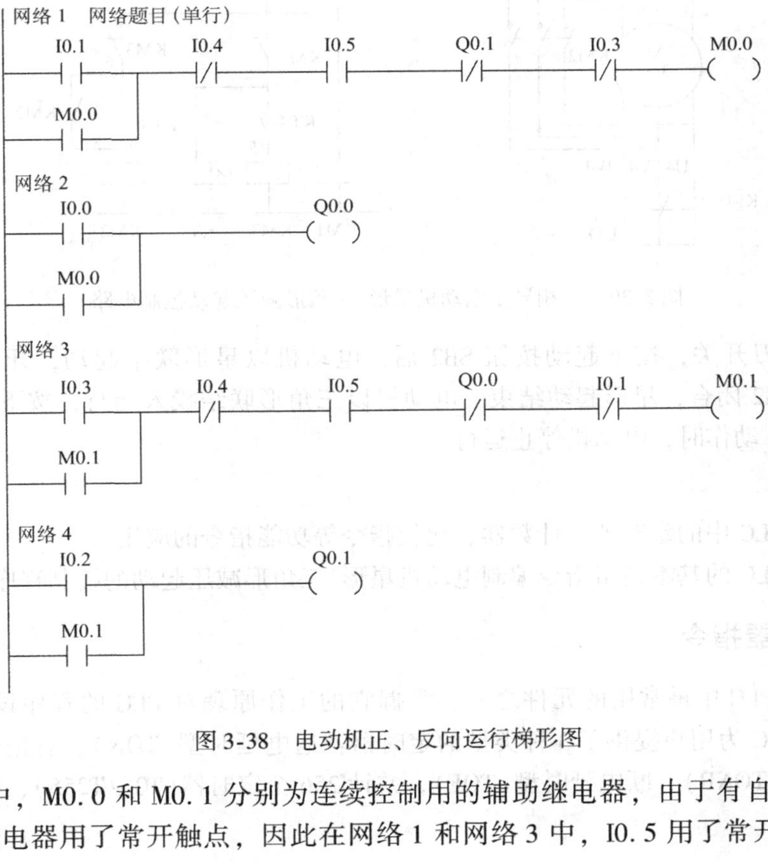

图 3-38　电动机正、反向运行梯形图

图 3-38 中，M0.0 和 M0.1 分别为连续控制用的辅助继电器，由于有自锁点，故可保持。由于热继电器用了常开触点，因此在网络 1 和网络 3 中，I0.5 用了常开触点。网络 1

和网络 3 中的 I0.1 的常闭触点与 I0.3 的常闭触点、Q0.1 的常闭触点与 Q0.0 的常闭触点为互锁点,即在软件上进行了互锁保护,使电动机不必按停止按钮即可换向,实现了电动机的"正–反–停"控制。

只要去掉 I0.1 与 I0.3 互锁点,即可实现电动机的"正–停–反"控制,请自行分析。

## 3.4 电动机星形–三角形减压起动的 PLC 控制

【项目任务 3】

图 3-39 所示为三相异步电动机星形–三角形减压起动控制电路。如改用 PLC 来控制,应该如何实现?

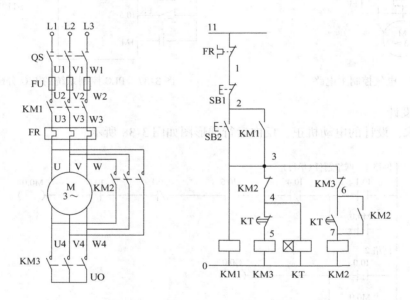

图 3-39 三相异步电动机星形–三角形减压起动控制电路

合上电源刀开关,按下起动按钮 SB2 后,电动机以星形联结起动,开始转动 5s 后,KM3 断电,KM2 闭合,星形起动结束,电动机以三角形联结投入运行,按下停止按钮 SB1 或热继电器 FR 动作时,电动机停止运行。

【任务目标】

1)掌握 PLC 中的定时器、计数器、比较指令等功能指令的应用。
2)会用 PLC 的基本逻辑指令编制电动机星形–三角形减压起动的控制程序。

### 3.4.1 定时器指令

定时器是 PLC 中最常用的元件之一,掌握它的工作原理对 PLC 的程序设计非常重要。S7-200 系列 PLC 为用户提供了 3 种类型的定时器:通电延时型(TON)、有记忆的通电延时型又称保持型(TONR)、断电延时型(TOF),共计 256 个定时器(T0 ~ T255),并且都为增量型定时器。

定时器的定时精度即分辨率(S)可分为3个等级：1ms、10ms 和 100ms，其类型和定时范围见表3-5。

表 3-5　定时器的类型及定时范围

| 定时器类型 | 分辨率/ms | 最大当前值/s | 定时器号 |
| --- | --- | --- | --- |
| TONR | 1 | 32.767 | T0，T64 |
| | 10 | 327.67 | T1～T4，T65～T68 |
| | 100 | 3276.7 | T5～T31，T69～T95 |
| TON、TOF | 1 | 32.767 | T32，T96 |
| | 10 | 327.67 | T33～T36，T97～T100 |
| | 100 | 3276.7 | T37～T63，T101～T255 |

定时器的定时时间计算为：$T = P_T \times S$。其中，$T$ 为实际定时时间，单位为 s；$P_T$ 为预置值输入端 PT 预置的值；$S$ 为分辨率。

**注意**：不能把一个定时器号同时用作 TON 和 TOF。例如：不能既有 TON32 又有 TOF32。

定时器指令格式见表3-6。

表 3-6　定时器指令格式

| LAD | STL | 功能、注释 |
| --- | --- | --- |
| Txxx —IN TON— —PT— | TON | 通电延时型 |
| Txxx —IN TONR— —PT— | TONR | 有记忆的通电延时型 |
| Txxx —IN TOF— —PT— | TOF | 断电延时型 |

表 3-6 LAD 指令符号中，IN 是使能输入端，编程范围 T0～T255；PT 是预置值输入端，最大预置值为 32767，PT 数据类型为 INT。PT 寻址范围是 VW、IW、QW、MW、SW、SMW、LW、AIW、T、C、AC、*AC、*VD、*LD 和常数。

**1. 通电延时型定时器**

使能端(IN)输入有效时，定时器开始计时，当前值从 0 开始递增，当大于或等于预置值(PT)时，定时器输出状态位置1(输出点有效)，当前值的最大值为 32767。

使能端输入无效(断开)时，定时器复位(当前值清零,输出状态位置0)。

**例 3-9**　通电延时型定时器指令程序应用及时序分析。

图 3-40 所示为通电延时型定时器指令程序的梯形图、语句表及时序图。

**2. 有记忆的通电延时型定时器**

当使能端(IN)输入有效(接通)时，定时器开始计时，当前值递增，当前值大于或等于预置值时，输出状态位置1。使能端输入无效(断开)时，当前值保持(记忆)，使能端

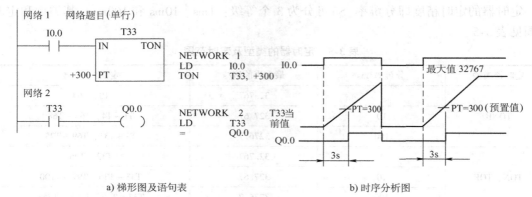

图 3-40 通电延时型定时器指令程序应用及时序分析

(IN)输入再次有效时,在记忆值的基础上递增计时。有记忆的通电延时型定时器(TONR)采用线圈的复位指令(R)进行复位操作,当复位线圈有效时,定时器当前值清零,输出状态位置 0。

**例 3-10** 有记忆的通电延时型定时器(TONR)指令程序应用及时序分析。

图 3-41 所示为有记忆的通电延时型定时器(TONR)指令程序的梯形图、语句表及时序图。

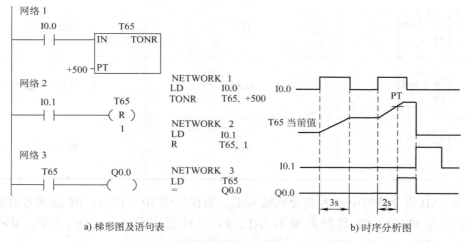

图 3-41 有记忆的通电延时型定时器指令程序应用及时序分析

### 3. 断电延时型定时器(TOF)

使能端(IN)输入有效时,定时器输出状态位立即置 1(即常开触点闭合,常闭触点断开),当前值复位(为 0)。使能端(IN)输入无效时,开始计时,当前值从 0 递增,当前值达到预置值时,定时器状态位复位为 0,并停止计时,当前值保持。

**例 3-11** 断电延时型定时器(TOF)指令程序应用及时序分析。

图 3-42 所示为断电延时型定时器(TOF)指令程序的梯形图、语句表及时序图。

### 4. 定时器正确使用示例

梯形图程序如图 3-43 所示,使用定时器本身的常闭触点作激励输入,希望经过延时产

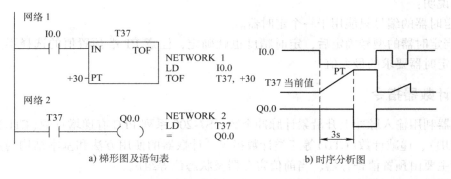

图 3-42　断电延时型定时器指令程序应用及时序分析

生一个机器扫描周期的时钟脉冲输出。定时器状态位置 1 时，依靠本身的常闭触点（激励输入）的断开使定时器复位，重新开始设定时间，进行循环工作。采用不同时基标准的定时器时，会有不同的运行结果，具体分析如下：

1）T32 为 1ms 时基定时器，每隔 1ms 定时器刷新一次当时值，CPU 当前值若恰好在处理常开触点和常闭触点之间被刷新，Q0.0 可以接通一个扫描周期，但这种情况出现的几率很小，一般情况下，不会正好在这时刷新。若在执行其他指令时，定时时间到，1ms 的定时刷新使定时器输出状态位置位，常闭触点断开，当前值复位，定时器输出状态立即复位，所以输出线圈 Q0.0 一般不会通电（ON）。

2）若将图 3-43 中定时器 T32 换成 T33，时基变为 10ms，当前值在每个扫描周期开始刷新，计时时间到，扫描周期开始时，定时器输出状态位置位，常闭触点断开，立即将定时器当前值清零，定时器输出状态位复位（为 0）。这样，输出线圈 Q0.0 永远不可能通电（ON）。

3）若将图 3-43 中定时器 T32 换成 T37，时基变为 100ms，当前指令执行时刷新，Q0.0 在 T37 计时时间到时准确地接通一个扫描周期，可以输出一个 OFF 时间为定时时间、ON 时间为一个扫描周期的时钟脉冲。

综上所述，用自身触点激励输入的定时器，时基为 1ms 和 10ms 时不能可靠工作，因此它们一般不使用本身触点作为激励输入。若将图 3-43 改成图 3-44，则无论何种时基都能正常工作。

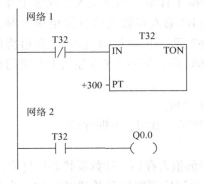

图 3-43　自身激励输入

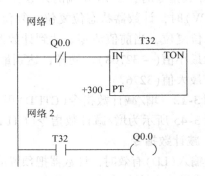

图 3-44　非自身激励输入

指令说明:
1) 定时器的编号只能用于一个定时器。
2) 当定时器的型号确定后,定时精度也就确定,注意 PT 端预置值的选择不要使定时时间超过定时器要求的最大值。

### 3.4.2 计数器指令

计数器利用输入脉冲上升沿累计脉冲个数,S7-200 系列 PLC 有递增计数(CTU)、增/减计数(CTUD)、递减计数(CTD)等三类计数指令。计数器的使用方法和基本结构与定时器基本相同,主要由预置值寄存器、当前值寄存器及状态位等组成。

计数器的梯形图指令符号为指令盒形式,指令格式见表 3-7。

表 3-7 计数器指令格式

| LAD | | | STL | 功　能 |
|---|---|---|---|---|
| ????<br>―CU　CTU<br>―R<br>????―PV | ????<br>―CD　CTD<br>―LD<br>????―PV | ????<br>―CU　CTUD<br>―CD<br>―R<br>????―PV | CTU | 增计数器 |
| | | | CTD | 减计数器 |
| | | | CTUD | 增/减计数器 |

梯形图指令符号中的 CU 为增 1 计数脉冲输入端;CD 为减 1 计数脉冲输入端;R 为复位脉冲输入端;LD 为减计数器的复位脉冲输入端。编程范围为 C0 ~ C255;PV 预置值最大值为 32767;PV 数据类型为 INT,寻址范围为 VW、IW、QW、MW、SW、SMW、LW、AIW、T、C、AC、*VD、*AC、*LD 和常数。

**1. 递增计数指令**

递增计数指令在 CU 端输入脉冲的上升沿,计数器的当前值增 1。当前值大于或等于预置值(PV)时,计数器状态位置 1,当前值累加的最大值为 32767。复位脉冲输入端(R)输入有效时,计数器状态位复位(置 0),当前计数值清零。

**2. 增/减计数指令**

增/减计数器有两个脉冲输入端,其中 CU 端用于递增计数,CD 端用于递减计数。执行增/减计数指令时,CU/CD 端的计数脉冲上升沿增 1/减 1 计数。当前值大于或等于计数器预置值(PV)时,计数器状态位复位。复位脉冲输入端(R)输入有效或执行复位指令时,计数器状态位复位,当前值清零。达到计数器最大值 32767 后,下一个 CU 输入上升沿将使计数值变为最小值( -32768)。同样,达到最小值( -32768)后,下一个 CD 输入上升沿将使计数值变为最大值(32767)。

例 3-12　增/减计数指令(CTUD)程序应用及时序分析。

图 3-45 所示为增/减计数指令(CTUD)程序的梯形图、语句表及时序图。

**3. 减计数指令**

当输入(LD)有效时,计数器把预置值(PV)装入当前值寄存器,计数器状态位复位(置 0)。当 CD 端每一个输入脉冲上升沿来时,减计数器的当前值从预置值开始递减计数,当前值等于 0 时,计数器状态位置位(置 1),停止计数。

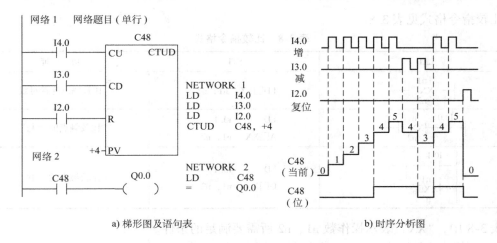

a) 梯形图及语句表　　　　　　　　b) 时序分析图

图 3-45　增/减计数指令程序应用及时序分析

**例 3-13**　减计数指令应用程序及时序分析。

图 3-46 所示为减计数指令程序的梯形图、语句表及时序图。

程序运行分析：减计数器在计数脉冲 I3.0 的上升沿开始减 1 计数，当前值从预置值开始减至 0 时，计数器输出状态位置 1，Q0.0 通电（置 1）。在装载输入脉冲 I1.0 的上升沿，计数器状态位置 0（复位），当前值等于预置值，为下次计数工作做准备。

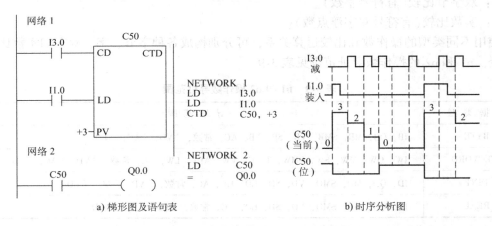

a) 梯形图及语句表　　　　　　　　b) 时序分析图

图 3-46　减计数指令程序应用及时序分析

指令说明：

1) 计数器的编号只能用于一个计数器。

2) 当计数器的型号确定之后，注意 PV 值的选择不要使计数数值超过计数器要求的最大值。

### 3.4.3　比较指令

比较指令应用于两个操作数大小的比较。操作数可以是整数，也可以是实数（浮点数）。在梯形图中用带参数和运算符的触点表示比较指令，比较条件满足时，触点闭合，否则断开。梯形图程序中，比较触点可以装入，也可以串联或并联。

比较指令格式见表3-8。

表3-8 比较指令格式

| LAD | STL | 功 能 |
|---|---|---|
| ─┤XX□├─ n1/n2 | LD□XX n1, n2 | 比较触点连接母线 |
| I0.0 n1<br>─┤├─┤XX□├─ n2 | LD I0.1<br>A□XX n1, n2 | 比较触点的"与" |
| I0.1<br>─┤├─<br>┤XX□├─ n1/n2 | LD I0.1<br>O□XX n1, n2 | 比较触点的"并" |

表3-8中,"XX"表示操作数n1、n2所需要满足的条件。

==：等于比较,当n1 = n2时,触点闭合。

>=：大于等于比较,当n1≥n2时,触点闭合。

<=：小于等于比较,当n1≤n2时,触点闭合。

□：表示操作数n1、n2的操作类型及范围。

B：字节比较(无符号整数)。

W：字的比较(有符号整数)。

D：双字节比较(有符号整数)。

R：实数比较(有符号双字浮点数)。

使用不同类型的操作数和比较运算关系,可分别构成各种字节、字、双字和实数比较运算指令。n1和n2的操作数寻址范围见表3-9。

表3-9 n1和n2操作数寻址范围

| 数 据 类 型 | 寻 址 范 围 |
|---|---|
| BYTE | IB, QB, MB, SMB, VB, SB, LB, AC, 常数, *VD, *AC, *LD |
| INT/WORD | IW, QW, MW, SW, SMW, T, C, VW, AIW, LW, AC, 常数, *VD, *AC, *LD |
| DINT | ID, QD, MD, SMD, VD, SD, LD, HC, AC, 常数, *VD, *AC, *LD |
| REAL | ID, QD, MD, SMD, VD, SD, LD, AC, 常数, *VD, *AC, *LD |

注：输出(OUT)操作数寻址范围不含常数项,*VD表示间接寻址。

**例3-14** 比较指令应用程序。

图3-47所示为比较指令应用程序的梯形图及语句表。

比较指令有整数和实数两种数据类型的比较。整数类型的比较指令包括无符号数的字节比较和有符号数的整数比较、双字比较。整数比较的数据范围为8000H～7FFFH,双字比较的数据范围为80000000H～7FFFFFFFH。实数(32位浮点数)比较的数据范围：负实数范围为 -1.175495E-38 ～ -3.402823E+38,正实数范围为 +1.175495E-38 ～ +3.402823E+38。

## 3.4.4 取非和空操作指令

取非和空操作指令格式见表3-10。

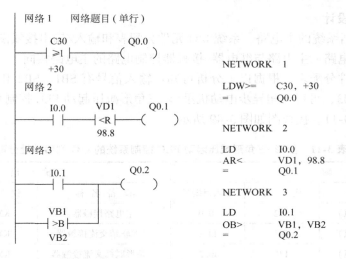

图 3-47 比较指令应用程序的梯形图及语句表

表 3-10 取非和空操作指令格式

| LAD | STL | 功　能 |
|---|---|---|
| ─┤NOT├─ | NOT | 取非 |
| ─┤NOP├─ N | NOP　N | 空操作指令 |

### 1. 取非指令

取非指令(NOT)，指对存储器位的取非操作，用来改变能流的状态。梯形图指令用触点形式表示，触点左侧为 1 时，右侧为 0，能流不能到达右侧，输出无效。反之，触点左侧为 0 时，右侧为 1，能流可以通过触点向右传递。

### 2. 空操作指令

空操作指令(NOP)起到增加程序容量的作用。使能量输入有效时，执行空操作指令，将稍微延长扫描周期长度，不影响用户程序的执行，不会使能流输出断开。

操作数 N 为执行空操作指令的次数，N 为 0~225。

**例 3-15** 取非和空操作指令应用程序。

图 3-48 所示为取非和空操作指令应用程序的梯形图及语句表。

语句表中 AENO 表示串联，梯形图转换成语句表时自动生成。

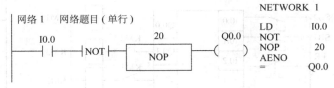

图 3-48 取非和空操作指令应用程序的梯形图及语句表

## 3.4.5 电动机星形-三角形减压起动的 PLC 控制(边学边做)

### 1. 输入/输出信号分析

根据电动机星形-三角形减压起动控制系统的任务描述，输入信号有起动按钮 SB2、停止按钮 SB1 和热继电器 FR 三个输入点，输出信号有控制电动机转动的接触器 KM1、KM2 和 KM3 三个输出点。

## 2. 系统硬件设计

硬件设计包括系统的主电路、系统 I/O 元件分配表和输入/输出接线图。

（1）系统主电路　主电路与继电器-接触器控制电路的主电路相同。

（2）系统元件分配表　根据以上分析可知：输入信号有 SB1、SB2 和 FR，输出信号有 KM1、KM2 和 KM3，可得三相异步电动机星形-三角形减压起动 PLC 控制系统的 I/O 端口地址分配表，见表 3-11。接线图如图 3-49 所示。

表 3-11　星形-三角形减压起动 PLC 控制系统的 I/O 端口地址分配

| 输入 | | | 输出 | | |
|---|---|---|---|---|---|
| 设备名称 | 代号 | 输入点编号 | 设备名称 | 代号 | 输出点编号 |
| 起动按钮(常闭触点) | SB2 | I0.0 | 主电路接触器 | KM1 | Q0.0 |
| 停止按钮(常开触点) | SB1 | I0.1 | 星形联结交流接触器 | KM3 | Q0.1 |
| 热继电器(常闭触点) | FR | I0.2 | 三角形联结交流接触器 | KM2 | Q0.2 |

## 3. 系统软件设计

根据三相异步电动机星形-三角形减压起动的控制要求，按下起动按钮 SB2，主电路和星形联结接触器得电，即 Q0.0、Q0.1 得电，异步电动机接成星形减压起动，同时定时器得电，延时时间到，Q0.1 失电、Q0.2 得电，电动机接成三角形正常运行，设计的梯形图如图 3-50 所示。

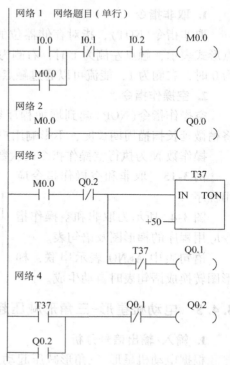

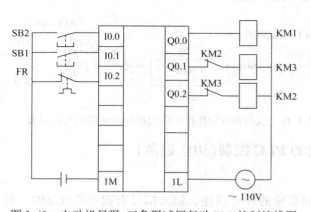

图 3-49　电动机星形-三角形减压起动 PLC 控制接线图　　图 3-50　电动机星形-三角形减压起动梯形图

## 3.4.6 电动机正反转循环 PLC 的控制(边学边做)

**【项目任务 4】**

使电动机按如下要求动作:

电动机正转 3s,暂停 2s,反转 3s,暂停 2s,如此循环 5 个周期,然后自动停止。运行中,可按停止按钮停止,热继电器动作也应停止。

**【任务目标】**

1) 掌握 PLC 的梯形图中定时器和计数器的使用。
2) 会用 PLC 的基本逻辑指令编制电动机正反转循环的控制程序。

### 1. I/O 分配及接线图

表 3-12 中列出了电动机正反转循环 PLC 控制系统的 I/O 端口地址分配情况,接线图如图 3-51 所示。

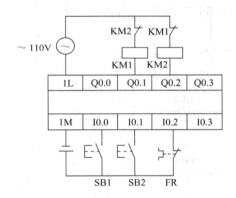

图 3-51 I/O 接线图

表 3-12 电动机正反转循环 PLC 控制系统的 I/O 端口地址分配

| 输入 | | | 输出 | | |
| --- | --- | --- | --- | --- | --- |
| 设备名称 | 代号 | 输入点编号 | 设备名称 | 代号 | 输出点编号 |
| 起动按钮<br>(常开触点) | SB1 | I0.0 | 正转接触<br>器线圈 | KM1 | Q0.1 |
| 停止按钮<br>(常开触点) | SB2 | I0.1 | 反转接触<br>器线圈 | KM2 | Q0.2 |
| 热继电器<br>(常闭触点) | FR | I0.2 | | | |

### 2. 梯形图

根据要求所设计的梯形图如图 3-52 所示。

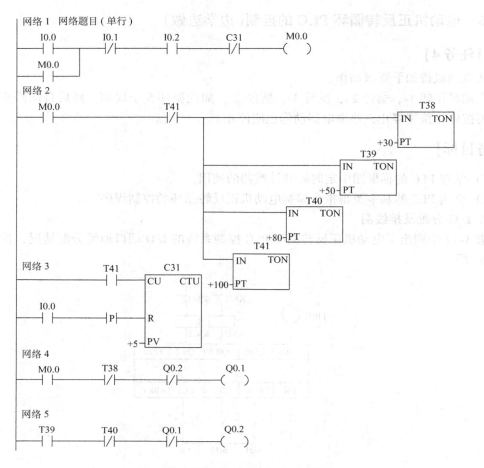

图 3-52 电动机正反转循环梯形图

## 3.5 自动往返运行的 PLC 控制

### 【项目任务 5】

在某机床工作台的自动往返运动控制过程中，左端为原位，工作台在左右两端间来回运动，并且当工作台运行到行程的两端时均停留 1s 再返回。要求工作台连续工作。当按下停止按钮时，工作台在完成当前周期后回到原位，然后再停止。根据要求，如何进行 PLC 设计？

### 【任务目标】

1) 掌握 PLC 顺序控制指令的编程方法。
2) 会用 PLC 的顺序控制指令编制工作台的自动往返运动的控制程序。

### 3.5.1 顺序控制

梯形图和语句表简单易懂，但不适于一些复杂的控制程序，尤其是顺序控制程序。因此，产生了一种符合 IEC1131-3 标准的顺序功能图语言。所谓顺序功能图，是描述控制系的控制过程、功能和特性的一种图形语言,专用于编制顺序控制程序。

顺序控制,就是按照生产工艺的流程顺序,在各个输入信号及内部元器件的作用下,使各个执行机构自动有序地运行。顺序控制指令可以将顺序功能流程图转换成梯形图程序,功能流程图是设计梯形图程序的基础。

**1. 功能流程图简介**

功能流程图是按照顺序控制的工艺过程,将程序的执行分成各个程序步,每一步由进入条件、程序处理、转换条件和程序结束等4部分组成。通常用顺序控制继电器位S0.0~S31.7代表程序的状态步。一个3步循环步进的功能流程图如图3-53所示,该图中1、2、3分别代表程序3步状态,程序执行到某步时,该步状态位置1,其余为0。步进条件又称为转换条件,有逻辑条件、时间条件等。

**2. 顺序控制指令**

顺序控制用3条指令描述程序的顺序控制步进状态,指令格式见表3-13。

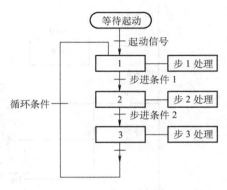

图3-53 循环步进的功能流程图

(1) 顺序步开始指令(LSCR)  当顺序控制继电器位Sx.y=1时,该程序步执行。

(2) 顺序步转移指令(SCRT)  当使能输入有效时,将本顺序步的顺序控制继电器位清零,下一步顺序控制继电器位置1。

(3) 顺序步结束指令(SCRE)  SCRE为顺序步结束指令,顺序步的处理程序在LSCR和SCRE之间。

表3-13 顺序控制指令格式

| LAD | STL | 功　　能 |
| --- | --- | --- |
| ???<br>─┤SCR├─ | LSCR　Sx.y | 步开始 |
| ???<br>───(SCRT) | SCRT　Sx.y | 步转移 |
| ───(SCRE) | SCRE | 步结束 |

**例3-16** 根据图3-54所示功能流程图,编制红、绿灯顺序显示控制程序,步进条件为时间步进。

根据图3-54所示功能流程图可知,状态步的处理为亮红灯、熄绿灯,同时启动定时器;步进条件满足时(时间到)进入下一步,关断上一步。编制的梯形图程序如图3-55所示。

工作原理分析:当I0.1输入有效时,启动S0.0,执行程序的第一步,输出点Q0.0置1(点亮红灯),Q0.1复位(熄灭绿灯),同时启动定时器T37。经过2s,步进转移指令使得S0.1置1、S0.0置0,程序进入第二步执行,输

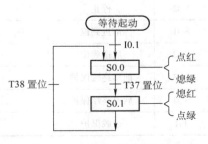

图3-54 红、绿灯顺序显示流程图

出点 Q0.0 复位(熄灭红灯)、Q0.1 置 1(点亮红灯)，同时启动定时器 T38。经过 2s，步进转移指令使得 S0.0 置 0、S0.1 置 1，程序进入第一步执行。如此周而复始，循环工作。

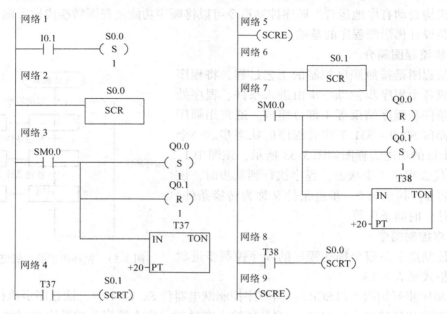

图 3-55　红、绿灯顺序显示梯形图

### 3.5.2　自动往返运行的 PLC 控制

**1. 系统输入/输出信号分析**

本任务输入信号有起动按钮 SB1、停止按钮 SB2、热继电器 FR、前进限位 SQ1、前进终端限位 SQ3、后退限位 SQ2 和后退终端限位 SQ4 等 7 个输入点，输出信号有控制电动机正转的接触器 KM1 和反转的接触器 KM2。

**2. 系统硬件设计**

1) I/O 分配见表 3-14。

表 3-14　I/O 分配表

| 输入信号 | | | 输出信号 | | |
|---|---|---|---|---|---|
| 名　称 | 功　能 | 输入继电器编号 | 名　称 | 功　能 | 输出继电器编号 |
| SB1 | 起动 | I0.0 | KM1 | 前进 | Q0.0 |
| SB2 | 停止 | I0.1 | KM2 | 后退 | Q0.1 |
| SQ1 | 前进到位 | I0.2 | | | |
| SQ2 | 后退到位 | I0.3 | | | |
| SQ3 | 前端终端保护 | I0.4 | | | |
| SQ4 | 后退终端保护 | I0.5 | | | |
| FR | 过载保护 | I0.6 | | | |

2）工作台自动往返控制 PLC 接线图如图 3-56 所示。

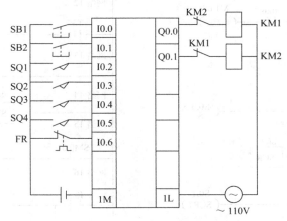

图 3-56　工作台自动往返控制 PLC 接线图

**3. 系统软件设计**

根据任务描述知，本系统具有明显的时序性，采用状态转移图进行设计比较方便。图 3-57 所示为本系统的状态转移图。根据状态转移图可画出如图 3-58 所示的梯形图。

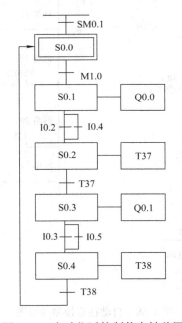

图 3-57　自动往返控制状态转移图

## 3.5.3　交通灯自动运行的 PLC 控制

**【项目任务 6】**

按下起动按钮，交通灯系统按图 3-59 所示要求开始工作（绿灯闪烁的周期为 1s）；按下停止按钮，所有信号灯熄灭。

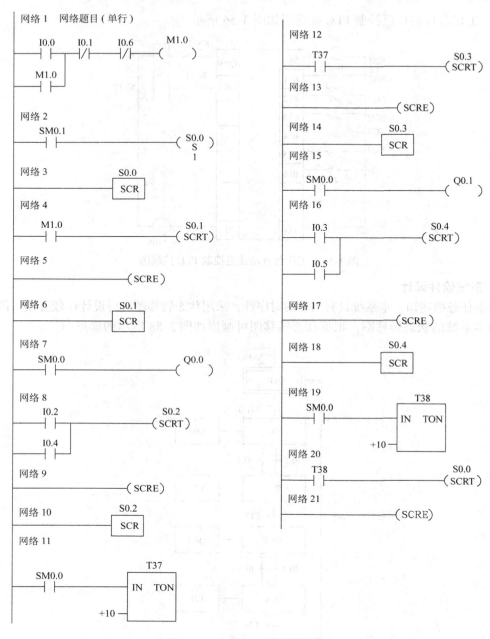

图 3-58 自动往返控制梯形图

图 3-59 交通灯自动运行的动作要求

## 【任务目标】

1) 进一步熟悉 PLC 顺序控制指令的编程方法。
2) 会用 PLC 的顺序控制指令编制交通灯自动运行的控制程序。

### 1. 硬件设计

（1）I/O 分配　I/O 分配见表 3-15。

表 3-15　I/O 分配表

| 输入信号 | | | 输出信号 | | |
|---|---|---|---|---|---|
| 名称 | 功能 | 输入继电器编号 | 名称 | 功能 | 输出继电器编号 |
| SB1 | 起动按钮 | I0.0 | HL1 | 东西向绿灯 | Q0.0 |
| SB2 | 停止按钮 | I0.1 | HL2 | 东西向黄灯 | Q0.1 |
|  |  |  | HL3 | 东西向红灯 | Q0.2 |
|  |  |  | HL4 | 南北向绿灯 | Q0.3 |
|  |  |  | HL5 | 南北向黄灯 | Q0.4 |
|  |  |  | HL6 | 南北向红灯 | Q0.5 |

（2）PLC 外部端子接线图　PLC 外部端子接线图如图 3-60 所示。

### 2. 软件设计

（1）系统流程图　交通灯 PLC 控制流程图如图 3-61 所示。
（2）梯形图　交通灯 PLC 控制梯形图如图 3-62 所示。

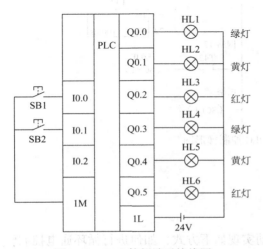

图 3-60　PLC 外部端子接线图

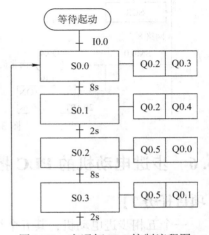

图 3-61　交通灯 PLC 控制流程图

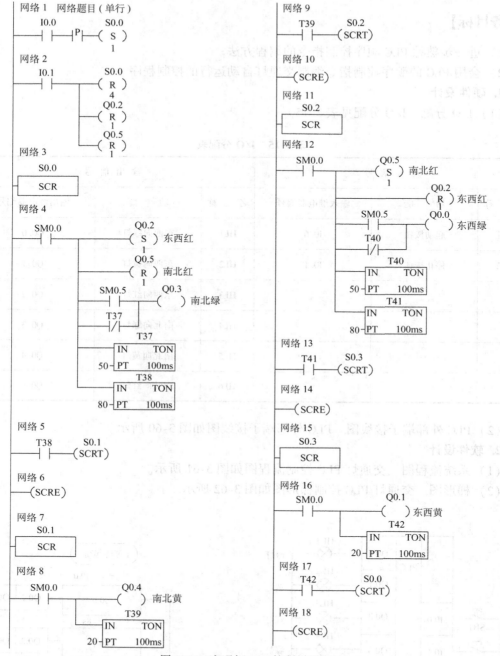

图 3-62 交通灯 PLC 控制梯形图

## 3.6 步进电动机的 PLC 控制

### 【项目任务 7】

一个五相步进电动机，其五个绕组依次自动实现如下方式，如何进行循环通电控制？

第一步：A—B—C—D—E。

第二步：A—AB—BC—CD—DE—EA。
第三步：AB—ABC—BC—BCD—CD—CDE—DE—DEA。
第四步：EA—ABC—BCD—CDE—DEA。

**【任务目标】**

1）熟悉 PLC 算术运算、数据传送及移位指令等的编程方法。
2）对步进电动机有一个初步了解。
3）会用 PLC 的算术运算顺序控制指令编制五相步进电动机的控制程序。

### 3.6.1 算术运算指令

算术运算指令包括加、减、乘、除运算和常用的数学函数变换。

**1. 加、减运算**

加、减运算指令是对有符号数的加、减运算，双整数加、减运算和实数加减运算。

（1）加、减运算指令格式　加、减运算 6 种指令的梯形图指令格式见表 3-16。

表 3-16　加、减运算指令格式

| LAD | 功　能 |
|---|---|
| ADD_I　ADD_DI　ADD_R | IN1 + IN2 = OUT |
| SUB_I　SUB_DI　SUB_R | IN1 − IN2 = OUT |

梯形图加、减运算指令采用指令盒格式，指令盒由指令类型、使能端 EN、操作数（IN1、IN2）输入端、运算结果输出 OUT、逻辑结果输出端 ENO 等组成。

（2）指令类型和运算关系

1）整数加、减运算（ADD I、SUB I）。使能 EN 输入有效时，将两个单字长（16 位）有符号整数（IN1 和 IN2）相加、减，然后将运算结果送 OUT 指定的存储器单元输出。

2）双整数加、减运算（ADD DI、SUB DI）。使能 EN 输入有效时，将两个双字长（32 位）有符号整数（IN1 和 IN2）加、减，运算结果送 OUT 指定的存储器单元输出。

3）实数加、减运算（ADD R、SUB R）。使能 EN 输入有效时，将两个双字长（32 位）有符号实数 IN1 和 IN2 相加、减，运算结果送 OUT 指定的存储器单元输出。

（3）加、减运算操作数 IN1、IN2、OUT 的数据类型　加、减运算操作数 IN1、IN2、OUT 的数据类型为 INT、DINT、REAL。

（4）对标志位的影响　加、减运算指令影响特殊标志的算术状态位 SM1.0～SM1.2，并建立指令盒能流输出 ENO。

1）算术状态位（特殊标志位）SM1.0（零）、SM1.1（溢出）、SM1.2（负）：SM1.1 用来指示溢出错误和非法值。如果 SM1.0 和 SM1.2 的状态无效，则原始操作数不变。如果 SM1.1 不置位，则 SM1.0 和 SM1.2 的状态反映算术运算的结果。

2) ENO(能流输出位)：当输入使能 EN 有效，运算结果无效时，ENO = 1，否则 ENO = 0 (出错或无效)。使能流输出 ENO 断开的出错条件：溢出错误标志位 SM1.1 为 1，间接寻址错误(错误代号 0006)，运行时间编程错误，状态位 SM4.3 为 1。

**例 3-17** 求 2000 加 100 的和，2000 在数据存储器 VW100 中，结果存入 VW200。图 3-63 所示为求和的梯形图及语句表。

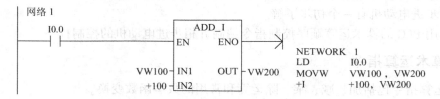

图 3-63 例 3-17 图

### 2. 乘、除运算

乘、除运算是对有符号数的乘法运算和除法运算，包括整数乘、除运算，双整数乘、除运算，整数乘、除双整数输出运算和实数乘、除运算等。

(1) 乘、除运算指令格式　乘、除运算指令格式见表 3-17。

表 3-17　乘、除运算指令格式

| LAD | 功　能 |
|---|---|
| MUL_I / MUL_DI / MUL / MUL_R | 乘法运算 |
| DIV_I / DIV_DI / DIV / DIV_R | 除法运算 |

乘、除运算指令采用同加、减运算类似的指令盒格式。指令分为 MUL I、DIV I(整数乘、除运算)，MUL DI、DIV DI(双整数乘、除运算)，MUL、DIV(整数乘、除双整数输出)，MUL R、DIV R(实数乘、除运算) 8 种类型。

LAD 指令执行的结果：

① 乘法 IN1 × IN2 = OUT

② 除法 IN1/IN2 = OUT

## (2) 指令功能分析

1) 整数乘、除法指令（MUL I、DIV I）。使能输入 EN 有效时，将两个单字长(16位)有符号整数 IN1 和 IN2 相乘、除，产生一个双字节长(16位)整数结果，从 OUT(积、商)指定的存储器单元输出。

2) 双整数乘、除法指令有效时，将两个双字长(32位)符号整数 IN1 和 IN2 相乘、除，产生一个双字长(32位)整数结果，从 OUT(积、商)指定的存储器单元输出。

3) 整数乘、除双整数输出指令（MUL、DIV）。使能输入 EN 有效时，将两个单字长(16位)有符号整数 IN1 和 IN2 相乘、除，产生一个双字长(32位)整数结果，从 OUT(积、商)指定的存储器单元输出。整数除法产生的32位结果中低16位是商，高16位是余数。

4) 实数乘、除法指令（MUL R、DIV R）。使能输入 EN 有效时，将两个双字节(32位)有符号实数 IN1 和 IN2 相乘、除，产生一个双字长(32位)实数结果，从 OUT(积、商)指定的存储器单元输出。

(3) 操作数寻址范围 IN1、IN2、OUT 操作数的数据类型，根据乘、除法运算指令功能分为 INT(WORD)、DINT、REAL。

(4) 乘、除运算对标志位的影响

1) 乘、除运算的结果影响算术状态位（特殊标志位）：SM1.0(零)、SM1.1(溢出)、SM1.2(负)、SM1.3(被0除)。

乘法运算过程中，若 SM1.1(溢出错误标志位)被置位，就不写输出结果，并且所有其他的算术状态均为0。整数乘法产生双整数指令输出不会产生溢出。

2) 使能流输出 ENO = 0 断开的出错条件是：溢出错误标志位 SM1.1 为 1，运行时间编程错误，状态位 SM4.3 为 1，间接寻址错误（错误代码 0006）。

**例 3-18** 分别求 20 乘以 100 及 100 除以 5，并将积的结果放在 VD100 中，商的结果放在 VD200 中。初始时 AC1 的内容为 20，VD100 的内容为 100，VD200 的内容为 5。

图 3-64 所示为其乘、除法指令的梯形图及语句表。

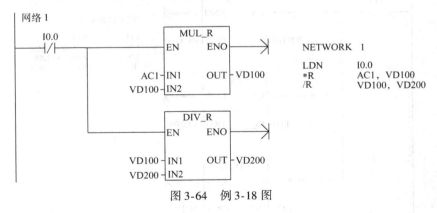

图 3-64 例 3-18 图

### 3.6.2 数学函数变换指令

数学函数变换指令包括平方根、自然对数、指数、三角函数等几个常用的函数指令。

**1. 二次方根、自然对数、指数指令**

二次方根、自然对数、指数指令格式及功能见表 3-18。

表3-18 二次方根、自然对数、指数指令格式及功能

| LAD | STL | 功　能 |
|---|---|---|
| SQRT<br>EN ENO<br>???? IN OUT ???? | SQRT IN, OUT | 求二次方根指令<br>SQRT(IN) = OUT |
| LN<br>EN ENO<br>???? IN OUT ???? | LN IN, OUT | 求自然对数指令<br>LN(IN) = OUT |
| EXP<br>EN ENO<br>???? IN OUT ???? | EXP IN, OUT | 求指数指令<br>EXP(IN) = OUT |

（1）二次方根指令　二次方根指令(SQRT)是把一个双字长(32位)的实数开二次方，得到32位的实数运算结果，通过OUT指定的存储器单元输出。

（2）自然对数指令　自然对数指令(LN)是将输入的一个双字长(32位)实数的值取自然对数，得到32位的实数运算结果，通过OUT指定的存储器单元输出。

当求解以10为底的常用对数时，用实数除法指令将自然对数除以2.302585即可(LN10≈2.302585)。

**例3-19**　求以10为底的150的常用对数，150存于VD100中，结果放到AC1中(应用对数的换底公式求解 $\log_{10}150 = \ln150/\ln10$ )。

图3-65所示为其梯形图及语句表。

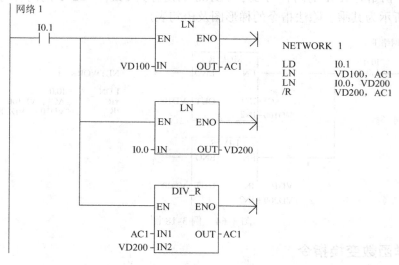

图3-65　例3-19图

（3）指数指令　指数指令(EXP)是将一个双字长(32位)实数IN的值取以e为底的指数，得到32位的实数运算结果，通过OUT指定的存储器单元输出。

该指令可与自然对数指令相配合，完成以任意数为底、任意数为指数的计算。可以利用

指数函数求解任意函数的 x 次方($y^x = e^{x\ln y}$)。

例如：7 的 4 次方 = EXP[4 * LN(7)] = 2401

8 的 3 次方根 = $8^{1/3}$ = EXP[LN(8) * (1/3)] = 2

### 2. 三角函数

三角函数运算指令包括正弦(SIN)、余弦(COS)和正切(TAN)指令。三角函数指令是把一个双字长(32 位)的实数弧度值 IN 分别取正弦、余弦、正切，得到 32 位的实数运算结果，通过 OUT 指定存储器单元输出。三角函数运算指令格式见表 3-19。

表 3-19 三角函数运算指令格式

| LAD | STL | 功　能 |
|---|---|---|
| SIN / COS / TAN 指令盒 | SIN IN, OUT<br>COS IN, OUT<br>TAN IN, OUT | SIN(IN) = OUT<br>COS(IN) = OUT<br>TAN(IN) = OUT |

例 3-20　求 65°的正切值。

图 3-66 所示为其梯形图及语句表。

数学函数变换指令对标志位的影响及操作数的寻址范围如下：

1) 二次方根、自然对数、指数、三角函数运算指令执行的结果影响特殊存储器位：SM1.0(零)、SM1.1(溢出)、SM1.2(负)、SM1.3(被 0 除)。

2) 使能流输出 ENO = 0 的错误条件是：溢出错误标志位 SM1.1 为 1、运行时间编程错误，状态位 SM4.3 为 1、间接寻址错误(错误代码 0006)。

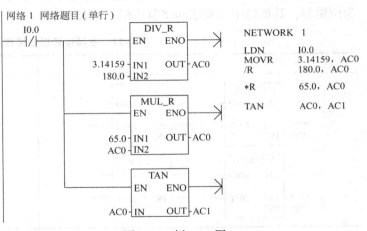

图 3-66　例 3-20 图

3) IN、OUT 操作数的数据类型为 REAL。

### 3. 增 1、减 1 计数

增 1、减 1 计数器用于自增、自减操作，以实现累加计数和循环控制等程序的编制。梯形图为指令盒格式，增 1、减 1 指令操作数长度可以是字节(无符号数)、字或双字(有符号数)。指令格式见表 3-20。

表 3-20　增 1、减 1 计数指令格式

| LAD | 功　能 |
|---|---|
| INC_B / INC_W / INC_DW<br>DEC_B / DEC_W / DEC_DW | 字节、字、双字增1<br>字节、字、双字减1<br>IN1 + 1 = OUT<br>IN1 - 1 = OUT |

(1) 字节增1、减1　字节增1、减1指令(INC B、DEC B)用于使能输入有效时,把一个字节的无符号输入数 IN 加1、减1,得到一个字节的运算结果,通过 OUT 指定的存储器单元输出。

(2) 字增1、减1　字增1(INC W)、减1(DEC W)指令,用于使能输入有效时,将单字长有符号输入数 IN 端加1、减1,得到一个字的运算结果,通过 OUT 指定的存储器单元输出。

(3) 双字增1、减1　双字增1、减1(INC DW、DEC DW)指令用于使能输入有效时,将双字长有符号输入数 IN 加1、减1,得到双字的运算结果,通过 OUT 指定的存储器单元输出。

IN、OUT 操作数的数据类型为 DINT。

### 4. 逻辑运算指令

逻辑运算是对无符号数进行的逻辑处理,包括逻辑与、逻辑或、逻辑异或和取反等运算指令。按操作数长度可分为字节、字和双字逻辑运算。

IN1、IN2、OUT 操作数的数据类型:B、W、DW。下面以字节操作逻辑运算指令格式为例讲解,其他的字和双字同字节相似,见表3-21。

表3-21　逻辑运算指令格式

| LAD | 功　能 |
| --- | --- |
| WAND_B　EN ENO　????–IN1 OUT–????　????–IN2　　WOR_B　EN ENO　????–IN1 OUT–????　????–IN2　　WXOR_B　EN ENO　????–IN1 OUT–????　????–IN2　　INV_B　EN ENO　????–IN OUT–???? | 与、或、异或、取反 |

(1) 逻辑与指令　逻辑与指令(WAND)包括字节(B)、字(W)、双字(DW)3种数据长度的与操作指令。

逻辑与指令功能:使能输入有效时,把两个字节(字、双字)长的逻辑输入数按位相与,得到一个字节(字、双字)的逻辑运算结果,送到 OUT 指定的存储器单元输出。

(2) 逻辑或指令　逻辑或指令(WOR)包括字节(B)、字(W)、双字(DW)3种数据长度的或操作指令。

逻辑或指令功能:使能输入有效时,把两个字节(字、双字)长的逻辑输入数按位相或,得到一个字节(字、双字)的逻辑运算结果,送到 OUT 指定的存储器单元输出。

(3) 逻辑异或指令　逻辑异或指令(WXOR)包括字节(B)、字(W)、双字(DW)3种数据长度的异或操作指令。

逻辑异或指令功能:使能输入有效时,把两个字节(字、双字)长的逻辑输入数按位相异或,得到一个字节(字、双字)的逻辑运算结果,送到 OUT 指定的存储器单元输出。

(4) 取反指令　取反指令(INV)包括字节(B)、字(W)、双字(DW)3种数据长度的取反操作指令。

取反指令功能：使能输入有效时，将一个字节(字、双字)长的逻辑数按位取反，得到一个字节(字、双字)的逻辑运算结果，送到 OUT 指定的存储器单元输出。

**例 3-21** 字或、双字异或、字求反、字节与操作编程举例。

图 3-67 所示为字或、双字异或、字求反、字节与操作的梯形图及语句表。

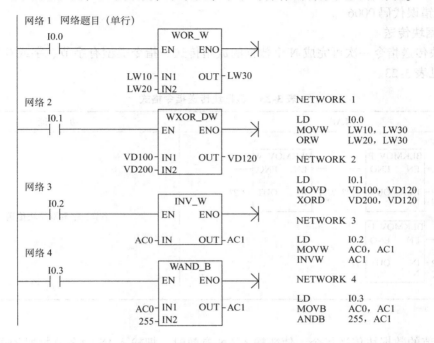

图 3-67 例 3-21 图

### 3.6.3 数据传送

完成数据传送的指令有字节、字、双字和实数的单个传送指令，还有以字节、字、双字为单位的数据块的成组传送指令，用来实现各存储器单元之间数据的传送和复制。

**1. 单个数据传送**

单个传送指令一次完成一个字节、字或双字的传送。指令格式见表 3-22。

表 3-22 单个数据传送指令格式

| LAD | STL | 功能 |
| --- | --- | --- |
| MOV_B / MOV_W / MOV_DW | MOV IN, OUT | IN = OUT |

功能：使能流输入 EN 有效时，把一个输入 IN 单字节无符号数、单字长或双字长有符号数送到 OUT 指定的存储器单元输出。

IN、OUT 操作数的数据类型分别为 B、W、DW。

使能流输出 ENO=0 断开的出错条件是：运行时间编程错误，标志位 SM4.3 为 1，间接寻址错误（错误代码 0006）。

**2. 数据块传送**

数据块传送指令一次可完成 N 个数据的成组传送。指令类型有字节、字或双字等 3 种。指令格式见表 3-23。

表 3-23 数据块传送指令格式

| LAD | 功　　能 |
| --- | --- |
| BLKMOV_B　BLKMOV_W　BLKMOV_D | 字节、字和双字块传送 |

功能：

1) 字节的数据块传送指令。使能输入 EN 有效时，把输入 IN 的字节数据传送到输出字节 OUT 开始的 N 个字节的存储区中。

2) 字的数据块传送指令。使能输入 EN 有效时，把输入 IN 字开始的 N 个字的数据传送到输出字 OUT 开始的 N 个字的存储区中。

3) 双字的数据块传送指令。使能输入 EN 有效时，把输入 IN 双字开始的 N 个双字的数据传送到输出双字 OUT 开始的 N 个双字的存储区中。

**3. 传送指令的数据类型和断开条件**

IN、OUT 操作数的数据类型分别为 B、W、DW；N(BYTE) 的数据范围为 0~255；IN、OUT 操作数的寻址范围见 S7-200 系统手册。

使能流输出 ENO=0 断开的出错条件是：运行时间编程错误，标志位 SM4.3 为 1，间接寻址错误（错误代码 0006），操作数超界（代码 0091）。

**例 3-22** 将变量存储器 VW100 中内容送到 VW200 中。

图 3-68 所示为传送指令梯形图。

图 3-68 传送指令梯形图

## 3.6.4 字节变换、填充指令

字节变换、填充指令格式见表 3-24。

## 第3章 典型机床的PLC控制

表3-24 字节变换、填充指令格式

| LAD | | STL | 功能 |
|---|---|---|---|
| SWAP<br>EN  ENO<br>???? — IN | FILL_N<br>EN  ENO<br>???? — IN  OUT — ????<br>???? — N | SWAP IN<br>FILL IN, OUT, N | 字节交换<br>字填充 |

**1. 字节变换指令**

字节变换指令(SWAP)用来实现字的高、低字节内容交换的功能。

使能输入 EN 有效时,将输入 IN 的高、低字节交换的结果输出到 OUT 指定的存储器单元。IN、OUT 操作数的数据类型为 INT(WORD)。

使能流输出 ENO = 0 断开的出错条件是:运行时间编程错误,标志位 SM4.3 为 1,间接寻址错误(错误代码 0006)。

**2. 字填充指令**

字填充指令(FILL)是当使能输入 EN 有效时,用字输入数据 IN 填充从输出 OUT 指定单元开始的 N 个字存储单元。N(BYTE)的数据范围为 0~255。

IN、OUT 操作数的数据类型为 INT(WORD)。

使能流输出 ENO = 0 断开的出错条件是:运行时间编程错误,标志位 SM4.3 为 1,间接寻址错误(错误代码 0006),操作数超界(代码 0091)。

**例 3-23** 将从 VW100 开始的 256 个字节(128 个字)存储单元清零。

图 3-69 所示为字节填充指令的梯形图和语句表。

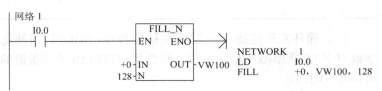

图 3-69 例 3-23 图

### 3.6.5 移位指令

移位指令是使字节数据、位组合的字数据向指定方向循环、移位的指令,分为左、右移位和循环左、右移位及寄存器移位指令三大类。移位指令最大移位位数 N≤数据类型(B、W、DW)对应的位数,移位位数(次数)N 为字节型数据。

**1. 左、右移位指令**

左、右移位指令,数据存储单元与 SM1.1(溢出)端相连,移出位被放到特殊标志存储器 SM1.1 位。移位数据存储单元的另一端补 0。移位指令格式见表 3-25。

表3-25 移位指令格式

| LAD | | | 功能 |
|---|---|---|---|
| SHL_B<br>EN  ENO<br>???? — IN  OUT — ????<br>???? — N | SHL_W<br>EN  ENO<br>???? — IN  OUT — ????<br>???? — N | SHL_DW<br>EN  ENO<br>???? — IN  OUT — ????<br>???? — N | 字节、字、双字左移 |
| SHR_B<br>EN  ENO<br>???? — IN  OUT — ????<br>???? — N | SHR_W<br>EN  ENO<br>???? — IN  OUT — ????<br>???? — N | SHR_DW<br>EN  ENO<br>???? — IN  OUT — ????<br>???? — N | 字节、字、双字右移 |

（1）左移位指令　左移位指令（SHL）是当使能输入有效时，将输入的字节、字或双字 IN 左移 N 位（右端补 0），结果输出到 OUT 所指定的存储单元中，最后一次移出位保存在 SM1.1。

（2）右移位指令　右移位指令（SHR）是当使能输入有效时，将输入的字节、字或双字 IN 右移 N 位，结果输出到 OUT 所指定的存储单元中，最后一次移出位保存在 SM1.1。

**2. 循环左、右移位**

循环移位是将移位数据存储单元的首尾相连，同时又与溢出标志 SM1.1 连接，SM1.1 用来存放被移出的位。指令格式见表 3-26。

表 3-26　循环移位指令格式

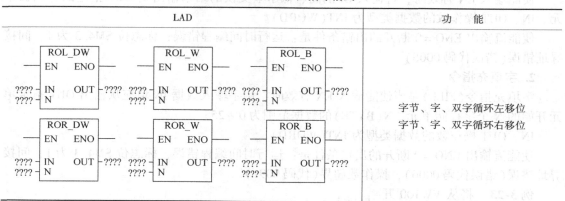

| LAD | 功　能 |
| --- | --- |
|  | 字节、字、双字循环左移位<br>字节、字、双字循环右移位 |

（1）循环左移位指令　循环左移位指令（ROL）是当使能输入有效时，将输入的字节、字或双字 IN 数据循环左移 N 位，将结果输出到 OUT 所指定的存储单元中，并将最后一次移出位送 SM1.1。

（2）循环右移位指令　循环右移位指令（ROR）是当使能输入有效时，将输入的字节、字或双字 IN 数据循环右移 N 位，将结果输出到 OUT 所指定的存储单元中，并将最后一次移出位送 SM1.1。

（3）左右移位、循环移位指令对标志位、ENO 的影响及操作数的寻址范围

1）移位指令影响的特殊存储器位：SM1.0（零）；SM1.1（溢出）。如果移位操作使数据变为 0，则 SM1.0 置位。

2）使能流输出 ENO = 0 断开的出错条件是：运行时间编程错误，标志位 SM4.3 为 1，间接寻址错误（错误代码 0006）。

3）N、IN、OUT 操作数的数据类型为 B、W、DW。

**例 3-24**　将 VD0 右移 2 位送 AC0。

图 3-70 所示为右移指令的梯形图和语句表。

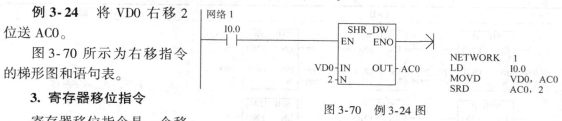

图 3-70　例 3-24 图

**3. 寄存器移位指令**

寄存器移位指令是一个移位长度可指定的移位指令。寄存器移位指令格式见表 3-27。

表 3-27 寄存器移位指令格式

| LAD | STL | 功 能 |
|---|---|---|
| 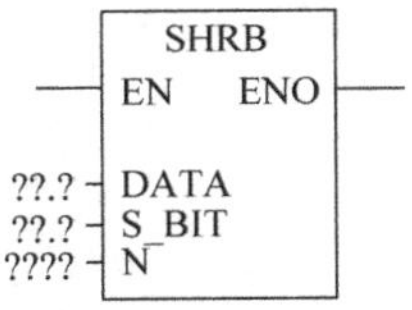 SHRB<br>EN　ENO<br>??.?─DATA<br>??.?─S_BIT<br>????─N | SHRB DATA, S_BIT, N | 寄存器移位 |

梯形图中 DATA 为数值输入,指令执行时将该位的值移入寄存器。S_BIT 为寄存器的最低位。N 个移位寄存器的长度为 1~64,N 为正值时左移位(由低位到高位),DATA 值从 S_BIT 位移入,移出位进入 SM1.1;N 为负值时右移位(由高位到低位),S_BIT 移出到 SM1.1,另一端补充 DATA 移入位的值。每次使能输入有效时,整个移位寄存器移动 1 位。

计算式子"[N 的绝对值 -1 + (S_BIT 的位号)]/8"的商和余数可以计算出"移位寄存器"最高位地址(MSB.b),式子余数即是最高位的位号(.b),商与 S_BIT 字节号之和即是最高位的字节号(MSB)。如:

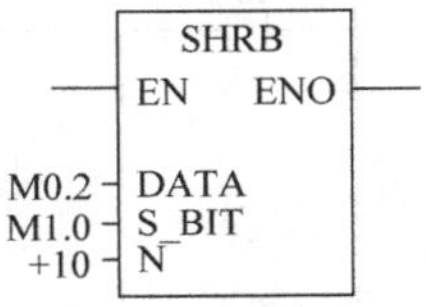

```
     SHRB
    EN  ENO
M0.2─DATA
M1.0─S_BIT
 +10─N
```

经计算,它的最高位的值应该为 M2.1。

使能流输出 ENO = 0 断开的出错条件是:运行时间编程错误,标志位 SM4.3 为 1,间接寻址错误(错误代码 0006),操作数超界(代码 0091),计数区错误(代码 0092)。

### 3.6.6 步进电动机的 PLC 控制

**1. 输入/输出信号分析**

根据步进电动机控制系统的任务描述,输入信号有起动开关 1 个,输出信号有 A 相、B 相、C 相、D 相和 E 相 5 个。

**2. 系统硬件设计**

(1) I/O 分配表　I/O 分配表见表 3-28。

表 3-28 I/O 分配表

| 输入信号 | | 输出信号 | |
|---|---|---|---|
| 名　称 | 编　号 | 名　称 | 编　号 |
| 起动开关 | I0.0 | A 相 | Q0.1 |
| | | B 相 | Q0.2 |
| | | C 相 | Q0.3 |
| | | D 相 | Q0.4 |
| | | E 相 | Q0.5 |

(2) I/O 接线图　I/O 接线图如图 3-71 所示。

**3. 系统软件设计**

梯形图如图 3-72 所示。

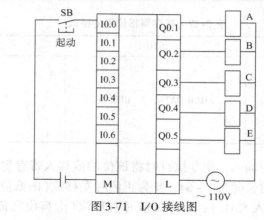

图 3-71 I/O 接线图

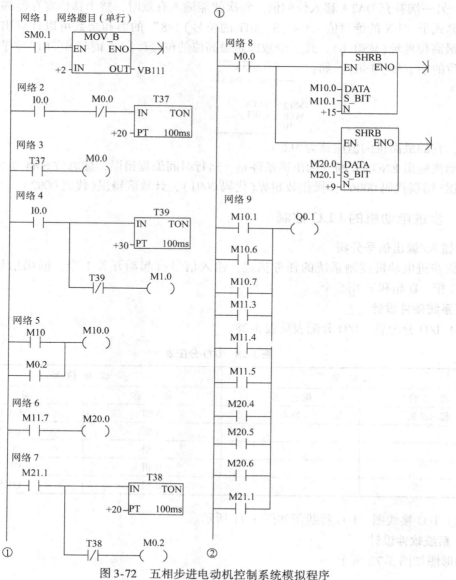

图 3-72 五相步进电动机控制系统模拟程序

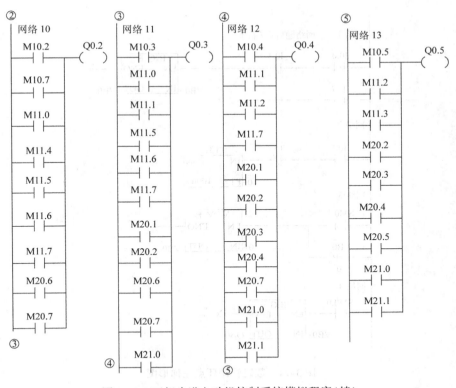

图 3-72 五相步进电动机控制系统模拟程序（续）

### 3.6.7 数码管循环点亮的 PLC 控制

### 【项目任务 8】

用功能指令设计一个数码管循环点亮的控制系统，其控制要求如下：

1) 手动时，每按 1 次按钮数码管显示数值加 1，由 0~9 依次点亮，并实现循环。

2) 自动时，每隔 1s 数码管显示数值加 1，由 0~9 依次点亮，并实现循环。

### 【任务目标】

1) 掌握 PLC 的增 1 指令、减 1 指令及传送指令的编程方法。

2) 会用 PLC 的功能指令编制数码管循环点亮的控制程序。

**1. I/O 分配及接线图**

I0.0：手动按钮，I0.1：自动按钮。

Q0.0~Q0.6：数码管 a、b、c、d、e、f、g。

I/O 接线图如图 3-73 所示。

**2. 梯形图**

梯形图如图 3-74 所示，程序中 SEG 指令为 7 段码指令。

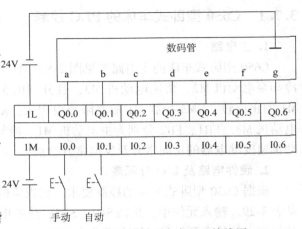

图 3-73 数码管循环点亮 I/O 接线图

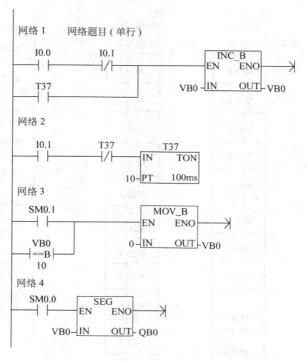

图 3-74 数码管循环点亮梯形图

## 3.7 典型机床的 PLC 控制

【任务目标】

1) 回顾第 2 章中各典型机床的主要运动形式及电气控制要求。
2) 进一步理解各典型机床的继电器–接触器控制电路。
3) 理解并能读懂各典型机床的 PLC 控制硬件及软件图。

### 3.7.1 C650 型卧式车床的 PLC 控制

**1. 主电路**

C650 型卧式车床的主电路参见图 2-8 的 1~6 区,其中有 3 台电动机,即主电动机 M1、冷却泵电动机 M2、快速电动机 M3,且分别由 5 个接触器控制。KM1、KM2 控制主电动机 M1 的正反转,KM3 控制 M1 短路限流电阻 $R$;KM4 控制冷却泵电动机 M2;KM5 控制快速电动机 M3。FR1、FR2 分别为主电动机 M1、冷却泵 M2 的热保护元件;KS-1、KS-2 为主电动机速度继电器的正向常开及反向常开触点。

**2. 硬件电路及 I/O 分配表**

根据 C650 型卧式车床的控制要求,该机床的输入信号共有 11 个点,输出信号 5 个点,见表 3-29。输入元件中,按钮 SB1、SB5,热继电器 FR1、FR2,这 4 个点接入常闭触点,而其他接入的是常开触点。输出元件中 KM1、KM2 接触器互锁。选用 I/O 点数为 24 点(14 点输入/10 点输出)的 CPU224 型 PLC 即能够满足要求,I/O 接口如图 3-75 所示,输出电源用 110V 交流电。

表 3-29 I/O 分配表

| 输 入 信 号 | I 点 | 输 出 信 号 | O 点 |
|---|---|---|---|
| M1 停止按钮 SB1 | I0.0 | 主轴电动机 M1 正转接触器 KM1 | Q0.0 |
| M1 点动按钮 SB2 | I0.1 | 主轴电动机 M1 反转接触器 KM2 | Q0.1 |
| M1 正转起动按钮 SB3 | I0.2 | 短路限流电阻 R 接触器 KM3 | Q0.2 |
| M1 反转起动按钮 SB4 | I0.3 | 冷却泵电动机起停接触器 KM4 | Q0.3 |
| 冷却泵电动机停止按钮 SB5 | I0.4 | 快速电动机起停接触器 KM5 | Q0.4 |
| 冷却泵电动机起动按钮 SB6 | I0.5 | | |
| M1 过载热继电器 FR1 | I0.6 | | |
| M2 过载热继电器 FR2 | I0.7 | | |
| 速度继电器(M1 正转常开)触点 | I1.0 | | |
| 速度继电器(M1 反转常开)触点 | I1.1 | | |
| 快速移动的限位开关 SQ | I1.2 | | |

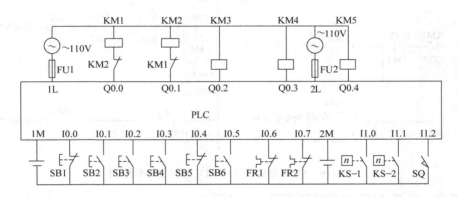

图 3-75 C650 型卧式车床 I/O 接口图

### 3. PLC 程序

根据 C650 型卧式车床的动作要求,编制其 PLC 控制程序梯形图,如图 3-76 所示。

(1) 主电动机控制 Q0.0(KM1)、Q0.1(KM2)、Q0.3(KM3) 程序中,用了4个辅助继电器,即 M0.1、M0.2、M0.3、M0.4。其中,M0.1、M0.2 分别为主电动机正、反转起动辅助继电器,具有保持(自锁)功能;M0.3 为正、反转辅助继电器(此继电器可以去掉,直接用 M0.1、M0.2 并联即可);M0.4 为制动辅助继电器,在其自锁点中用了 Q0.0(KM1)、Q0.1(KM2)互锁,表示按停止按钮 I0.0(SB1)时,松手后能自锁(因为此时 KM1、KM2 都断电了,即 Q0.0、Q0.1 的常闭触点使 M0.4 自锁保持)。用 M0.4 控制定时器 T37(反接制动延时)。反接制动开始后,当 KM1(或 KM2)接通时,M0.4 断掉。

例如,正转控制 Q0.0(KM1),有 3 个支路:

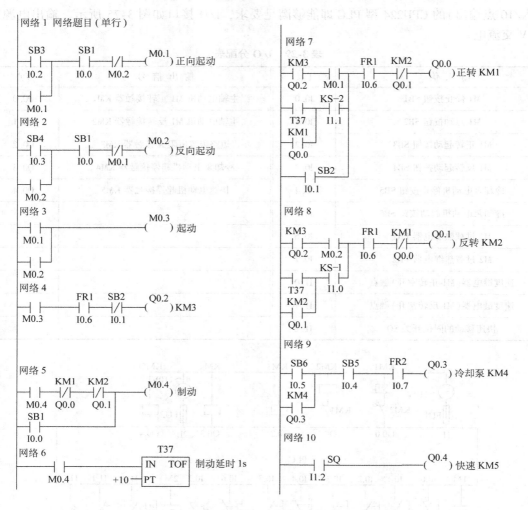

图 3-76　C650 型卧式车床 PLC 控制程序梯形图

1) 点动：由 I0.1(SB2)的通断控制，无自锁。

2) 起动：由辅助继电器 M0.1 及 Q0.2(KM3)共同控制。

3) 反转的反接制动：假设电动机原来反转运行，则 I1.1(KS-2)闭合。当按下 I0.0 (SB1)时，制动辅助继电器 M0.4 接通，延时 1s 时间后，此支路接通，使 Q0.0 接通并自锁。当主电动机转速降到 100r/min 时，KS-2 断开，I1.1 断开，此时 Q0.0(KM1)断开，反接制动结束。

Q0.1(KM2)为反转控制，与正转相同，只是少了一个点动控制。

(2) 冷却泵电动机控制 Q0.3(KM3)　起动用 I0.5(SB5)，停止用 I0.6(SB6)。I0.7 (FR2)起过载保护作用，可以将 FR2 硬件触点直接串入 PLC 硬件回路 KM4、KM5 的公共处，这样可以省去一个输入点。

(3) 快速移动控制 Q0.4(KM4)　I1.2(SQ)点动即可。

(4) 其他　冷却、联锁和辅助控制过程分析(略)。

### 3.7.2 Z3040 型摇臂钻床的 PLC 控制

**1. 主电路**

Z3040 型摇臂钻床的主电路参见图 2-13 的 1~8 区，共有 4 台电动机，即主电动机 M1、摇臂升降电动机 M2、液压泵 M3、冷却泵 M4，分别由 5 个接触器控制：KM1 控制主电动机，KM2、KM3 控制摇臂上升，KM4、KM5 控制液压泵进出油，以实现摇臂、主轴箱及立柱的夹紧与松开。FR1、FR2 为主电动机 M1、液压泵 M3 的热保护元件。

**2. 硬件电路及 I/O 分配表**

根据 Z3040 型摇臂钻床的控制要求，该机床的输入信号有 11 个点，输出信号 9 个点，见表 3-30。SQ1、SQ5 是限位开关，用常闭触点。输出回路中，有两种电源，即控制接触器和电磁阀的交流 110V 和控制指示灯的交流 6V 电源。热继电器串接在其保护的电动机所对应的接触器硬件回路中。选用 I/O 点数为 24 点（14 点输入/10 点输出）的 CPU224 型 PLC 即能够满足要求，I/O 接口如图 3-77 所示，输出电源用 110V 交流电，信号灯用 6V 交流电。

表 3-30 I/O 分配表

| 输入信号 | I 点 | 输出信号 | O 点 |
|---|---|---|---|
| M1 停止按钮 SB1 | I0.1 | 主轴电动机 M1 起动接触器 KM1 | Q0.1 |
| M1 起动按钮 SB2 | I0.2 | 摇臂上升接触器 KM2 | Q0.2 |
| 摇臂上升按钮 SB3 | I0.3 | 摇臂下降接触器 KM3 | Q0.3 |
| 摇臂下降按钮 SB4 | I0.4 | 松开接触器 KM4 | Q0.4 |
| 主轴箱、立柱松开按钮 SB5 | I0.5 | 夹紧接触器 KM5 | Q0.5 |
| 主轴箱、立柱夹紧按钮 SB6 | I0.6 | 电磁阀 YA | Q0.6 |
| 摇臂下降限位开关 SQ5 | I1.0 | 松开指示灯 HL1 | Q1.1 |
| 摇臂上升限位开关 SQ1 | I1.1 | 夹紧指示灯 HL2 | Q1.2 |
| 摇臂松开到位开关 SQ2 | I1.2 | 主电动机运转指示灯 HL3 | Q1.3 |
| 摇臂夹紧到位开关 SQ3 | I1.3 | | |
| 主轴箱、立柱夹紧到位开关 SQ4 | I1.4 | | |

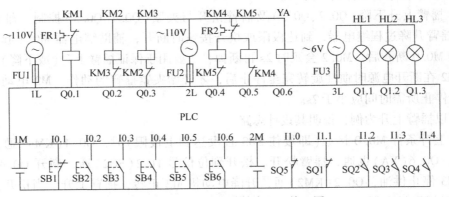

图 3-77 Z3040 型摇臂钻床 I/O 接口图

注意：如果电磁阀的工作电流大于 PLC 的负载电流（一般为 2A），可以外加一个继电器 KA，用 Q0.6 的输出点先驱动继电器，再用 KA 的触点控制电磁阀（在此没有画出）。

### 3. PLC 程序

根据 Z3040 型摇臂钻床的控制要求，编制其 PLC 控制梯形图，如图 3-78 所示。

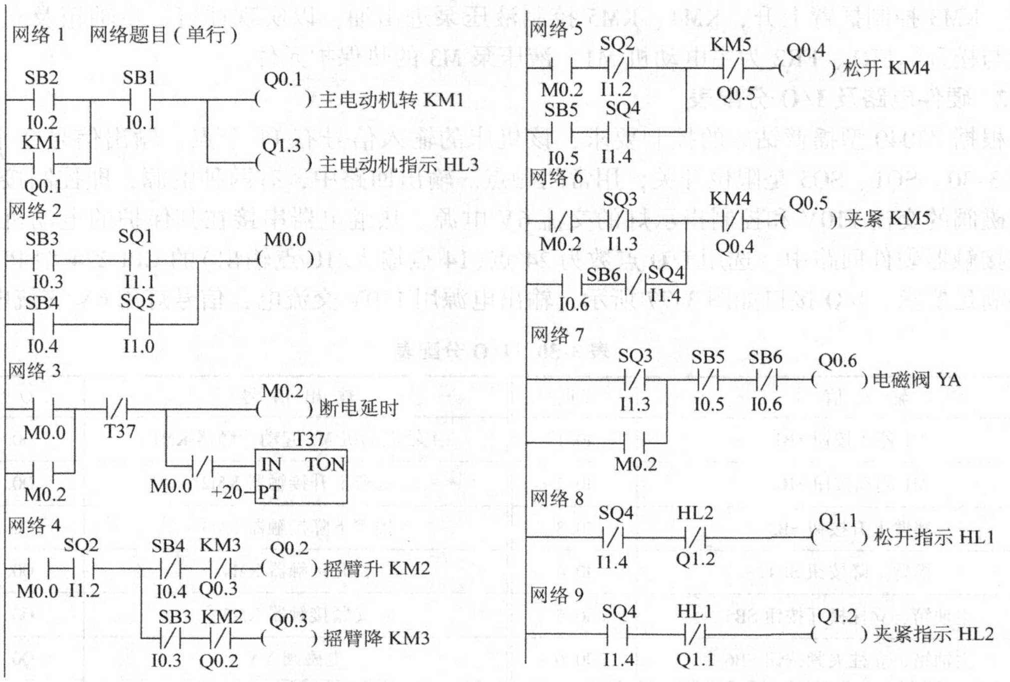

图 3-78 Z3040 型摇臂钻床的 PLC 控制梯形图

（1）主轴电动机控制 Q0.1（KM1） 起动用 I0.2（SB2），停止用 I0.1（SB1）。按下 I0.2 时，Q0.1（KM1）、Q1.3（HL3）接通，KM1 控制主轴电动机全电压起动旋转、指示灯 HL3 亮。由于 FR1 串入 KM1 硬件回路中，省去了一个输入点。按下 SB1，I0.1 断开，Q0.1、Q0.3 断开，主轴电动机停转，灯灭。

（2）摇臂上升下降（Q0.2、Q0.3）及摇臂松开与夹紧（Q0.4、Q0.5）控制 辅助继电器 M0.0 是摇臂升降过程继电器，到达极限或松开按钮时断开；辅助继电器 M0.2 起断电延时作用，即 M0.0 断开后，M0.2 会延时 2s 再断掉，主要用于保证摇臂上升（或下降）时，升降电动机 M2 在断开电源时惯性旋转完全停止后，才开始夹紧摇臂的动作。M2 电动机断开电源到完全停止所需时间应小于 2s。

下面以摇臂上升为例，说明其设计思路。

摇臂上升条件 M0.0 接通（即按住 SB3 且没达到上极限）时，Q0.4（KM4）通，液压泵 M3 正转；Q0.6（YA）也通，摇臂松开。松开到位信号 I1.2（SQ2）通，断开 Q0.4（KM4），液压泵 M3 停止供油，Q0.2（KM2）通，升降电动机 M2 正转，摇臂上升。当松开按钮或到上极限时（辅助继电器 M0.0 断开），定时器 T37 计时，2s 后，辅助继电器 M0.2 断开，接通 Q0.5(KM5)，摇臂夹紧。夹紧到位信号 I1.3(SQ3) 复位，则 I1.3 常闭触点断开，使 Q0.5(KM5) 断开，液压泵 M3 停止，避免长期供油；此时 Q0.6(YA) 也断开。工作时序如图 3-79 所示。

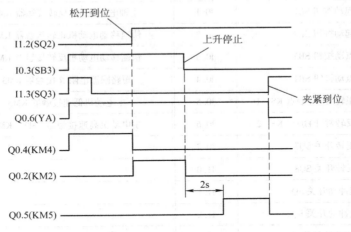

图 3-79　Z3040 型摇臂钻床的工作时序图

此外，在选择主轴箱或立柱的放松、夹紧手动控制时，用 I0.5(SB5) 或 I0.6(SB6) 实现。

摇臂下降控制过程类似，其程序分析省略。

（3）主轴箱或立柱松开指示灯 Q1.1(HL1)、夹紧指示灯 Q1.2(HL2)　主轴箱及立柱在平时是夹紧的，SQ4 被压，I0.4 通，夹紧指示灯 Q1.2(HL2) 通（亮）；松开到位时，SQ4 释放，Q1.1(HL1) 通（亮）；两者是互锁的。

冷却、联锁和辅助控制过程分析略。

### 3.7.3　TSPX619 型卧式镗床的 PLC 控制

**1. 主电路**

TSPX619 型卧式镗床的主电路参见图 2-15 的 1～5 区，其中有 2 台电动机，即主轴电动机 M1 和快速电动机 M2。主轴电动机有高、低速两档，由变速手柄 SQ 控制。低速时，KM6 导通的前提是正转 KM1 或反转 KM2 接通。KM3 起短接限流电阻 $R$ 的作用，在正转或反转时接通，在点动和反接制动时断开；点动和反接制动是在低速下进行的。快速电动机 M2 只有点动，没有自锁。FR 为主电动机 M1 的热保护元件；KS-1、KS-2 为速度继电器的正向常开触点及反向常开触点。

**2. 硬件电路及 I/O 分配表**

根据 TSPX619 型卧式镗床的控制要求，该机床的输入信号有 17 个点，输出信号有 7 个点，见表 3-31。Q0.6 输出点驱动 2 个负责主电动机高速运转的接触器 KM7、KM8。I0.5、I0.6 接速度继电器的正转、反转常开触点，电动机正转时，I0.5 闭合，为正转反接制动做准备。选用 I/O 点数为 40 点的 CPU224 型 PLC 即能够满足要求。I/O 接口图如图 3-80 所示。

表 3-31　I/O 分配表

| 输入信号 | I 点 | 输出信号 | O 点 |
|---|---|---|---|
| M1 反接制动按钮 SB6 | I0.0 | 主轴电动机 M1 正转接触器 KM1 | Q0.0 |
| M1 正转起动按钮 SB1 | I0.1 | 主轴电动机 M1 反转接触器 KM2 | Q0.1 |
| M1 反转起动按钮 SB2 | I0.2 | 快速移动电动机正转接触器 KM4 | Q0.2 |
| M1 正向点动按钮 SB3 | I0.3 | 快速移动电动机反转接触器 KM5 | Q0.3 |
| M1 反向点动按钮 SB4 | I0.4 | 短路限流电阻 R 接触器 KM3 | Q0.4 |
| 速度继电器(M1 正转常开)触点 KS-1 | I0.5 | 主电动机低速接触器 KM6 | Q0.5 |
| 速度继电器(M1 反转常开)触点 KS-2 | I0.6 | 主电动机高速接触器 KM7、KM8 | Q0.6 |
| M2 快速正转开关 SQ7 | I0.7 | | |
| M2 快速反转开关 SQ8 | I1.0 | | |
| 主运动变速冲动开关 SQ1 | I1.1 | | |
| 主运动变速冲动开关 SQ2 | I1.2 | | |
| 进给运动变速冲动开关 SQ3 | I1.3 | | |
| 进给运动变速冲动开关 SQ4 | I1.4 | | |
| 主轴箱、工作台进给联锁开关 SQ5 | I1.5 | | |
| 主轴、平旋盘滑块进给联锁开关 SQ6 | I1.6 | | |
| 变速限位开关 SQ | I1.7 | | |

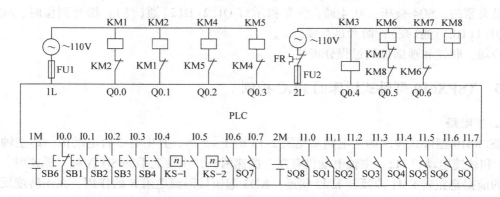

图 3-80　TSPX619 型卧式镗床 I/O 接口图

急停按钮 SB5 和电源指示 HL 不经过 PLC 的 I/O 接口。SB5 的常闭触点直接接入交流 110V 控制电路中进行急停控制；HL 直接接到交流 6.3V 电路指示机床带电情况。

### 3. PLC 程序

TSPX619 型卧式镗床的动作复杂，互锁关系较多，因此在程序编制时要多用辅助继电器，其 PLC 控制梯形图如图 3-81 所示。

梯形图中用了 6 个辅助继电器。M0.1 为联锁保护继电器。由于镗床每次只能一个坐标运动，因此，若选择了工作台(或主轴箱)的移动(SQ5 复位)，同时又选择主轴(或平旋盘滑

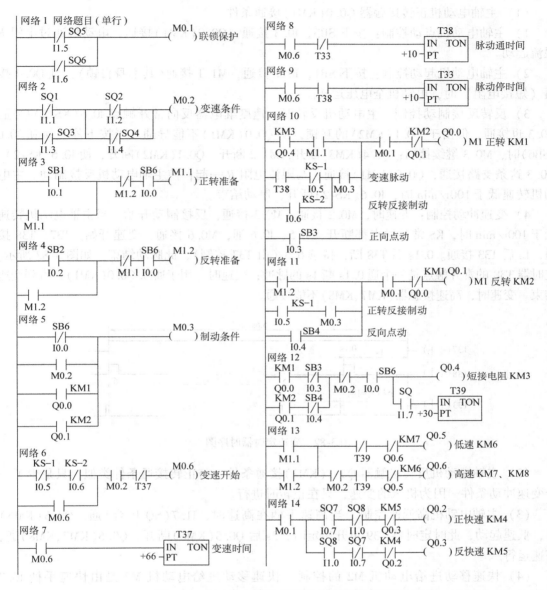

图 3-81 TSPX619 型卧式镗床 PLC 控制梯形图

块)运动(SQ6 复位)时,M0.1 断开。M0.2 为变速条件,即主运动变速(SQ1、SQ2 同时复位)或进给运动变速(SQ3、SQ4 同时复位)时,M0.2 接通;若两种运动变速同时选择,则 M0.2 断开。M1.1、M1.2 分别为正、反转辅助继电器,具有自锁保持功能。M0.3 为制动辅助继电器,停车(按下 SB6,I0.0 常闭触点接通)、选择变速(M0.2 通)以及主电动机正、反时,此触点接通,可在主电动机反接制动时起作用。M0.6 为变速控制辅助继电器,由于电动机变速只能在电动机转速低于 100r/min 或停止时进行,所以靠 I0.5(KS-1)、I0.6(KS-2)的常闭触点接通,且变速时间控制在一定时间内(如 6.6s,最多脉动 6 次),由 T37 控制。梯形图中用了 4 个定时器,T39(2s)为高速延时定时器;T37 为变速时间定时器(6.6s);T38(1s)、T33(0.1s)为主轴脉动时间控制定时器。

(1) 主轴电动机正转接触器 Q0.0(KM1)接通条件

1) 主轴电动机点动控制:按下 SB3,I0.3 接通,Q0.0(KM1)接通,电动机通过电阻 R 限流起动。

2) 主轴电动机起动控制:按下 SB1,I0.1 接通,M1.1 接通(其本身自锁),且 Q0.4 接通(短接电阻)时,电动机全电压运转。

3) 反转反接制动控制:主电动机反转时,速度继电器反向常开触点 I0.6(KS-2)接通,M0.3 也接通,但由于 Q0.1(KM2)的互锁,使 Q0.0(KM1)不能导通。当按下停止按钮 I0.0(SB6)时,M0.3 继续接通;Q0.4(KM3)断开,M1.2 断开,Q0.1(KM2)断开,使 I0.6(KS-2)、M0.3 这条支路接通,Q0.0(KM1)接通,与限流电阻 R 一起,使主轴电动机反接制动。主电动机转速低于 100r/min 时,I0.6(KS-2)断开,制动结束。

4) 变速冲动控制:变速时,M0.2 接通,M0.3 接通,反接制动开始。当主轴电动机转速低于 100r/min 时,KS 常开触点都断开,I0.5、I0.6 通,M0.6 接通,变速开始。T37、T38 接通,1s 后 T33 接通。0.1s 后 T38 断,持续 6.6s(由 T37 控制),此脉动结束,如图 3-82 所示。定时器 T38 的常开触点是一个通 0.1s 断 1s 的脉冲;变速时,用于通断 Q0.0(KM1),直到变速结束。变速时,高速接触器(KM7、KM8)不能接通。

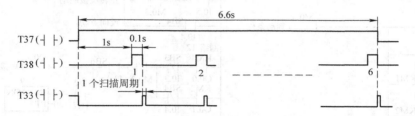

图 3-82 变速定时器时序图

(2) 主轴电动机反转接触器 Q0.1(KM2)接通条件 与正转接通条件类似,只是少了一个变速冲动条件。因为机床的变速,只在正转时进行。

(3) 主轴电动机高低速控制 当高速手柄在高速时,I1.7(SQ 压合)通,Q0.5(KM6)通,低速起动,此时定时器 T39 也开始定时,3s 后 Q0.5(KM6)断开,Q0.6(KM7、KM8)通,高速运行。

(4) 快速移动进给电动机 M2 的控制 快速移动进给电动机 M2 是由快速手柄 I0.7(SQ7)、I1.0(SQ8)控制的。

习 题 3

3-1 S7-200 PLC 指令参数所用的基本数据类型有哪些?

3-2 逻辑堆栈指令有哪些?各用于什么场合?

3-3 定时器有几种类型?各有何特点?与定时器相关的变量有哪些?梯形图中如何表示这些变量?

3-4 计数器有几种类型,各有何特点?与计数器相关的变量有哪些?梯形图中如何表示这些变量?

3-5 不同分辨率的定时器是如何刷新的?

3-6 写出图 3-83 所示梯形图的语句表程序。

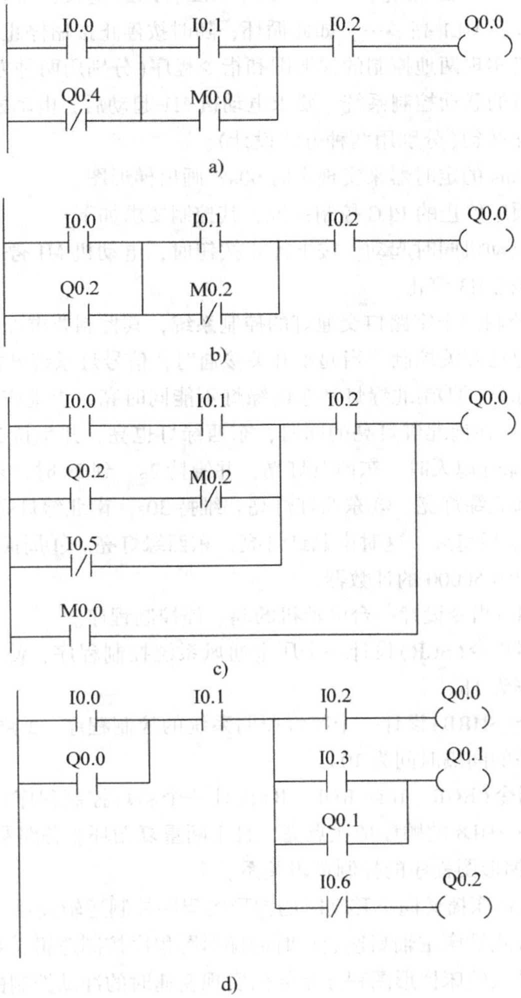

图 3-83 习题 3-6 图

3-7 由以下语句表程序画出梯形图。

LD    I0.0
O     Q0.0
LD    I0.1
O     M0.2
ALD
O     M0.0
AN    I0.2
AN    I0.3
=     Q0.0

3-8 用自复位式定时器设计一个周期为 5s、脉宽为 1 个扫描周期的脉冲串信号。

3-9 用顺控指令设计一个彩灯自动循环闪烁的控制系统。要求：

3 盏彩灯 HL1、HL2、HL3，按下起动按钮后，HL1 亮，1s 后 HL1 灭、HL2 亮，1s 后 HL2 灭、HL3 亮，

1s 后 HL3 灭，1s 后 HL1、HL2、HL3 全亮，1s 后 HL1、HL2、HL3 全灭，1s 后 HL1、HL2、HL3 全亮，1s 后 HL1、HL2、HL3 全灭，1s 后 HL1 亮……，如此循环；随时按停止按钮停止系统运行。

3-10 试编写单台电动机实现两地控制的梯形图和指令程序（分别用两种方法设计）。

3-11 试设计两台电动机的联动控制系统，要求电动机 M1 起动后，电动机 M2 才能起动，两台电动机分别单独设置起动按钮和停止按钮（分别用两种方法设计）。

3-12 如何用分辨率为 1ms 的定时器来实现定时 60s？画出梯形图。

3-13 设计三台电动机顺序停止的 PLC 控制系统，其控制要求如下：

按下起动按钮后，三台电动机同时起动。按下停止按钮时，电动机 M1 停止；5s 后，电动机 M2 停止；电动机 M2 停止 10s 后，电动机 M3 停止。

3-14 设计一个用 PLC 控制的十字路口交通灯的控制系统，其控制要求如下：

十字路口信号灯受 1 个起动开关控制。当起动开关接通时，信号灯系统开始工作；当起动开关断开时，所有信号灯都熄灭。具体指标是：①南北绿灯和东西绿灯不能同时亮，否则应同时关闭信号系统并立即报警。②南北红灯亮并维持 30s。在南北红灯亮的同时，东西绿灯也亮，并维持 25s。到 25s 时，东西绿灯闪亮，闪亮 3s 后熄灭，在东西绿灯熄灭时，东西黄灯亮，并维持 2s。到 2s 时，东西黄灯熄灭，东西红灯亮。与此同时，南北红灯熄灭，南北绿灯亮。③东西红灯亮并维持 30s。南北绿灯亮维持 25s，然后闪亮 3s 后熄灭。同时南北黄灯亮，维持 2s 后熄灭，这时南北红灯亮，东西绿灯亮。④周而复始。

3-15 设计一个计数范围为 50000 的计数器。

3-16 用置位、复位（S、R）指令设计一台电动机的起、停控制程序。

3-17 用顺序控制继电器指令（SCR）设计一个居室通风系统控制程序，使三个居室的通风机自动轮流地打开和关闭。轮换时间间隔为 1h。

3-18 用移位寄存器指令（SHRB）设计一个路灯照明系统的控制程序，3 路灯按 HL1→HL2→HL3 的顺序依次点亮。各路灯之间点亮的间隔时间为 10s。

3-19 用字节循环移位指令（ROR_B 或 ROL_B）设计一个彩灯控制程序，8 路彩灯串按 HL1→HL2→HL3→HL4→HL5→HL6→HL7→HL8 的顺序依次点亮，且不断重复循环。各路彩灯之间的间隔时间为 0.1s。

3-20 试述 C650 型车床梯形图程序的控制逻辑关系。

3-21 试述 Z3040 型摇臂钻床摇臂向下移动时的梯形图程序控制逻辑关系。

3-22 试述 TSPX619 型卧式镗床主轴高速起动时的梯形图程序控制逻辑关系。

3-23 试述 TSPX619 型卧式镗床梯形图程序是如何实现变速时的冲动控制的。

# 第 4 章 机床主轴的变频器调速

由交流电动机的同步转速表达式 $n = 60f_1(1-s)/p$ 可知，通过改变供电电源频率 $f_1$ 就可以改变电动机的转速。当频率 $f_1$ 在 0～50Hz 范围内变化时，电动机转速调节范围会非常宽。因此，通过改变电源频率便可实现较大范围的速度调节。

变频器就是把电压和频率固定不变的交流电变换为电压或频率可变的交流电，最终达到高效、高性能调速的电气设备。变频器是电动机调速实现节能和提高工艺控制水平的最佳选择，在机床、纺织、印刷、造纸、冶金、矿山以及工程机械等各个领域得到广泛应用。

本章以西门子 MM440 型变频器为例，介绍其工作原理、结构、参数设置及使用，介绍电动机的数字量、模拟量、多段速等变频器控制方法，重点介绍机床主轴的变频器控制。

## 【知识目标】

1）了解变频器的工作原理及结构组成。
2）掌握变频器的基本参数设置。
3）掌握变频器控制的应用方法。

## 【技能目标】

1）能根据不同场合，正确选用变频器。
2）能熟练应用 MM440 型变频器进行电动机的起动、点动、正反转及停车等控制。
3）能熟练应用 MM440 型变频器的数字量、模拟量、多段速等功能进行电动机控制，重点掌握 PLC 与 MM440 型变频器的联机应用。
4）能根据机床主轴动作要求，设计变频器控制电路，并进行接线、调试等。

## 【问题导入】

图 4-1 所示为商场、宾馆、酒店中常见的自动扶梯；图 4-2 所示为变频器的实物图。扶梯电动机的转速由变频器控制，当扶梯上无人时，扶梯减速或停止；当有人站在扶梯上时，扶梯速度加快。如何选择变频器控制扶梯的运行速度？怎样实现其控制要求？

图 4-1 自动扶梯

图 4-2 变频器

## 4.1 通用变频器

变频器的种类很多,目前国内应用较多的有西门子、丹佛斯、ABB、三菱、富士等国外品牌变频器,以及英威腾、普传、汇川、森兰、阿尔法等国产品牌变频器。其中英威腾变频器拥有成熟的中压矢量产品,汇川变频器的专用矢量变频器也成功进入拉丝机、电梯、机床等行业。图4-3所示为西门子MM440型变频器的实物图及拆下其面板、前盖板后的外观图。

a) 实物图　　　　　　b) 拆下其面板、前盖板后的外观图

图4-3　西门子MM440型变频器

### 4.1.1 变频器的基本构成

简单来说,变频器就是将恒压恒频(Constant Voltage Constant Frequency,CVCF)的交流电转换为变压变频(Variable Voltage Variable Frequency,VVVF)的交流电,以满足交流电动机变频调速的需要。

从结构上看,变频器可分为直接变频器和间接变频器两类。

间接变频器首先将工频交流电通过整流器变成平滑的直流电,然后利用半导体器件(GTO晶闸管、GTR或IGBT)组成的三相逆变器,采用输出波形调制技术(常采用正弦脉宽调制SPWM,使输出波形近似正弦波),把平滑直流电变换为可变电压和可变频率的交流电。因此,间接变频器又称为有中间直流环节的变频装置或交-直-交变频器。

直接变频器将工频交流电一次变换为可控电压、频率的交流电,没有中间直流环节,也称为交-交变频器。由于交-交变频器的最高输出频率通常为电网频率的1/3~1/2,主要应用于低转速大功率拖动。故目前中小型交流调速应用的场合,多采用交-直-交变频器,其基本构成如图4-4所示。

整流电路、直流中间电路及逆变电路等构成了变频器的主电路。

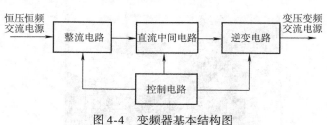

图4-4　变频器基本结构图

**1. 整流电路**

整流电路的作用是将电源的三相交流电全波整流成直流电。对于小功率变频器,输入电

源多用单相 220V 电源，整流电路为单相全波整流电桥；对于大功率变频器，输入电源一般用三相 380V 电源，整流电路为三相桥式全波整流电路。

### 2. 直流中间电路

直流中间电路的作用是对整流电路的输出进行平滑处理，以保证逆变电路和控制电路得到高质量的直流电源。直流中间电路主要由电源再生单元、限流单元、滤波器单元、制动电路单元、直流电源检测电路及其他辅助电路组成。变频器整流、滤波基本电路如图 4-5 所示。

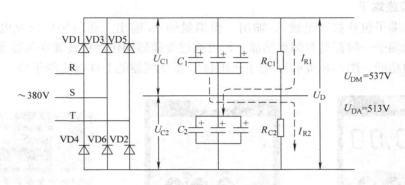

图 4-5　变频器整流、滤波基本电路

当整流电路是电压源时，直流中间电路的主要元件是大容量电解电容，输出的直流电压比较稳定，输出电流波形近似正弦波；而当整流电路是电流源时，直流中间电路主要由大容量电感组成，输出的直流电流比较稳定，输出电压波形近似正弦波。由于制动的需要，在直流中间电路中有时还包括制动电阻及其他辅助电路。

低压变频器多为电压源型，高压变频器多是电流源型。

### 3. 逆变电路

在控制电路的作用下，逆变电路将直流中间电路输出的直流电转换为频率、幅值都可调的交流电。逆变电路是变频器的主要组成部分之一，逆变电路的输出就是变频器的输出。常用的逆变管有绝缘栅双极型晶体管（IGBT）、大功率晶体管（GTR）和门极关断（GTO）晶闸管。变频器的逆变电路如图 4-6 所示。

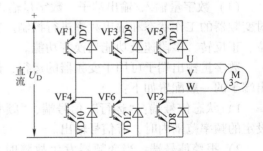

图 4-6　变频器的逆变电路

### 4. 控制电路

通用变频器的控制电路主要由主控电路、操作面板、控制电源及外接控制端子等组成。

（1）主控电路　主控电路是变频器运行的控制中心，其主要功能如下：

1）接收键盘输入与外部控制电路输入的各种信号。

2）对接收的信号进行判断和综合运算，产生相应的调制指令，并分配给各逆变管的驱动电路。

3）接收内部的采样信号，如电压与电流的采样信号、各部分温度的采样信号及各逆变管工作状态的采样信号等。

4) 发出保护指令。变频器根据各种采样信号随时判断其工作是否正常，一旦发现异常工况，必须发出保护指令进行保护。

5) 向外电路发出控制信号及显示信号，如正常运行信号、频率到达信号及故障信号等。

（2）操作面板　操作面板一般有键盘与显示屏，用于设定变频器的参数并监视变频器当前的运行状态。通过设置相关参数，键盘与显示屏配合应用，可以向主控电路发出各种信号、指令及显示各种数据信息。图4-7 所示为西门子 MM440 型变频器基本操作面板(BOP)和高级操作面板(AOP)的外形图。

**5. 外部接线端子**

外部接线端子包括数字量输入/输出、模拟量输入/输出、通信接口以及电源接线端子等。外部接线端子一般都具有编程功能，即可通过变频器操作面板设置变频器参数来定义各个接线端子的功能。图4-8 所示为西门子 MM440 型变频器的 I/O 接线端子排。

a) BOP

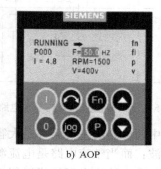
b) AOP

图 4-7　西门子 MM440 型变频器的 BOP、AOP 操作面板

图 4-8　西门子 MM440 型变频器 I/O 接线端子排

（1）数字量输入/输出端子　数字量输入端子用于接收外部输入的各种控制信号，以便对变频器的工作状态和输出频率进行控制。数字量输入端子可定义变频器的起动、停止、复位、正反转、多段速及功能切换等功能。

数字量输出端子可用于变频器的运行、停止、报警、电流、频率等状态的指示。数字输出端子的一般配置如下：

1) 状态信号端："运行"信号端、"频率检测"信号端。当变频器运行，或输出频率在设定的频率范围内时，有信号输出。

2) 报警信号端：当变频器发生故障时，发出报警信号。如，当变频器或电动机过载时，"过载"信号端有信号输出。

（2）模拟量输入/输出端子　变频器都配有接收外部模拟量输入的信号端，用于改变变频器的输出频率，而变频器的模拟量输出端可接至仪表，用于监控测量变频器的输出电压、电流、负荷率等，也可以用作控制其他设备的输出信号。模拟量信号通常有直流电压信号和直流电流信号，常用的电压信号有 0~5V、0~10V，电流信号有 0~20mA、4~20mA。

（3）通信接口　依靠计算机网络对变频器进行远程控制是变频器控制的一个发展方向。通过通信接口及网络协议对变频器进行远程控制，可以很容易实现控制目标。常用的通信接口主要有 RS485、RS422、RS232 等串行通信接口，多数采用 RS485，同时使用生产厂商自己特定的通信协议,传送距离最大可达1200m。也可根据需要选用现场总线和通信选配件进行网络通信。

(4) 电源输出端　一般变频器配有DC 10V和DC 24V电源输出,可用作外接电位器或各种输入/输出端子的电源。

### 4.1.2　变频器的脉宽调制原理

通用变频器的变频变压是通过脉宽调制(PWM)实现的,变频器靠改变脉冲宽度来控制输出电压,通过改变调制周期来控制输出频率。脉宽调制的方法很多,根据调制脉冲的极性,可以分为单极性和双极性调制两种;根据载频信号和参考信号(基准信号)频率之间的关系,又可分为同步式和非同步式调制两种。

**1. 正弦等效脉宽波**

将一个电压正弦波分为$N$等份,可看成$N$个彼此相连的宽度相等但幅值不等的脉冲序列。若把正弦曲线每一等份所包围的面积都用一个与其面积相等的中点重合、等幅、不等宽的矩形脉冲来代替,这样得到的脉冲序列的脉冲宽度按正弦规律变化且与正弦波等效,称之为正弦等效脉宽波,如图4-9所示。

根据采样控制理论,$N$值越高(即脉冲频率越高),产生的波形越接近正弦波,但脉冲频率受变频器中开关器件工作频率的限制,频率太高,电磁干扰增大,会带来其他问题。

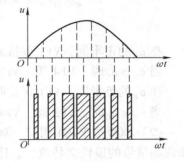

图4-9　正弦等效脉宽波

**2. 脉宽调制**

将输出波形作为调制信号,用等腰三角波或锯齿波作为载波,进行调制得到期望脉宽波的过程称为PWM调制。

用幅值、频率均可调的正弦波作为调制信号,用等腰三角波或锯齿波作为载波信号,利用载波和正弦调制波相互比较的方式来确定脉宽和间隔,就可以产生与正弦波等效的脉宽调制波。一般将调制信号为正弦波的脉宽调制称为正弦波脉宽调制,简称SPWM。

图4-10为IGBT单相桥式PWM逆变电路。调制工作时,正弦调制波电压$u_R$与载波三角波电压$u_C$相比较,控制VF1~VF4的通断,从而控制阻感性负载两端电压$u_o$的变化,实现PWM调制。

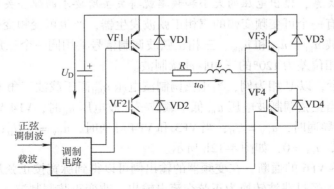

图4-10　单相桥式PWM逆变电路

（1）单极性 PWM 调制　图 4-11a 所示为单极性 PWM 调制。图中任一时刻载波与调制波的极性相同，在任意半个周期内 PWM 波单方向变化。

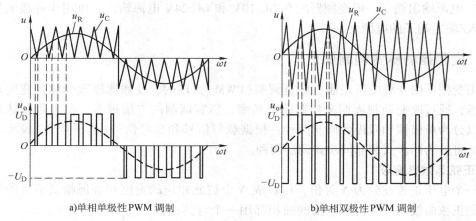

a) 单相单极性 PWM 调制　　　　　　b) 单相双极性 PWM 调制

图 4-11　单相脉宽调制

在 $u_R$ 的正半周，VF1 保持通，VF2 保持断：

当 $u_R > u_C$ 时，VF4 通，VF3 断，$u_o = U_D$；当 $u_R < u_C$ 时，VF3 通，VF4 断，$u_o = 0$。

在 $u_R$ 的负半周，VF1 保持断，VF2 保持通：

当 $u_R < u_C$ 时，VF3 通，VF4 断，$u_o = -U_D$；当 $u_R > u_C$ 时，VF3 断，VF4 通，$u_o = 0$。

（2）双极性 PWM 调制　双极性 PWM 调制如图 4-11b 所示。在调制过程中，载波信号和调制信号的极性交替改变。让同一桥臂上、下两个开关交替导通。

当 $u_R > u_C$ 时，VF1、VF4 通，VF2、VF3 断，$u_o = U_D$。

当 $u_R < u_C$ 时，VF2、VF3 通，VF1、VF4 断，$u_o = -U_D$。

### 3. 变频变压

变频器输出电压的大小和频率均由正弦参考电压（正弦调制波）来控制。当改变正弦参考电压的幅值时，SPWM 波的脉宽即随之改变，从而改变输出电压的大小；当改变正弦参考电压的频率时，输出电压频率即随之改变。

**注意**：正弦波的幅值必须小于等腰三角形的幅值，否则就得不到脉宽与其对应正弦波下的积分成正比这一关系，输出电压的大小和频率就将失去所要求的配合关系。

三相变频器内有一个可变频变幅的三相正弦波发生器，产生可变频变幅的三相正弦参考信号作为正弦调制波 $u_{RU}$、$u_{RV}$ 和 $u_{RW}$，三相正弦波调制信号共用同一个三角波 $u_C$ 作为载波信号，分别比较产生相位差为 120° 的三相脉冲调制波。

如图 4-12a 所示，以 U 相为例，当正弦调制波电压 $u_{RU}$ 高于载波三角波电压 $u_C$ 时，VF1 导通、VF4 关断，当正弦调制波电压 $u_{RU}$ 低于载波三角波电压 $u_C$ 时，VF4 导通、VF1 关断。

当 VF1 和 VF6 导通时，$u_{UV} = U_D$；当 VF3 和 VF4 导通时，$u_{UV} = -U_D$；当 VF1 和 VF3 或 VF4 和 VF6 导通时，$u_{UV} = 0$，如图 4-12b 所示。

通过控制 VF1～VF6 的通断，在变频器的输出侧可以得到脉宽按正弦规律变化且与正弦波等效的 SPWM 波，经过滤波转换为正弦交流电输出，改变正弦调制波 $u_{RU}$、$u_{RV}$ 和 $u_{RW}$ 的电压幅值、频率就可以实现变频变压输出。

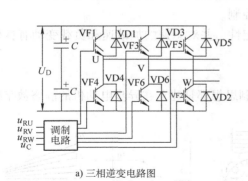 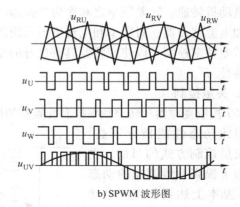

a) 三相逆变电路图　　　　　　　　　　　b) SPWM 波形图

图 4-12　变频器 SPWM 调制

## 4.1.3　变频器的控制方式

变频器的控制方式，是电动机的转速与变频器的输出电压之间的控制关系。常用的变频器控制方式有 $U/f$ 控制、转差频率控制、矢量控制及直接转矩控制等。

**1. $U/f$ 控制**

通过控制变频器输出侧电压和频率的比值，来改变电动机在调速过程中机械特性的控制方式，称为 $U/f$ 控制。线性特性 $U/f$ 控制使电动机定子电压与定子频率成正比，能在较宽的调速范围内，保持电动机主磁通恒定，保持电动机的效率和功率因数不变。

$U/f$ 控制是一种比较简单的控制方式，应用范围很广，适用于大多数基本应用对象，如风机、水泵、输送带等。变频器一般具有线性特性、FCC、二次方特性、可编程特性等 $U/f$ 控制方式。根据不同的负载特性适当地选择不同的 $U/f$ 控制方式，可以得到所需要的电动机机械特性。图 4-13 所示为线性特性 $U/f$ 控制及二次方特性 $U/f$ 控制的特性曲线图。

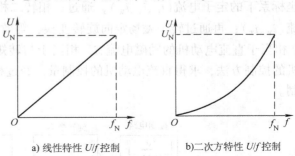

a) 线性特性 $U/f$ 控制　　　　b) 二次方特性 $U/f$ 控制

图 4-13　线性特性 $U/f$ 控制及二次方特性的 $U/f$ 控制的特性曲线图

$U/f$ 控制是转速开环控制，无需速度传感器，其特点是控制电路结构简单、成本较低、机械特性硬度较好，能够满足一般传动的平滑调速要求，是目前通用变频器中使用较多的一种控制方式。但由于采用开环控制方式，$U/f$ 控制不能达到较高的控制性能，在低频时必须进行转矩补偿，才能改变低频转矩特性。

**2. 转差频率控制**

转差频率控制是指在控制过程中保持磁通量恒定，限制转差频率的变化范围，并通过转差频率调节异步电动机的电磁转矩的控制方式。转差频率控制是一种直接控制转矩的控制方式。它在 $U/f$ 控制的基础上，按照已知异步电动机的实际转速所对应的电源频率，根据希望得到的转矩来调节变频器的输出频率，使电动机具有对应的输出转矩。

转差频率控制需安装速度传感器检测电动机的转速。速度调节器的输出为转差频率，然后以电动机转速、转差频率之和作为变频器的设定输出频率。有时需要在速度调节器的基础上另加电流调节器，对频率和电流进行双闭环控制。

转差频率控制可以使变频器具有良好的稳定性，并对急速的加减速和负载变动有良好的响应特性。

### 3. 矢量控制

$U/f$ 控制变频器和转差频率控制变频器的控制思想都是建立在异步电动机的静态数字模型上，因此动态性能指标不高。采用矢量控制方式的目的，主要是为了提高变频调速的动态性能，基本上达到和直流电动机一样的控制特性。图 4-14 所示为直流电动机的调速模型。

矢量控制实质是将交流电动机等效为直流电动机，分别对速度和磁场两个分量进行独立控制。通过控制转子磁链、分解定子电流而获得转矩和磁场两个分量，经坐标变换，实现正交或解耦控制。

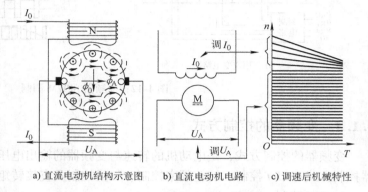

a) 直流电动机结构示意图　b) 直流电动机电路　c) 调速后机械特性

图 4-14　直流电动机的调速

图 4-15 所示为变频器的矢量控制框图。矢量控制变频调速的做法是将异步电动机在三相坐标系下的定子电流($i_U$、$i_V$、$i_W$)，通过三相转二相变换，等效成两相静止坐标系下的交流电流($i_M$、$i_T$)；再通过转子磁场定向旋转变换，等效成同步旋转坐标系下的直流电流 $i_M^*$、$i_T^*$（$i_M^*$ 相当于直流电动机的励磁电流，$i_T^*$ 相当于与转矩成正比的电枢电流）；然后模仿直流电动机的控制方法，求得直流电动机的控制量，经过相应的坐标反变换，实现对异步电动机的控制。

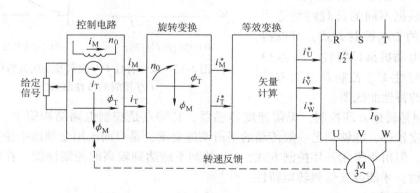

图 4-15　变频器的矢量控制框图

目前在变频器中实际应用的矢量控制方式主要有基于转差频率控制的矢量控制方式和无速度传感器的矢量控制方式两种。矢量控制方式的提出具有划时代的意义，然而在实际应用中，由于转子磁链难以准确观测，系统特性受电动机参数的影响较大，且在等效直流电动机控制过程中所用矢量旋转变换较复杂，使得实际的控制效果难以达到理想分析的结果。

#### 4. 直接转矩控制

1985 年，德国鲁尔大学的 DePenbrock 教授首次提出了直接转矩控制变频技术，在很大程度上解决了上述矢量控制的不足。直接转矩控制是利用空间矢量坐标的概念，在定子坐标系下分析交流电动机的数学模型，控制电动机的磁链和转矩。它不需要将交流电动机等效为直流电动机，而是通过检测定子电阻来达到观测定子磁链的目的，因此省去了矢量控制等复杂的变换计算，系统直观、简洁，计算速度和精度都比矢量控制方式有所提高。即使在开环的状态下，也能输出 100% 的额定转矩，对于多拖动系统具有负荷平衡功能。目前，该技术已成功地应用在电力机车牵引的大功率交流传动上。

#### 5. 最优控制

最优控制可以根据最优控制的理论对某一个控制要求进行个别参数的最优化。在实际应用中，根据不同的使用要求采用不同的控制方法。例如在高压变频器的控制应用中，就成功地采用了时间分段控制和相位平移控制两种策略，实现了一定条件下的电压波形最优。

#### 6. 其他控制方式

在实际应用中，还有一些控制方式在变频器的控制中得以实现，例如自适应控制、滑模变结构控制、差频控制、环流控制、频率控制和智能控制等。

### 4.1.4 变频器的基本功能

变频器采用微处理器作为主控单元，调速精确、保护完善、操作简便、功能强大，一般具有以下基本功能：

#### 1. 参数初始化功能

变频器的参数通常比较多，为了使用方便，变频器都设置有工厂设定值（即默认值）。工厂设定值是按最通用的工况条件设置的。在变频器使用过程中，可以通过设置参数使变频器的全部参数恢复为工厂设定值，也称参数初始化。

#### 2. 保护功能

变频器的保护功能包括对电动机的保护和自身的保护。通用变频器一般具有以下保护功能：欠电压保护、过电压保护、过负载保护、接地故障保护、短路保护、电动机失步保护、电动机堵转保护、电动机过热保护、变频器过热保护及电动机断相保护等。

#### 3. 运行控制功能

变频器的运行控制由命令源及频率设定源进行控制。命令源定义变频器的正转、反转、停止、复位、制动等，它包括变频器的操作面板和外接控制端子（如数字量输入端子、通信接口）；频率设定源定义变频器的输出频率，它包括操作面板和外接控制端子（如数字量输入端子、模拟量输入端子、通信接口）。

#### 4. 频率设定功能

通用变频器与频率设定有关的主要功能如下：

（1）多段转速设定功能　通用变频器一般具有多段转速功能，可以使用变频器参数设置多达 15 段运行频率，并通过变频器的外部接线端子来选择运行频率，从而实现多段转速运行功能。

（2）频率设定功能

1）基本频率 $f_B$：变频器的输出电压等于额定电压时，对应的最小输出频率称为基本频率，如图 4-16 所示。基本频率用来作为调节频率的基准，也称为基底频率、基准频率、基波频率等，一般为 50Hz。

2) 最高、最低频率：变频器运行时输出的最高频率 $f_H$ 和最低频率 $f_L$（也称为上限频率和下限频率），用于限制电动机的转速，如图 4-17 所示。如在中央空调冷却循环水的控制系统中，为保证冷却水能循环流动，水泵的扬程必须超过基本扬程，变频器的下限频率不能低于某个值（如 32Hz），从而限制电动机运行时的最低转速。

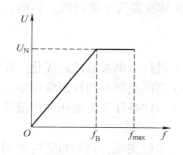

图 4-16 变频器的基本频率

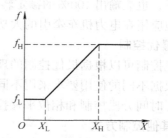

图 4-17 变频器的最高、最低频率

3) 起动、停止频率：起动频率是指变频器起动时的初始设定频率；停止频率则是变频器检测频率达到设定值时立即停止运行的设定频率。

4) 频率跳跃功能：设备在运转时总是有振动的，其振动频率和转速有关。为了避免机械谐振的发生，必须回避可能引起谐振的转速。频率跳跃功能使变频器不能输出与负载机械设备共振的频率值，从而避开共振频率，常用于风机、泵、压缩机、机床等机械设备，防止机械系统发生共振。回避转速对应的工作频率就是跳跃频率，有时称作跳变频率、跳转频率、回避频率等，如图 4-18 所示。

**5. 加减速时间、加减速模式的设定功能**

(1) 加速、减速时间的设定功能　加速、减速时间有时称作斜坡上升、下降时间。加速时间是指输出频率从 0Hz 上升到基本频率 $f_B$ 所需的时间；减速时间是指从基本频率下降到 0Hz 所需的时间，如图 4-19 所示。

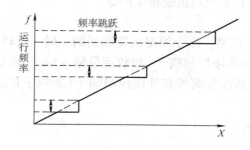

图 4-18 跳跃频率

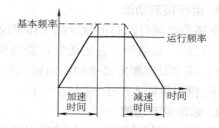

图 4-19 加、减速时间

设定的加速、减速时间必须与负载的加、减速特性相匹配。对于大功率负载，如果设定的加速时间太短，起动负载重，则会发生起动转矩不足、过电流、变频器失速，引起变频器保护停机。如果设定的减速时间太短，在停机或减速时，易产生再生能量过大，致使直流电压升高、过电压保护动作而自动停机。

一般 11kW 以下的电动机加速、减速时间可设置在 10s 之内，11kW 以上可设置得长一点，如 0～60s 甚至更长。如果使用了直流制动方式，可以适当缩短减速时间，与制动时间相一致即可。

（2）加、减速模式选择功能　变频器除了可预置加速和减速时间外，还可预置加速和减速曲线。一般变频器有线性、S 形和半 S 形三种曲线选择，图 4-20 所示为速度上升（加速）曲线，图 4-21 所示为速度下降（减速）曲线。

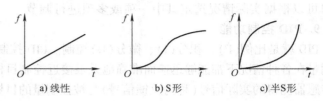

图 4-20　速度上升曲线

线性曲线适用于多数应用场合；半 S 形曲线适用于变转矩负载，如风机等；S 形曲线适用于恒转矩负载，其加、减速变化较为缓慢。设定时，可根据负载转矩特性选择相应曲线，使通用变频器比较平滑地起动或停止。

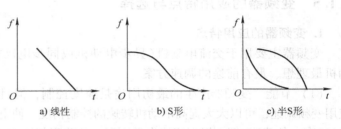

图 4-21　速度下降曲线

**6. 转矩提升（补偿）功能**

通用变频器一般具有自动转矩提升或转矩补偿功能，有时也称为自动电压调整功能。转矩提升（补偿）是为了在电动机低速运行时对其输出转矩进行补偿，在通用变频器中采取在低频区域提高 $U/f$ 值的方法，这种方法称为通用变频器的转矩补偿功能。所谓自动转矩补偿功能是指通用变频器在电动机加速、减速和正常运行的所有区域中，可以根据负载情况自动调节 $U/f$ 值，对电动机的输出转矩进行必要的补偿。

假定输出电压为 100%，用百分数设定转矩提升量：

转矩提升量 =（0Hz 输出电压/额定输出电压）× 100%。

设定过大，将导致电动机过热；设定过小，起动转矩不够，一般最大值设定为 10%。图 4-22 所示为转矩提升示意图。

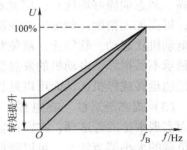

图 4-22　转矩提升示意图

通常，在满足起动要求的前提下，设定的转矩提升值越小越好，这样可减小电动机损耗及其对系统的冲击，避免造成不适当的过电流保护动作。

**7. 防失速功能**

通用变频器的防失速功能包括电动机加速过程、恒速运行和减速过程中的防失速三种。

电动机恒速运行和加速过程中的失速是由于电动机加速过快或负载过大等原因出现过电流，导致变频器停止工作；电动机减速时失速是因惯性产生的能量回馈而导致的直流中间电路出现过电压，从而过电压保护动作使通用变频器停止工作。

因此，电动机加速、减速及恒速运行过程中，在变频器保护电路未动作之前，自动降低其输出频率、限制输出电流增大，或减少输出频率的降低速度（通过延长减速时间），以达到防止失速的目的。

**8. 减少机械振动、降低冲击的功能**

为了在起动、运行和减速等过程中降低冲击、减少噪声和机械振动、保护机械设备，通用变频器设置了选择加减速曲线、停止方式选择、载波频率调节、瞬时过电流限制等功能，用户可以根据实际情况选定其中一项或多项进行调节。

**9. PID 控制功能**

PID 就是比例(P)、积分(I)、微分(D)控制。PID 控制属于闭环控制，是使控制系统的被控制量在各种情况下都能够迅速而准确地无限接近控制目标的一种手段。具体地说，PID 控制将传感器测得的实际信号(称为反馈信号)与被控制量的目标信号相比较，以判断是否达到预定的控制目标。如尚未达到，则根据两者的差值进行调整，直至达到预定的控制目标为止。

## 4.1.5 变频器的应用特点与选择

**1. 变频器的应用特点**

变频器主要用于交流电动机(异步电动机或同步电动机)转速的调节，是公认的交流电动机最理想、最有前途的调速方案。

(1) 节能　变频器产生的最初用途是速度控制，但目前在国内应用较多的是节能控制。应用变频调速，可以大大提高电动机转速的控制精度，使电动机在最节能的转速下运行。以风机(二次方负载)为例，根据流体力学原理，轴功率与转速的三次方成正比。当所需风量减少、风机转速降低时，其功率按转速的三次方下降。因此，精确调速的节电效果非常可观。

与此同时，许多变动负载电动机一般按最大需求来选择电动机的容量，故设计裕量偏大。而在实际运行中，电动机轻载运行的时间所占比例却非常高，如果采用变频调速，可大大提高轻载运行时的工作效率，达到节能目的。

(2) 提高产品的质量、延长设备的使用寿命　由于变频调速具有调速范围广、调速精度高、动态响应好等优点，因此在加工工业中，变频调速能使生产线各生产装置间协调运转，提高加工精度；如加反馈控制环节还可实现控制自动化，提高产品质量。使用变频器可使电动机软起动、软停止，避免对机械的冲击；对有些机械，如传送带等，低速运行时电动机轴承不易损坏，电动机的发热量减少；而另外一些机械，如恒压给水设备等，满压时可使之低速运转或停机，从而可以延长设备的使用寿命。

(3) 提高舒适性　在电梯、电动车辆上采用变频调速，可改善加速与减速的平滑性，从而实现乘坐的舒适感；在空调器等设备中，同时能实现多点温度、湿度检测及集中监控；按负载的大小调节转速，可以降低机械和电动机的噪声，达到最佳舒适度控制。

(4) 使植物栽培和家畜养殖等得到好效益　在变频恒温、恒湿、通风等控制方面使用变频调速，使植物生长和畜类成长在最适宜的条件下，可获得好效益。又如改变反光板的角度，以控制室内温度与采光量；采用光电传感器控制变频器的输出频率而改变风机转速，实现自动控制。

**2. 变频器的选择**

在选用变频器时，按照生产机械的控制电压、类型、调速范围、速度响应、控制精度、起动转矩等要求，决定采用什么功能的变频器组成控制系统，然后决定选用哪种控制方式。

正确选择变频器，对于传动控制系统的正常运行是非常关键的。选用时要充分了解变频器所驱动负载的机械特性。生产机械的典型特性有恒转矩负载、恒功率负载及二次方率负载。恒转矩负载特性的变频器可以用于二次方率负载,而二次方率负载特性的变频器不能用于恒转矩负载。没有恒功率负载特性变频器,恒功率负载特性依靠变频器 U/f 控制方式实现。

若对变频器选型、系统设计及使用不当,往往会使通用变频器不能正常运行,达不到预期目标,甚至引发设备故障,造成不必要的损失。

（1）恒转矩负载变频器的选择  压缩机、压榨机、搅拌器、磨床、钻床、卷板机、拔丝机、带式输送机、桥式起重机等摩擦类、位能类负载都属于恒转矩负载类型。这类负载采用变频器控制的目的是实现设备自动化、提高劳动生产率和产品质量。

在不同的转速下,恒转矩负载的输入转矩基本恒定,即 $T_L$ = 常数,也就是负载转矩 $T_L$ 的大小与转速 $n_L$ 的高低无关,如图 4-23a 所示。而负载功率 $P_L$ 与转矩 $T_L$、转速 $n_L$ 之间的关系为

图 4-23  恒转矩负载及其特性

$$P_L = \frac{T_L n_L}{9550} \tag{4-1}$$

以带式输送机为例,其基本结构和工作情况如图 4-23b 所示,负载转矩 $T_L$ 的大小取决于传动带与滚筒间的摩擦阻力 $F$ 和滚筒半径 $r$,即

$$T_L = Fr \tag{4-2}$$

由于 $F$ 和 $r$ 都和转速的快慢无关,所以在调节转速 $n_L$ 的过程中,转矩 $T_L$ 保持不变,即具有恒转矩的特点。

在调速范围不大、转矩变动范围不大、对机械特性的硬度要求不高的情况下,可考虑选择 U/f 控制方式或无反馈的矢量控制方式,并适当加大电动机或变频器的容量,同时考虑变频器和电动机的散热问题。当调速范围很大时,应考虑采用有反馈的矢量控制方式,而在要求较高的场合,则必须采用矢量控制方式。如果负载对动态响应性能也有较高要求,还应考虑采用有反馈的矢量控制方式。

（2）恒功率负载变频器的选择  机床主轴、轧机、造纸机、各种薄膜卷取机械都属于恒功率负载,如造纸、纺织行业的卷取机械。

在不同的转速下,恒功率负载的功率基本恒定,即 $P_L$ = 常数,也就是负载功率的大小与转速的高低无关,而负载的输入转矩基本与转速成反比。在调速范围内的转速高、转矩小,转速低、转矩大,有

$$T_L = \frac{9550 P_L}{n_L} \tag{4-3}$$

各种薄膜的卷取机械是恒功率负载的典型例子。其工作特点是:随着"薄膜卷"的卷径逐渐增大,卷取辊的转速应该逐渐减小,以保持薄膜的线速度恒定,从而保持张力的恒定。

如图 4-24 所示,负载阻转矩的大小决定于卷取物的张力 $F$（在卷取过程中,要求张力保持恒定）和卷取物的卷取半径 $r$。随着卷取物不断卷到卷取

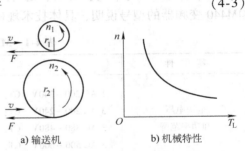

a）输送机    b）机械特性

图 4-24  恒功率转矩负载及其特性

辊上，$r$ 将越来越大，转矩 $T_L$ 越大，即 $T_L = Fr$。在卷取过程中，为了使线速度 $v$ 保持恒定，张力 $F$ 大小也要求保持不变，因此拖动系统的功率是恒定的，即 $P_L = Fv =$ 常数。

对于恒功率负载，可选择通用型变频器，采用 $U/f$ 控制方式已经足够。但对动态性能有较高要求的卷取机械，则必须采用具有矢量控制功能的变频器。由于变频器在低速时不能输出足够大的转矩，所以在控制设计时可考虑分段调速，尽量使用6、8极电动机，变频器的容量一般取 1.1~1.5 倍的电动机容量。

(3) 二次方率负载变频器的选择　风机和水泵都属于典型的二次方率负载。负载阻转矩 $T_L$ 与转速 $n_L$ 的二次方成正比，即

$$T_L = K_T n_L^2 \tag{4-4}$$

负载的功率 $P_L$ 与转速 $n_L$ 的三次方成正比，即

$$P_L = \frac{K_T n_L^2 n_L}{9550} = K_P n_L^3 \tag{4-5}$$

式中，$K_T$ 为转矩常数；$K_P$ 为功率常数。

对于二次方率负载，使用变频器的主要目的是节能。由于大部分生产变频器的工厂都提供了"风机、泵类专用变频器"，可以选用此类型变频器。对于空压机、深井泵、泥沙泵及音乐喷泉等负载，需要加大变频器容量。

在实际应用中，选用变频器还需要考虑变频器的应用场合、功能、工作电压及成本等。如可选用具有特殊应用功能的专用变频器，如：电梯用、拉丝机专用、中央空调专用、音乐喷泉专用、高频电主轴及防爆变频器等；根据工作场合、工作电压，可选用低压、中压或高压变频器等；根据使用要求及成本，可选用简易型变频器、迷你型变频器、通用型变频器、专用型变频器以及不同产地的变频器等。

## 4.2　认识西门子 MM440 变频器

MICROMASTER 440 通用型变频器简称 MM440，是新一代多功能标准变频器。其功率为 0.12~250kW(300HP)，采用高性能的矢量控制技术，具有低速、高转矩输出和良好的动态特性，同时具备强大的保护功能，满足广泛的应用场合。

### 4.2.1　MM440 变频器技术规格

MM440 变频器的基本技术规格可以通过变频器型号(订货号)体现。如电源输入电压、输出功率、外形尺寸、防护等级、是否内置滤波器、是否内置制动单元等。图 4-25 所示为 MM440 变频器的型号说明，具体技术规格见表 4-1。

表 4-1　MM 440 变频器技术规格

| 特　性 | 技　术　规　格 |
|---|---|
| 电源电压和功率范围 | 1 AC 200~240V　　CT：0.12~3.0kW<br>3 AC 200~240V　　CT：0.12~45.0kW, VT：5.50~45.0kW<br>3 AC 380~480V　　CT：0.37~200kW, VT：7.50~250kW<br>3 AC 500~600V　　CT：0.75~75.0kW, VT：1.50~90.0kW |

(续)

| 特　性 | | 技　术　规　格 |
|---|---|---|
| 过载能力 | 恒转矩(CT) | 框架尺寸 A~F：$1.5I_N$（即150%过载），持续60s，间隔300s<br>　　　　　　　　$2I_N$（即200%过载），持续3s，间隔300s<br>框架尺寸 FX 和 GX：$1.36I_N$（即136%过载），持续57s，间隔300s<br>　　　　　　　　　$1.6I_N$（即160%过载），持续3s，间隔300s |
| | 变转矩(VT) | 框架尺寸 A~F：$1.1I_N$（即110%过载），持续60s，间隔300s<br>　　　　　　　　$1.4I_N$（即140%过载），持续3s，间隔300s<br>框架尺寸 FX 和 GX：$1.1I_N$（即110%过载），持续59s，间隔300s<br>　　　　　　　　　$1.5I_N$（即150%过载），持续1s，间隔300s |
| 控制方法 | | $U/f$ 控制，输出频率 0~650Hz（含：线性 $U/f$ 控制，带 FCC 的线性 $U/f$ 控制，抛物线 $U/f$ 控制，多点 $U/f$ 控制，适用于纺织工业的 $U/f$ 控制，适用于纺织工业的带 FCC 的 $U/f$ 控制，带独立电压设定值的 $U/f$ 控制）<br>矢量控制，输出频率 0~200Hz（含：无传感器矢量控制，无传感器矢量转矩控制，带编码器反馈的速度控制，带编码器反馈的转矩控制） |
| 起动冲击电流 | | 小于额定输入电流 |
| 固定频率 | | 15 个，可编程 |
| 跳转频率 | | 4 个，可编程 |
| 设定值分辨率 | | 0.01Hz 数字输入，0.01Hz 串行通信的输入，10 位模拟输入 |
| 数字输入 | | 6 个，可编程（带电位隔离），可切换为高电平/低电平有效（PNP/NPN 型） |
| 模拟输入 | | 2 路，可编程（两路模拟输入可编程为第 7 和第 8 个数字输入）<br>ADC1　0~10V，0~20mA 和 -10~+10V<br>ADC2　0~10V 和 0~20mA |
| 继电器输出 | | 3 个，可编程，DC 30V/5A（电阻性负载），AC 250V/2A（电感性负载） |
| 模拟输出 | | 2 路，可编程 |
| 串行接口 | | RS485，可选 RS232，可选 PROFIBUS-DP/Device-Net 通信模块 |
| 电磁兼容性 | | 框架尺寸 A~C：可选择 A 级或 B 级滤波器，符合 EN55011 标准的要求<br>框架尺寸 A~F：变频器带有内置的 A 级滤波器<br>框架尺寸 FX 和 GX：带有 EMI 滤波器（作为选件供货）时，其传导性发射满足 EN55011，A 级标准限定值的要求（必须安装进线电抗器） |
| 制动 | | 直流制动，复合制动，动力制动（框架尺寸 A~F：带内置制动单元；框架尺寸 FX 和 GX：带外部制动单元） |
| 保护特性 | | 欠电压，过电压，过负载，接地故障，短路，电动机失步保护，电动机堵转保护，电动机过热，变频器过热，参数联锁 |

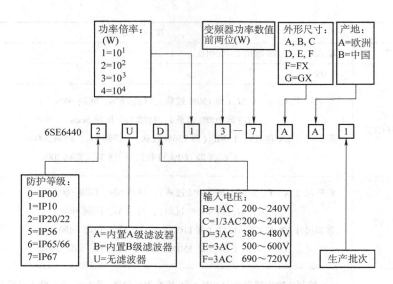

图 4-25 西门子 MM440 变频器型号说明

## 4.2.2 MM440 变频器的电气原理

**1. MM440 变频器与外围器件的电气连接**

MM440 变频器的主电路进线有单相 220V、三相 220V、三相 380V 输入，输出为三相交流电。根据使用场合及使用要求，变频器有时必须在进线、出线端加装输入、输出电抗器及滤波器。图 4-26 所示为三相输入、外形框架尺寸为 A~F 型的 MM440 变频器与熔断器、接触器、电抗器、滤波器等外围器件的电气连接图。

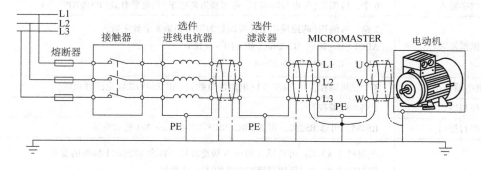

图 4-26 西门子 MM440 变频器与外围器件的电气连接图

1）进线电抗器可以抑制谐波电流，提高功率因数，削弱输入电路中浪涌电压、电流对变频器的冲击，削弱电源电压不平衡的影响。一般情况下，都必须加进线电抗器。

2）进线 EMC 无线电干扰滤波器的作用是减少和抑制变频器所产生的电磁干扰。EMC A 级滤波器用于工业场合，EMC B 级滤波器多用于民用、轻工业场合。

3）输出电抗器接在变频器与电动机之间（图中未画出），其作用是增加变频器到电动机的导线距离。输出电抗器可以有效抑制变频器 IGBT 开关时产生的瞬间高电压，减少此电压对电缆绝缘和电动机的不良影响。

### 2. MM440 的电气原理图

MM440 变频器的电路分为两大部分：一部分是完成电能转换（整流、逆变）的主电路；另一部分是处理信息的收集、变换和传输的控制电路。MM440 的控制电路由 CPU、数字量输入/输出、模拟输入/输出及操作面板等组成。MM440 变频器主电路及控制电路的电气原理图如图 4-27 所示。

1) MM440 提供两路直流电源，端子 1、2 是高精度的 10V 直流稳压电源，端子 9、28 为 24V 直流稳压电源。

2) 数字输入 DIN（5、6、7、8、16、17）端为用户提供了六个可编程的数字输入端，数字输入信号经光耦隔离输入到 CPU，对电动机进行正反转、正反向点动、固定频率设定值等控制。另外，可以通过功能改变，把两路模拟量输入端子扩展为数字输入端子。数字输出端 18~25 端子为三组继电器输出。

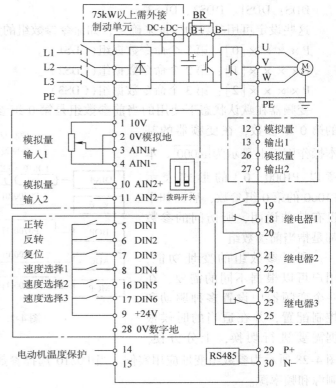

图 4-27 MM440 变频器的电气原理图

3) 输入端子 14、15 为热敏电阻输入端，安装在电动机上的热敏电阻可以反映电动机的发热情况，变频器达到预定报警值时发出运行停止信号。电阻值随温度增加呈线性上升的热敏电阻为 PTC 型线性热敏电阻，如 KTY84-150 型。

4) 模拟输入端 AIN1（3、4）、AIN2（10、11）为用户提供了两对模拟输入信号，模拟量设定值、实际值或控制信号输送至变频器内部的模/数转换器，将模拟量转换成数字量，传输给 CPU 来进行控制。模拟输出端 AOUT1（12、13）、AOUT2（26、27）输出 0~20mA 电流信号，用于测量变频器的频率、电流、电压等运行状态。

5) 输入端子 29、30 为 RS485 串行通信端。

### 4.2.3 MM440 变频器的参数结构

MM440 通过操作面板设定参数，实现变频器的监视、控制、通信等功能。MM440 有两种参数类型，以字母 P 开头的参数为用户写入和读出的参数；以字母 r 开头的参数表示本参数为只读参数。"P"参数用于设定参数；"r"参数用于监控和显示内部的状态值、实际值等变量。

MM440 的参数按功能作用可分为命令数据组（CDS）和传动数据组（DDS）两类。命令数据组用于变频器的控制命令输入/输出；传动数据组是与电动机、负载相关的驱动参数组。每个数据组有三个独立设定。

CDS：CDS1、CDS2、CDS3。
DDS：DDS1、DDS2、DDS3。
这些设定可用参数的变址来确定，如命令参数组的参数在参数表中用变址[×]标出。
P××××[0]：第1个命令数据组(CDS1)。
P××××[1]：第2个命令数据组(CDS2)。
P××××[2]：第3个命令数据组(CDS3)。

变频器在默认状态下使用的当前参数组是第0组参数，即CDS0和DDS0。例如P1000的第0组参数，在变频器的基本操作面板上显示为 in000。本章以 P1000[0] 的形式表示 P1000 的第0组参数，后面如果没有特殊说明，所访问的参数都是指当前参数组。

利用参数组的变址功能，用户可以根据不同的需要，在一个变频器中设置多种驱动和控制配置，并在适当的时候根据需要进行切换，十分方便。

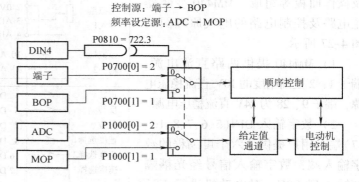

图4-28 参数组变址应用实例

图4-28所示为参数组变址应用实例。当P0810选择参数组0或1时，可以很方便地切换控制源和频率源。

### 4.2.4 参数过滤及用户访问等级

**1. 参数过滤**

将变频器的参数P0004设定为2~22中的某值时，可以只过滤（筛选）出与该功能相关的参数，见表4-2。这将增加参数的透明度，方便使用BOP/AOP观察、调试参数。

表4-2 P0004设定的参数数据组选择

| 设定值 | 显示功能 | 设定值 | 显示功能 |
|---|---|---|---|
| 0 | 所有参数 | 10 | 给定值通道和斜坡函数发生 |
| 2 | 传动变频器参数 | 12 | 传动变频器功能 |
| 3 | 电动机参数 | 13 | 电动机开环/闭环控制 |
| 4 | 速度编码器 | 20 | 通信 |
| 5 | 工艺应用/装置 | 21 | 故障、报警、监控功能 |
| 7 | 控制命令、数字I/O | 22 | 工艺调节器(PID调节器) |
| 8 | 模拟输入/输出 | | |

**2. 用户访问等级**

变频器的参数有三个用户访问等级，即标准级、扩展级和专家级。
对于大多数应用对象，只要访问标准级和扩展级参数就足够了。用参数P0003设置用户访问参数的等级,相关参数只有在相应等级下才可以查看修改,避免参数被随意改动。

P0003 = 1:标准级,可以访问最经常使用的参数,P0003 默认值为 1。

P0003 = 2:扩展级,允许访问扩展参数。

P0003 = 3:专家级,允许专家使用。

P0003 = 4:服务级,只供授权的维修人员使用,具有密码保护。

### 4.2.5 MM440 的运行控制

**1. MM440 的起动**

MM440 的起动由命令源和频率设定源控制。

1) 命令源:键盘、外接控制端、串行通信接口及通信模板等。

2) 频率设定源:键盘(BOP 或 AOP)、电动电位计(MOP)、模拟量输入、固定频率、串行通信接口及通信模板等。

命令源信号由参数 P0700 定义,频率设定源由参数 P1000 定义。

变频器的频率设定源可以选择"主设定"和"附加设定",主设定值和附加设定值能独立地设定变频器的频率。如 P1000 = 12 时,变频器的主设定为模拟量输入,附加设定为键盘(电动电位计)输入,如图 4-29 所示。

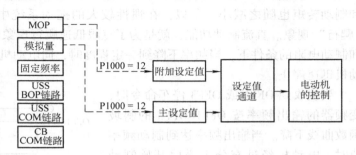

图 4-29 频率设定源的选择

MM440 变频器常用的频率设定为主设定(P1000 = 1~7)。MM440 变频器的频率设定源参数 P1000 和运行命令源参数 P0700 的设置值,见表 4-3。

表 4-3 MM440 变频器频率设定源参数和命令源参数的设置

| 频率设定源 P1000 设定 | | 命令源 P0700 设定 | |
| --- | --- | --- | --- |
| 设定值 | 参 数 描 述 | 设定值 | 参 数 描 述 |
| 0 | 无主,附加设定 | 0 | 工厂的默认设置 |
| 1 | 键盘(电动电位计) | 1 | 键盘(BOP/AOP)输入 |
| 2 | 模拟输入 1 通道(端子 3,4) | 2 | 端子排输入(默认设定值) |
| 3 | 固定频率 | 4 | BOP 链路的 USS 通信(RS232) |
| 4 | BOP 链路的 USS 通信(RS232) | 5 | COM 链路的 USS 通信(RS485) |
| 5 | COM 链路的 USS 通信(RS485) | 6 | PROFIBUS/Field bus 通信链路的现场总线 |
| 6 | CB 通信板 | | |
| 7 | 模拟输入 2 通道(端子 10,11) | | |

MM440 变频器默认设置下可以控制电动机运行,命令源为外接控制端子 DIN1(端子 5,高电平有效),控制电动机正转/停止;频率设定源为模拟量输入 AIN1(端子 3,4),电压为 0~10V。

## 2. MM440 的停车与制动

MM440 的停车与制动有以下几种方式：

1) OFF1—电动机依减速时间减速并停止。

2) OFF2—电动机依惯性自由停车。

OFF2 命令可以通过按 BOP/AOP 上红色 "◎" 键 2s 以上或按两次红色 "◎" 键来实现；也可以通过设定参数 P0701～P0706（数字量输入 1～6）或 P0707～P0708（模拟量输入 1～2）来实现。

3) OFF3—电动机依斜坡曲线减速时间快速停车。

OFF3 命令通过设定斜坡曲线减速时间（P1135）使电动机急速减速并停车，低电平有效。当设置了 OFF3 后，OFF3 必须输入高电平，电动机才可以起动，并用 OFF1 或 OFF2 方式停车。OFF3 可以同时带有直流制动或复合制动。

4) 直流制动。电动机转速下降时，拖动系统的动能也在减小，于是电动机的再生能力和制动转矩也随之减小。所以，在惯性较大的拖动系统中，常会出现在低速时停不住的"爬行"现象。直流制动功能，就是为了克服低速爬行现象而设置的。在不使用机械制动器和制动电阻的条件下，当频率下降到一定程度时，向电动机绕组中通入直流电流，从而使电动机迅速停止。

当接收到 OFF1 或 OFF3 停车命令时，变频器的输出频率按 OFF1/OFF3 的斜坡函数曲线下降。当输出频率达到制动频率值时，电动机经过充分去磁后开始制动（P0347 为去磁时间），向电动机注入直流制动电流，电动机快速停止，在制动时间内保持电动机轴处于静止状态。直流制动如图 4-30 所示。

变频器设定参数有：使能直流制动（P1230=1）、直流制动电流（P1232）、制动时间（P1233）、直流制动的起始频率（P1234）等。如果减速时间太短，则可能出现直流母线过电压的故障（F0002）。

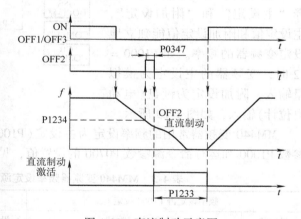

图 4-30 直流制动示意图

**注意**：直流制动仅能用于异步电动机，常用于离心机、锯、磨床、运输机等，不适用于静止悬挂负载。直流制动时，电动机转子中的机械能转换成热能，为了避免出现传动系统过热，不能频繁制动或长时间制动。此外，在较低频率下，直流制动的过程受控性能不好，在制动期间将不能控制传动系统的速度，因此参数设置和设定传动系统时，应尽可能利用实际负载进行试验。

5) 复合制动。复合制动是指当接收到 OFF1/OFF3 停车命令时，变频器按 OFF1/OFF3 的斜坡函数曲线减速，在输出的交流电上叠加一定的直流，叠加直流电流的强度由额定电流的百分比来确定。

复合制动主要应用于 $U/f$ 控制方式下的快速停车（如减速时间为 1s）以及惯量较大的传动系统的"受控制动停车"，目的是使电动机以更好的动态减速特性停车。

**注意**：当已选择"直流制动""捕捉再起动"或"矢量控制方式"等功能时，禁止复合制动功能。

6）能耗制动。能耗制动需安装外部制动电阻。变频器通过制动单元和制动电阻，将电动机回馈的能量以热能的形式消耗掉。能耗制动的相关参数有：P1237 = 1 ~ 5（能耗制动的工作停止周期）。

**注意**：对于一些大惯量负载系统，在一定工作状态下（如吊车、牵引传动、带运输机等带负载重力下降情况下），电动机运行于再生方式，电动机的再生能量回馈到变频器的直流中间电路上，引起变频器的直流回路电压升高。因此，在复合制动或能耗制动中，可通过设定参数 P1240 = 1，起动"直流电压控制器"对直流回路的电压进行动态控制，自动增加斜坡下降时间，避免大惯量负载系统制动时变频器因直流回路过电压而保护跳闸。

## 4.3 MM440 变频器的基本操作（边学边做）

### 4.3.1 基本操作面板

MM440 变频器在标准供货方式时装有状态显示板（SDP），对于很多用户来说，利用 SDP 和变频器出厂的默认设置值，就可以使变频器成功地投入运行。

如果工厂的默认设置值不适用用户的设备情况，可以利用基本操作面板（BOP）或高级操作面板（AOP）或基于 PC 的调试（起动）工具"Drive Monitor"或"STARTER"来修改参数。下面介绍常用基本操作面板 BOP 的使用方法。

BOP（Basic Operator Panel）是 MM440 变频器的选配件，用于设置变频器参数，由按键和五位 LCD 显示器组成。显示器可显示参数号 r×××× 和 P××××、参数值、参数单位（如 [A]、[V]、[Hz]、[s]）、报警信息 A×××、故障信息 F×××以及设定值、实际值、PID 反馈值等。

MM440 变频器在默认设定值的情况下，BOP 的操作无效。为了使用 BOP 控制电动机，参数 P0700 应设定为 1。

1）基本操作面板（BOP）的外观如图 4-31 所示。
2）基本操作面板（BOP）显示及按键功能见表 4-4。

图 4-31 基本操作面板

表 4-4 基本操作面板（BOP）显示及按键功能

| 显示/按键 | 功 能 | 功 能 说 明 |
|---|---|---|
| r0000 | 状态显示 | LCD 显示参数号 r×××× 和 P××××、参数值、参数单位（如 [A]、[V]、[Hz]、[s]）、报警信息、故障信息 |
| ○ | 起动变频器 | 按此键变频器起动。在默认设定时此键被锁定，当参数 P0700 = 1 时有效 |

(续)

| 显示/按键 | 功　能 | 功　能　说　明 |
|---|---|---|
| ⓪ | 停止变频器 | OFF1：按压此键，变频器所控制的电动机按所选定的斜坡下降时间减速至停车。默认设定时此键被封锁，当参数 P0700 = 1 时有效<br>OFF2：按此键两次（或长时间按 1 次），变频器所控制的电动机惯性自由停车，此功能总是有效 |
| ⌃ | 改变（电动机）转向 | 按此键可以改变所控制的电动机的旋转方向。电动机的反向用负号（–）表示或用闪烁的小数点表示。默认设定时此键被封锁，当参数 P0700 = 1 时此键有效 |
| jog | （电动机）点动 | 在变频器无输出时按下此键，则电动机起动并运行在预先设定的点动频率，当释放此键时，电动机停车。当电动机正在旋转时，此键无效 |
| Fn | 功能 | 1. 浏览功能<br>变频器运行时按压此键 2s，将显示下列数据：<br>1）直流母线电压（用 d 表示，单位 V）<br>2）输出电流（A）<br>3）输出频率（Hz）<br>4）输出电压（用 O 表示，单位 V）<br>5）在参数 P0005 中选定值<br>2. 跳转功能<br>在显示任何参数（r××××或 P××××）时，短时间按下此键，将立即跳转到 r0000。如果需要可以接着修改其他参数。跳转到 r0000 后，按此键将返回到原来显示点<br>3. 确认<br>如存在报警和故障信息，则按此键进行确认 |
| P | 访问参数 | 可访问参数，退出设置 |
| ▲ | 增加数值 | 可增加显示的值 |
| ▼ | 减小数值 | 可减小显示的值 |
| Fn + P | AOP 菜单 | 调出 AOP 菜单提示（仅用于 AOP） |

## 4.3.2　用 BOP 进行基本操作训练

了解了变频器的工作原理、结构组成以及基本操作面板、参数结构。如何改变 MM440 变频器的参数？如何控制电动机的运行？

## 【任务目标】

1）掌握 MM440 基本操作面板的参数设置方法。
2）掌握 BOP 的变频器复位、快速调试操作。
3）学会用 BOP 快速修改参数的方法。

### 1. 用 BOP 设置参数

以设置 P1000 的第 0 组参数为例，设置参数 P1000[0] = 1。通过 BOP 面板设置参数的操作步骤见表 4-5。

表 4-5 基本操作面板 BOP 的参数设置

| | 操作步骤 | BOP 显示结果 | | 操作步骤 | BOP 显示结果 |
|---|---|---|---|---|---|
| 1 | 按 P 键，访问参数 | r0000 | 5 | 按 ▼ 键，达到所要求值"1" | 1 |
| 2 | 按 ▲ 键，直到显示 P1000 | P1000 | 6 | 按 P 键，存储当前设置 | P1000 |
| 3 | 按 P 键，显示 in000，即 P1000 的第 0 组值 | in000 | 7 | 按 Fn 键，显示 r0000 | r0000 |
| 4 | 按 P 键，显示当前值"2" | 2 | 8 | 按 P 键，显示频率 | 50.00 |

### 2. 变频器参数复位

MM440 变频器一般需要经过参数复位、快速调试及功能调试等三个步骤进行调试。变频器参数复位，是将变频器的参数恢复到出厂时的默认参数值。在变频器初次调试，或者参数设置混乱时，需要执行该操作。将变频器的参数值复位到工厂默认设置值的操作步骤如图 4-32 所示。

复位之后 MM440 变频器恢复到出厂值，变频器以下面的出厂默认设置值控制电动机的运行。

1）通过数字量输入 DIN1 的 ON/OFF1、DIN2 旋转方向的改变、DIN3 的故障确认等控制电动机。
2）模拟量输入 DIN1：设定电动机频率。
3）数字量输出：DOUT1 故障输出、DOUT2 报警输出等。
4）模拟量输出 AOUT：电动机的实际运行频率。
5）电动机的控制方式是线性 $U/f$ 特性（P1300 = 0）。
6）控制电动机的类型为异步电动机（P0300 = 1）。

### 3. 变频器快速调试

变频器快速调试是指通过设置电动机参数和变频器的命令源及频率设定源，从而达到简单快速运转电动机的一种操作模式。快速调试的基本步骤如图 4-33 所示。

快速调试的完整参数见表 4-6。在完成快速调试后，变频器就可以正常地驱动电动机了。变频器运行之前，应将 P0010 设定为 0；如果 P3900 不为 0 时（0 是出厂默认值），P0010 自动复位为 0。

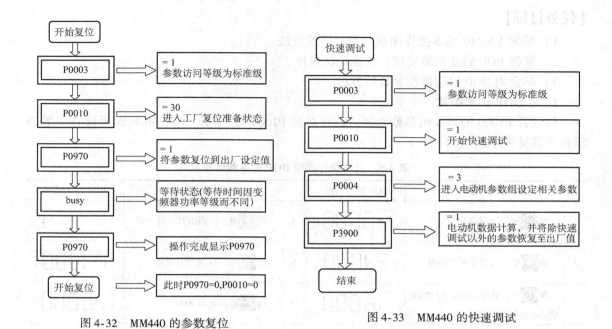

图 4-32　MM440 的参数复位　　　　　　图 4-33　MM440 的快速调试

表 4-6　MM440 快速调试参数表

| 参　数 | 参　数　描　述 | 访　问　等　级 |
|---|---|---|
| P0003 | 设置参数访问等级<br>=1 标准级（只需要设置最基本的参数）<br>=2 扩展级<br>=3 专家级 | — |
| P0010 | =0 准备<br>=1 开始快速调试<br>=2 变频器，只用于维修<br>=29 下载，用 PC 工具传送参数文件<br>=30 参数复位到出厂设定值<br>注意：<br>1. 只有在 P0010 = 1 时，电动机的主要参数才能被修改，如 P0304、P0305 等；<br>2. 只有在 P0010 = 0 时，变频器才能运行 | 1 |
| P0100 | 选择电动机的功率单位和电网频率<br>=0 单位 kW，频率 50Hz<br>=1 单位 hp，频率 60Hz<br>=2 单位 kW，频率 60Hz | 1 |
| P0205 | 变频器应用对象<br>=0 恒转矩（压缩机,传送带等）<br>=1 变转矩（风机,泵类等）<br>如果 P0100 设置为 0，看不到此参数 | 3 |

(续)

| 参 数 | 参 数 描 述 | 访问等级 |
|---|---|---|
| P0300[0] | 选择电动机类型<br>=1 异步电动机；=2 同步电动机 | 2 |
| P0304[0] | 电动机额定电压(注意电动机实际接线(Y/△)) | 1 |
| P0305[0] | 电动机额定电流<br>注意电动机实际接线(Y/△)，若驱动多台电动机，P0305 的值要大于电流总和 | 1 |
| P0307[0] | 电动机额定功率<br>如果 P0100 = 0 或 2，单位是 kW；如果 P0100 = 1，单位是 hp | 1 |
| P0308[0] | 电动机功率因数 | 2 |
| P0309[0] | 电动机的额定效率<br>如果 P0309 设置为 0，则变频器自动计算电动机效率 | 2 |
| P0310[0] | 电动机额定频率<br>通常为 50/60Hz，非标准电动机，可以根据电动机铭牌修改 | 1 |
| P0311[0] | 电动机额定速度<br>矢量控制方式下，必须准确设置此参数 | 1 |
| P0320[0] | 电动机的磁化电流，通常取默认值 | 3 |
| P0335[0] | 电动机冷却方式<br>=0 利用电动机轴上风扇自冷却<br>=1 利用独立的风扇进行强制冷却 | 2 |
| P0640[0] | 电动机过载因子<br>以电动机额定电流的百分比来限制电动机的过载电流 | 2 |
| P0700[0] | 选择命令源(启动/停止)<br>=1 键盘输入<br>=2 I/O 端子控制<br>=4 经过 BOP 链路(RS232)的 USS 控制<br>=5 通过 COM 链路(端子 29,30)<br>=6 PROFIBUS/Feild bus 通信链路(CB 通信板)<br>注意：改变 P0700 设置，将复位所有的数字输入/输出至出厂设定值 | 1 |
| P1000[0] | 设置频率设定源<br>=1 键盘(电动电位计)设定<br>=2 模拟输入 1 通道(端子 3,4)<br>=3 固定频率<br>=4 BOP 链路的 USS 控制<br>=5 COM 链路的 USS 控制(端子 29,30)<br>=6 Profi bus(CB 通信板)<br>=7 模拟输入 2 通道(端子 10,11) | 1 |
| P1080[0] | 限制电动机运行的最小频率 | 1 |
| P1082[0] | 限制电动机运行的最大频率 | 1 |

(续)

| 参　　数 | 参 数 描 述 | 访 问 等 级 |
|---|---|---|
| P1120[0] | 斜坡上升时间 | 1 |
| P1121[0] | 斜坡下降时间 | 1 |
| P1300[0] | 控制方式选择(常设置值:0,2,20,21)<br>=0 线性特性的 $U/f$ 控制<br>=1 带磁通电流控制(FCC)的 $U/f$ 控制<br>=2 带抛物线特性(二次方特性)的 $U/f$ 控制<br>=3 特性曲线可编程的 $U/f$ 控制<br>=4 ECO(节能运行)方式的 $U/f$ 控制<br>=5 用于纺织机械的 $U/f$ 控制<br>=6 用于纺织机械的带 FCC 功能的 $U/f$ 控制<br>=19 具有独立电压设定值的 $U/f$ 控制<br>=20 无传感器的矢量控制<br>=21 带有传感器的矢量控制<br>=22 无传感器的矢量—转矩控制<br>=23 带有传感器的矢量—转矩控制 | 2 |
| P3900 | 结束快速调试<br>=1 电动机数据计算，并将除快速调试以外的参数恢复到工厂设定值<br>=2 电动机数据计算，并将 I/O 设定恢复到工厂设定值<br>=3 电动机数据计算，其他参数不进行工厂复位 | 1 |

### 4.3.3　快速修改参数方法

在设定 MM440 变频器的参数时，为了快速修改参数的数值，可以单独修改显示的每个数字，操作步骤如下：

1）按功能键 (Fn)，最右边的一个数字闪烁。
2）按增减键(▲/▼)，修改这位数字的数值。
3）再按功能键 (Fn)，相邻的下一位数字闪烁。
4）执行 2~4 步，直到显示出所要求的数值。
5）按键 (P)，退出参数数值的访问级。

## 4.4　MM440 变频器的 BOP 运行控制(边学边做)

在掌握 MM440 变频器的 BOP 参数设置、参数复位、快速调试等基本操作后，就可以进行 MM440 的其他功能调试。

### 【任务目标】

1）掌握 BOP 的正反转的起动/停止控制。

2) 学习点动概念，掌握 BOP 的点动控制。

3) 通过 BOP 观察、监控变频器的电流、电压、频率等各种运行输出。

### 4.4.1 MM440 变频器的基本参数

**1. 最小频率、最大频率**

最小频率 P1080 设定电动机的最低运行频率；最大频率 P1082 设定电动机的最高运行频率。电动机运行在最大频率、最小频率时，不受频率设定值(设定值不为零)控制；在一定条件下(例如，正在按斜坡函数曲线运行,电流达到极限)，电动机运行的频率可以低于最小频率。

**2. 基准频率**

基准频率参数 P2000 用于设定模拟 I/O、PID 和串行链路控制器等输入信号所对应的满刻度频率值，参数访问等级为扩展级，默认值 50Hz。

**3. 斜坡上升、下降时间**

斜坡上升时间 P1120 是指变频器输出频率从 0Hz 上升到最大频率 P1082 所需的时间；斜坡下降时间 P1121 是指从最大频率 P1082 下降到 0Hz 所需的时间，如图 4-34 所示。

**注意**：P1120 设置过小可能导致变频器过电流；P1121 设置过小可能导致变频器过电压。与此相关的参数有：点动斜坡上升时间(P1060)，点动斜坡下降时间(P1061)，OFF3 斜坡下降时间(P1135)。

**4. 斜坡圆弧设定时间**

如图 4-35 所示，斜坡圆弧设定的相关参数有：斜坡上升曲线的起始段圆弧时间(P1130)、斜坡上升曲线的结束段圆弧时间(P1131)、斜坡下降曲线的起始段圆弧时间(P1132)、斜坡下降曲线的结束段圆弧时间(P1133)、平滑圆弧的类型(P1134)，参数访问等级为扩展级(P0003 = 2)。

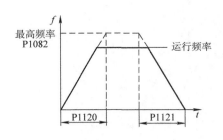

图 4-34 斜坡上升、下降时间

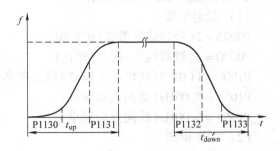

图 4-35 斜坡圆弧设定时间

### 4.4.2 电动机的 BOP 起停控制

变频器的运行控制由命令源 P0700 及频率设定源 P1000 进行控制。MM440 通过基本操作面板(BOP)上的键盘进行起动、停止、正转、反转、点动及复位等命令操作，同时通过 BOP 的增减键"▲/▼"设定频率。

设定 MM440 的参数 P0700 应选择 BOP 操作方式，变频器在接通电源时就可通过操作键盘来控制变频器的运行。

**1. 电动机的 BOP 正反转控制**

(1) 设定参数

P0010 = 0(运行准备)

P0700 = 1(键盘输入:起动/停止)

P1000 = 1(由键盘(电动电位计)设定频率)

P0003 = 2(用户访问等级:扩展级)

P1040 = 5.00Hz(键盘(电动电位计)设定值,默认值 5.00Hz)

(2) 操作步骤

1) 设定完参数,按"Fn"键返回 r0000,再按"P"键显示频率,BOP 显示 0.00Hz 与给定频率 5.00Hz 之间交替闪烁。

2) 按绿色"I"键,起动变频器,变频器运行到 P1040 设定的频率值(5.00Hz)。

3) 电动机起动时按"▲/▼"键来改变运行频率。

4) 按"⊙"键改变电动机的旋转方向,反转输出时 BOP 上显示"-"。

5) 按红色"0"键停止变频器。

6) 变频器未接负载时,BOP 可能显示"A0922"报警。

在一些场合可用到变频器的点动功能,如电动机和变频器功能的调试检查(第一次运转或检查电动机旋转方向)、传动系统定位/传动负载进入特定位置(如机床刀具的"对刀")、生产机械新的加工程序开始等,经常需要"点一点、动一动",以便观察各部位的运转情况。如果每次在点动前后,都要进行频率调整的话,既麻烦,又浪费时间。因此,变频器可以根据生产机械的特点和要求,预先一次性地设定一个"点动频率",每次点动时都在该频率下运行,而不必变动已经设定好了的给定频率。

可通过操作面板(BOP 的"jog"键)、数字输入 DIN、串行接口来选择点动工作方式。

**2. 电动机的 BOP 点动控制**

(1) 设定参数

P0003 = 2(用户访问等级:扩展级)

P0700 = 1(键盘输入:起动/停止)

P1000 = 1(由键盘(电动电位计)设定频率)

P1058 = 5.00Hz(正向点动频率)

P1059 = 5.00Hz(反向点动频率)

(2) 操作步骤

1) 设定完参数,按"Fn"键返回 r0000,再按"P"键显示频率,BOP 显示 0.00Hz 与给定频率 5.00Hz 交替闪烁。

2) 按"jog"点动运行,运行频率由 P1058 设定,默认值为"5.00Hz"。

3) 按"⊙"键改变电动机的旋转方向,反转输出时 BOP 上显示"-5.00Hz"。

4) 改动设定 P1058 = 6.50Hz,P1059 = 7.00Hz,变频器以 P1058 的设定值点动正转或反转运行。

### 4.4.3 注意事项

1) 变频器通电前要检查通电线路,主电路的进线端接电源 L1、L2、L3,出线端接电动机，变频器及电动机有可靠的接地保护。

2）初步调试，尽量在变频器空载时调试或只进行电动机空载调试，利用点动功能调试变频器传动系统。

3）根据电动机铭牌设定电动机组参数及设定控制参数，起动电动机运行，观察电动机转向、声音、振动等情况是否正常。

## 4.5 MM440 变频器的数字量运行控制（边学边做）

MM440 变频器具有各种输入、输出端子，学习了 MM440 变频器 BOP 的正反转、点动控制之后，怎样用变频器的外部接线端子（I/O 端子）进行控制呢？

**【任务目标】**

1）学习 MM440 数字量输入/输出端子的参数设置及功能。
2）学习 MM440 数字量输入端子的电动机正转、点动控制。
3）了解电动电位计的概念，掌握用外部接线端子选择 MOP 功能进行加、减速控制。
4）掌握 MM440 数字输出量的使用方法及参数设置。

### 4.5.1 MM440 变频器的数字量

MICROMASTER 440 变频器有 6+2 个数字量输入接口（可将 2 路模拟量输入口扩展设定为 2 个数字量输入接口）和 3 组数字量输出接口（如图 4-27 所示）。数字输入接口用于接收外部控制信号并控制变频器的运行状态。数字量具有编程功能，可通过参数直接赋予功能或用 BICO 技术自由编程，数字量输入接口的功能用参数 P0701～P0708 设置，见表 4-7。

表 4-7 数字量输入接口参数 P0701～P0708 设置值

| 设置值 | 参 数 描 述 | 设置值 | 参 数 描 述 |
| --- | --- | --- | --- |
| 0 | 禁止数字输入 | 14 | MOP（电动电位计）降速（减少频率） |
| 1 | ON/OFF1（接通正转/停车命令 1） | 15 | 固定频率设定值（直接选择） |
| 2 | ON reverse/OFF1（接通反转/停车命令 1） | 16 | 固定频率设定值（直接选择 + ON 命令） |
| 3 | OFF2（停车命令 2） | 17 | 固定频率设定值（二进制编码的十进制数（BCD 码）选择 + ON 命令） |
| 4 | OFF3（停车命令 3） | | |
| 9 | 故障确认 | 21 | 机旁/远程控制 |
| 10 | 正向点动 | 25 | 直流注入制动 |
| 11 | 反向点动 | 29 | 由外部信号触发跳闸 |
| 12 | 反转 | 33 | 禁止附加频率设定值 |
| 13 | MOP（电动电位计）升速（增加频率） | 99 | 使能 BICO 参数化 |

数字输入量输入的极性（PNP 或 NPN）可通过参数 P0725 选择。P0725 的默认值（P0725 = 1）为 PNP 输入，即低电平输入有效，如图 4-36a 所示；P0725 = 0 时为 NPN 输入，

高电平输入有效,如图 4-36b 所示。数字输出接口用于显示变频器实时状态和监控外部装置,如变频器准备、运行、故障、停车、报警及电动机过载等状态监视,数字量输出需要提供外接独立电源,如图 4-36c 所示。

数字量输出接口的功能由参数 P731~P733 定义,如表 4-8 所示。

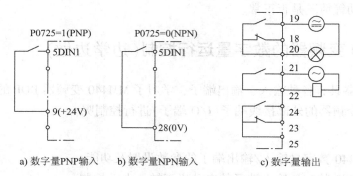

图 4-36　MM440 的数字 I/O 口接线图

表 4-8　数字量输出接口参数 P0731~P0733 设置值

| 设置值 | 参　数　描　述 | 设置值 | 参　数　描　述 |
| --- | --- | --- | --- |
| 52.0 | 变频器准备 | 52.E | 电动机正向运行 |
| 52.1 | 变频器运行准备就绪 | 52.F | 变频器过载 |
| 52.2 | 变频器正在运行 | 53.0 | 直流注入制动投入 |
| 52.3 | 变频器故障 | 53.1 | 变频器频率 $f\_act > P2167(f\_off)$ |
| 52.4 | OFF2 停车命令有效 | 53.2 | 变频器频率 $f\_act > P1080(f\_min)$ |
| 52.5 | OFF3 停车命令有效 | 53.3 | 实际电流 $r0027 \geq P2170$ |
| 52.6 | 禁止合闸 | 53.4 | 实际频率 $f\_act > P2155(f\_1)$ |
| 52.7 | 变频器报警 | 53.5 | 实际频率 $f\_act \leq P2155(f\_1)$ |
| 52.8 | 设定值/实际值偏差过大 | 53.6 | 实际频率 $f\_act \geq$ 设定值 |
| 52.9 | PZD 控制(过程数据控制) | 53.7 | 实际直流回路电压 $r0026 < P2172$ |
| 52.A | 已达到最大频率 | 53.8 | 实际直流回路电压 $r0026 > P2172$ |
| 52.B | 电动机电流极限报警 | 53.A | PID 控制器输出 $r2294 = P2292(PID\_min)$ |
| 52.C | 电动机抱闸(MHB)投入 | 53.B | PID 控制器输出 $r2294 = P2291(PID\_max)$ |
| 52.D | 电动机过载 | | |

## 4.5.2　电动机的 MM440 数字量正转控制

使用 MM440 变频器的出厂默认设定值即可控制电动机的运行,电动机的起停命令由数字量输入端 DIN1 输入,电动机的转速(对应于变频器输出频率)由模拟输入 1 通道(AIN1)设定。下面是使用 MM440 数字量控制电动机正转起动、停止的应用举例。

**1. 实训步骤**

如图 4-37 所示，用继电器 KA 控制变频器的正转运行，KA 常开触点接 DIN1 与 "9" 端（24V），频率由电位器接输入端 AIN1（3、4）设定，数字量输出端 DOUT1（18、19、20）的默认功能为"变频器故障"（P0731 = 52.3）。当变频器故障时，"18""20"端断开，继电器 KA 失电，变频器停止运行。

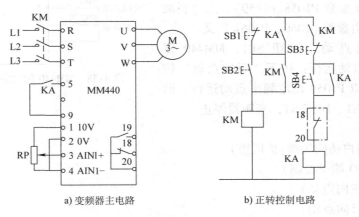

图 4-37 用继电器控制 MM440 的正转运行电路

按下起动按钮 SB2，接触器 KM 闭合，变频器主电路得电。按下起动按钮 SB4，继电器 KA 接通，设定 MM440 为"I/O 端子控制"（参数 P0700 = 2），MM440 正转运行；按下停止按钮 SB3，停止变频器运行，按下停止按钮 SB1，接触器 KM 线圈失电断开，变频器断电。

只有在接触器 KM 已经动作、变频器已经通电的状态下才能运行。与停止按钮 SB1（常闭）并联的 KA 触点用于防止电动机在运行状态下通过 KM 直接停机。

**2. 设定参数**

P0003 = 2（用户访问等级：扩展级）
P0700 = 2（I/O 端子控制）
P0701 = 2（ON/OFF1（接通正转/停车命令 1））
P0731 = 52.3（变频器故障）
P1000 = 2（模拟输入 1 通道（端子 3,4））
P1080 = 20Hz（最小频率）
P1082 = 50Hz（最大频率）
P1120 = 6s（斜坡上升时间）
P1121 = 6s（斜坡下降时间）

## 4.5.3 电动机的 MM440 数字量点动控制

MM440 除了可以用 BOP 键盘的"⊙"键进行电动机的点动控制，还可以通过使用外部数字量输入进行电动机的点动控制，改变相应的参数值即可改变数字量输入端子的功能。如图 4-38 所示，用两个按钮控制电动机正向、反向点动运行。

**1. 实训步骤**

MM440 变频器的数字量输入 DIN1（"5"端）接按钮 SB1，用 SB1 控制电动机"正向点动"的起动/停止；DIN2（"6"端）接按钮 SB2，用 SB2 控制电动机"反向点动"的起动/停止。点动频率由 BOP 键盘设定（参数 P1058、P1059）；点动斜坡上升、下降时间由参数 P1060、P1061 定义。

按下"正向点动"按钮 SB1，MM440 以 P1058 设定频率点动运行；按下"反向点动"按钮 SB2，MM440 以 P1059 设定频率点动运行。断开数字量输入 DIN1、DIN2 时，变频器停止。

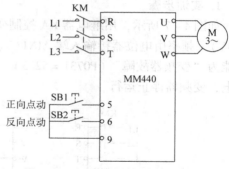

图 4-38 MM440 的数字量点动控制

**2. 设定参数**

P0003 = 2（用户访问等级：扩展级）
P0700 = 2（I/O 端子控制）
P0701 = 10（正向点动）
P0702 = 11（反向点动）
P1000 = 1（由键盘（电动电位计）设定频率）
P1058 = 8.00Hz（正向点动频率）
P1059 = 6.00Hz（反向点动频率）
P1060 = 6.00s（点动斜坡上升时间）
P1061 = 6.00s（点动斜坡下降时间）

### 4.5.4 电动机的 MOP 功能控制

MM440 变频器的"电动电位计（MOP）"功能模仿电位计来设定变频器输出频率，以实现远程设定频率、遥控加减速的目的。MOP 功能可通过操作面板、数字量输入及串行接口来选择实现。以数字量输入端子选择 MOP 功能的操作训练，如图 4-39 所示。

**1. 实训步骤**

用开关或自锁按钮控制 DIN1（"5"端），作为变频器的起动/停止控制命令源，DIN2 和 DIN3（"6"和"7"端）为变频器的频率源。设定 MM440 变频器的运行为"I/O 端子控制"，选择"电动电位计（MOP）"功能控制变频器的输出频率。

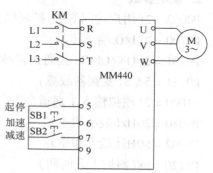

图 4-39 电动机的 MOP 加减速控制

按下"加速"按钮 SB1，变频器输出频率增加，直到最大频率（P1082）设定值为止；按下"减速"按钮 SB2，变频器频率减少，直到最小频率（P1080）设定值为止。两个按钮同时按下时，设定值被锁定。数字量输入 DIN1 断开时，MM440 停止运行。

**2. 设定参数**

P0003 = 2(用户访问等级：扩展级)
P0700 = 2(I/O 端子控制)
P0701 = 1(ON/OFF1(接通正转/停车命令1))
P0702 = 13(MOP(电动电位计)升速(增加频率))
P0703 = 14(MOP(电动电位计)降速(减少频率))
P1000 = 1(由键盘(电动电位计)设定频率)
P1080 = 20.00Hz(最小频率)
P1082 = 50.00Hz(最大频率)

## 4.6 MM440 变频器的模拟量控制（边学边做）

实际应用中的各种测量仪表、传感器、智能控制器等的输入/输出信号为模拟量电压及电流信号，电压信号有 0~5V、1~5V、0~10V 等规格，电流信号有 0~20mA、4~20mA 等规格。MM440 变频器内部带有 A-D 转换器和 D-A 转换器，可以接收传感器、仪表的模拟量输入信号，也可以输出与变频器实际测量值相对应的模拟量信号。

**【任务目标】**

1）掌握 MM440 模拟量输入/输出端子的类型选择及参数设置。
2）学习 MM440 模拟量输入设定频率和控制电动机的方法。
3）学习 MM440 模拟量接口的定标以及与 PLC 配合的功能应用。

### 4.6.1 MM440 变频器的模拟量输入

MM440 变频器有两路模拟量输入通道：通道1(ADC1)和通道2(ADC2)，分别对应于两路模拟量输入接口 AIN1(3、4)和 AIN2(10、11)。每个模拟量输入通道的输入类型可用如图 4-40 所示的 I/O 板上的两个拨码开关和参数 P0756 来选择。P0756 可以设定是模拟量电压输入还是模拟量电流输入，拨码开关的选择必须与 P0756 的设定选择相一致。模拟量输入（设定 P1000 = 2）运行控制请参考本章 4.5.2 节。

参数 P0756 定义模拟量输入的类型：
P0756 = 0 单极电压输入(0~10V)
P0756 = 1 单极电压输入带监控(0~10V)
P0756 = 2 单极电流输入(0~20mA)
P0756 = 3 单极电流输入带监控(0~20mA)
P0756 = 4 双极电压输入(-10~+10V)

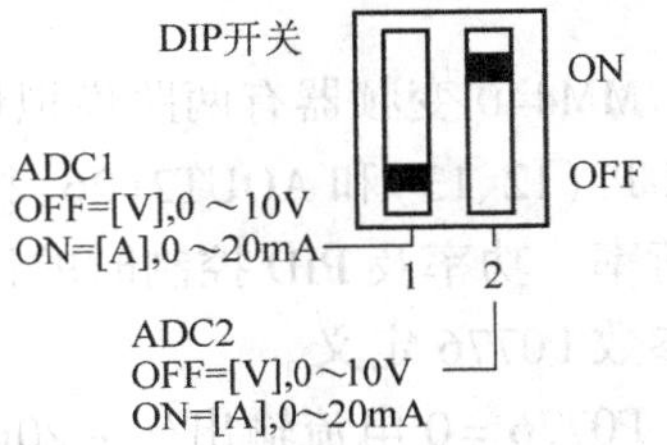

图 4-40 模拟量的类型选择拨码开关

双极电压输入仅能用于模拟量输入通道1(ADC1)。

模拟量电压/电流输入接线图及定标图如图 4-41 所示。图 4-41c 中横坐标轴为频率定义输入信号的类型(电压或电流)，纵坐标轴定义频率值的 100% 定标。

模拟量输入通道(ADC)有多个功能单元，这些功能单元用参数定义，如定义模拟量

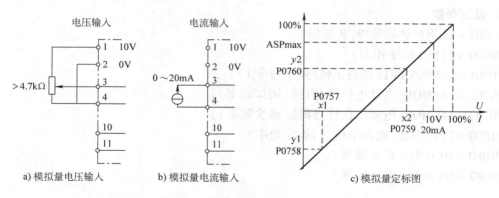

图 4-41 模拟量输入接线及定标图

输入的滤波(PT1 滤波器)时间参数 P0753、定标参数 P0757~P0760、模拟量输入死区参数 P0761 等。

模拟量输入通道 1(ADC1)应用举例如图 4-42 所示,模拟量输入通道 1 输入 2~10V 的电压信号,设定的频率为 0~50Hz。模拟量的类型选择拨码开关 DIP1 拨至 OFF 位置,选择频率设定信号为 0~10V 电压输入。

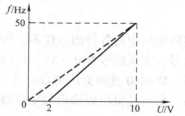

图 4-42 模拟量输入通道 1(ADC1)定标举例

实现图 4-42 的定标,需要设定的功能参数见表 4-9。

表 4-9 模拟量输入通道 1(ADC1)功能参数设定

| 参数号码 | 设定值 | 参数功能 | 参数号码 | 设定值 | 参数功能 |
| --- | --- | --- | --- | --- | --- |
| P0756 | 0 | 单极电压输入(0~10V) | P0759[0] | 10 | 电压 10V 对应频率值 100% 的标度,即 50Hz |
| P0757[0] | 2 | 电压 2V 对应频率值 0% 的标度,即 0Hz | P0760[0] | 100% | |
| P0758[0] | 0% | | P0761[0] | 2 | 死区宽度(单位为 V 或 mA) |

## 4.6.2 MM440 变频器的模拟量输出

MM440 变频器有两路模拟量输出通道 DAC1 和 DAC2,分别对应于两路模拟量输出接口 AOUT1(12、13)和 AOUT2(26、27),可以通过功能参数设定,测量频率、电流、电压、转矩、负荷率、功率及 PID 控制时的目标值和反馈值等。模拟量输出通道(DAC1 和 DAC2)的类型由参数 P0776 定义。

P0776 = 0 电流输出(0~20mA)。

P0776 = 1 电压输出(0~10V)。

模拟量输出电压/电流输入定标图如图 4-43 所示。由图 4-43 可以看出,横坐标轴为频率值的 100% 定标,纵坐标轴定义输出类型(电流或电压),这点与模拟量输入不同。其他相关参数有:定标参数 P0777~P0780、定义模拟量输入的滤波(PT1 滤波器)时间参数 P0773、定义模拟量输出死区参数 P0781 等。

模拟量输出通道 1(DAC1)应用实例如图 4-44 所示,模拟量输入通道 1 输入 4~20mA 的电流信号,设定的频率为 0~50Hz。

实现图 4-44 所示的定标,需要设定的功能参数见表 4-10。

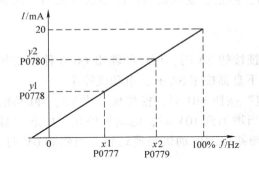

图 4-43 模拟量输出定标图

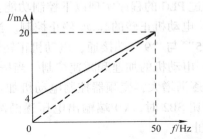

图 4-44 模拟量输出通道 1(DAC1)定标举例

表 4-10 模拟量输出通道 1(DAC1)功能参数设定

| 参数号码 | 设定值 | 参数功能 | 参数号码 | 设定值 | 参数功能 |
| --- | --- | --- | --- | --- | --- |
| P0776 | 0 | 电流输出(0~20mA) | P0779[0] | 100% | 50Hz(频率值 100% 的标度) |
| P0777[0] | 0% | 0Hz(频率值 0% 的标度)对应输出电流 4mA | P0780[0] | 20 | 对应输出电流 20mA |
| P0778[0] | 4 | | P0781[0] | 2 | 死区宽度(单位为 V 或 mA) |

**注意**:模拟量输入/输出的通道用功能参数的变址[×]来选择,[0]选择模拟量通道 1,而[1]选择模拟量通道 2,如 P0761[1]表示 ADC2 的死区宽度。

### 4.6.3 PLC 与 MM440 的联机模拟量控制应用

本章 4.5.2 节中,介绍了用继电器 KA 控制变频器实现电动机的起停方式,采用电位器设定电动机的运行频率(如图 4-37 所示)。本例为 PLC 与变频器的联机控制,如图 4-45 所示。图 4-45 中用西门子 S7-200 CPU224 的输出 Q0.0 控制电动机的起停,并采用模拟量输入/输出模块 EM235 设定电动机的转速。自锁按钮 SA 用于起/停电动机,按钮 SB1 和 SB2 分别控制电动机的加速和减速。

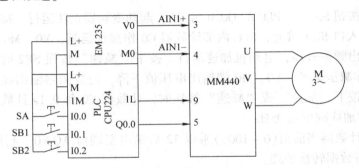

图 4-45 PLC 模拟量输出设定 MM440 运行频率

### 1. 实训步骤

变频器用模拟量输入/输出模块 EM235 的输出改变 MM440 的频率设定值，模块的 V0、M0 端输出 0~10V 的电压模拟量。3 个按钮接入 PLC 的 I0.0、I0.1 和 I0.2 端，用于电动机起/停、加速、减速控制，Q0.0 控制变频器的正转/停止。变频器的控制参数可采用默认设置值，即参数 P0700 = 2、P1000 = 2。

通过 PLC 的程序实现以下控制功能：

1）电动机正转的起动/停止控制。当按下自锁按钮 SA 时，PLC 的输出 Q0.0 使得变频器的"5"与"9"端接通，电动机正转运行。按下自锁按钮 SA 时，电动机停止。

2）电动机的加速和减速控制。当按下"加速"按钮 SB1 时，模拟量模块 V0、M0 端输出电压逐渐增大，变频器控制电动机加速运行，当增加到 10V 时，电动机停止。按下"减速"按钮 SB2 时，V0 端输出电压逐渐减少，变频器控制电动机减速运行，当降到 0V 时，自动停止。

### 2. 模拟量处理模块 EM235

西门子 S7-200 CPU 224 处理的是数字量，当需要处理模拟量信号时，必须通过模拟量扩展模块对外部模拟量信号进行采样处理。

西门子模拟量扩展模块 EM235 带有 4 路模拟量输入端口和 1 路模拟量输出端口，模块与 PLC 相连接，用于信号的 A-D、D-A 转换处理，模拟量输入/输出值（如 0~10V、4~20mA）对应数字 0~32000 定标。

EM235 模块将模拟量输入端口的模拟信号经 A-D 转换后变为数字量，传送到 PLC 模拟量输入映像寄存器（AI），同时也将 PLC 模拟量输出映像寄存器（AQ）的数字量经 D-A 转换后，传送至模拟量输出端口。

通过字传送指令（MOVW），PLC 可以读取模拟量输入映像寄存器中的值或将数值写出到输出映像寄存器，如：

MOVW AIW0, AC0 　　　　//读取模拟量输入映像寄存器中的值至累加器 AC0
MOVW AC0, AQW0 　　　　//将累加器 AC0 中的存储值写出到模拟量输出映像寄存器

### 3. PLC 控制程序编写

本例中使用 EM235 的模拟量输出处理功能，将 PLC 中增减计数器 C0 的当前计数值进行数-模转换为 0~10V 的电压信号，输送到 EM235 模块的 V0、M0 端，作为 MM440 变频器的频率设定信号。

当按下自锁按钮 SA 时，PLC 的 Q0.0 为 ON，起动变频器正转运行。按下"加速"按钮 SB1 则 PLC 的输入口 I0.1 接通，PLC 内部计数器 C0 作加法运算，V0、M0 端输出电压值上升，使变频器输出频率升高，电动机加速运行。按下"减速"按钮 SB2 时 I0.2 接通，PLC 内部计数器 C0 作减法运算，V0、M0 端输出电压值下降，使变频器输出频率降低，电动机减速运行。连续按下"加速"或"减速"按钮时，计数器 C0 每 0.1s 计数一次，变频器输出频率每 0.1s 增加或减少 0.05Hz。

程序中，将计数器当前值（0~1000）乘以 32 后输出至端口 AQW0，利用转换指令 ITD、DTR、DTI 等进行数据转换处理。

西门子 PLC（S7-200 CPU224）设定变频器频率的参考程序如图 4-46 所示。

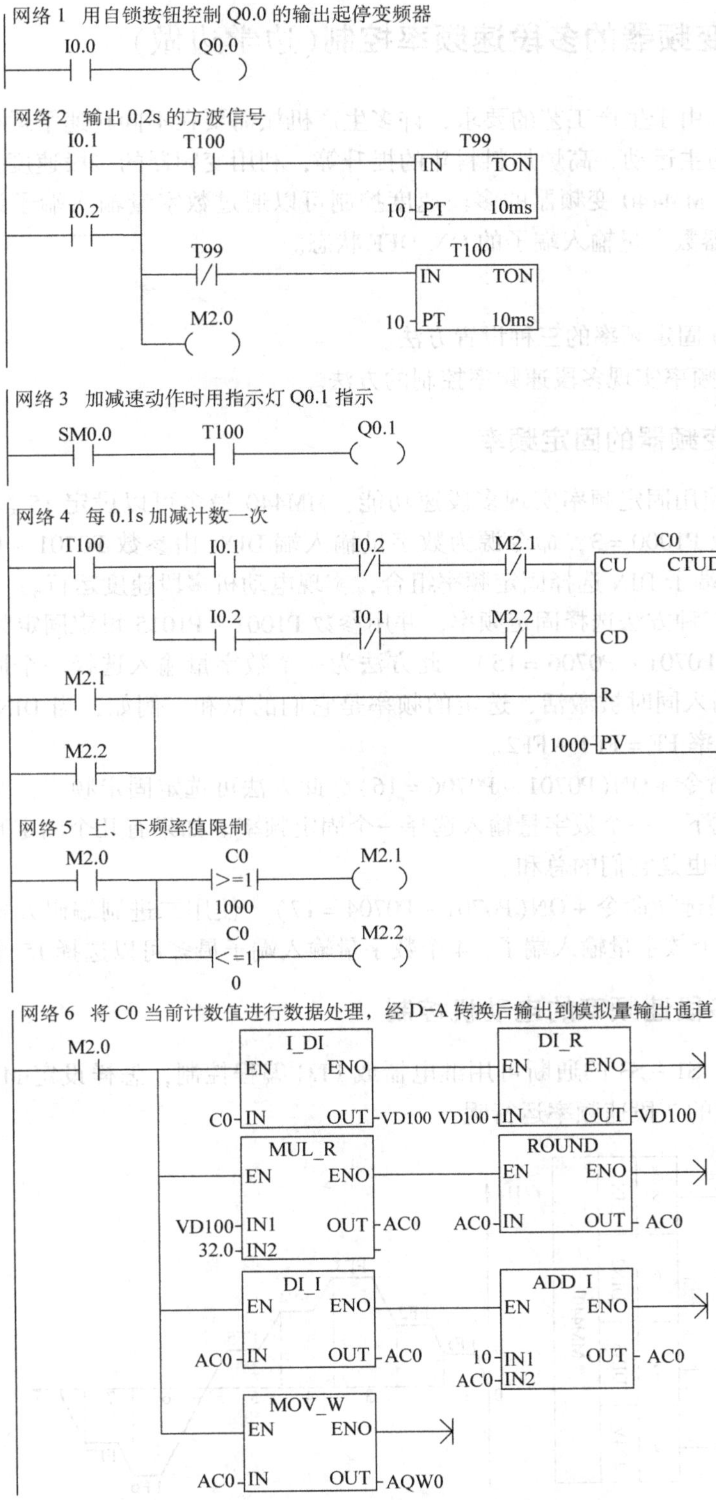

## 第4章 机床主轴的变频器调速

网络 1 用自锁按钮控制 Q0.0 的输出起停变频器

```
    I0.0          Q0.0
─────┤├──────────( )────
```

网络 2 输出 0.2s 的方波信号

```
    I0.1    T100              ┌─────────┐
─────┤├──────┤/├───────────────┤IN    TON│
    I0.2                       │         │
─────┤├───────                 10─┤PT  10ms│
                              └─────────┘
    T99                       ┌─────────┐
─────┤/├───────────────────────┤IN   T100│
    M2.0                       │     TON │
─────( )─                   10─┤PT  10ms│
                              └─────────┘
```

网络 3 加减速动作时用指示灯 Q0.1 指示

```
   SM0.0    T100         Q0.1
────┤├──────┤├──────────( )────
```

网络 4 每 0.1s 加减计数一次

```
   T100   I0.1   I0.2   M2.1       ┌─────────┐
────┤├────┤├─────┤/├────┤/├─────────┤CU   CTUD│
          I0.2   I0.1   M2.2       │         │
          ─┤├─────┤/├────┤├──────────┤CD       │
   M2.1                            │         │
────┤├──────────────────────────────┤R        │
   M2.2                            │         │
────┤├──────────────────────────────┤         │
                              1000─┤PV       │
                                   └─────────┘
```

网络 5 上、下频率值限制

```
   M2.0    C0           M2.1
────┤├────┤>=I├─────────( )────
          1000
          C0           M2.2
          ┤<=I├─────────( )────
          0
```

网络 6 将 C0 当前计数值进行数据处理,经 D-A 转换后输出到模拟量输出通道 AQW0

```
   M2.0     ┌─────────┐         ┌─────────┐
────┤├──────┤I_DI     │         │DI_R     │
            │EN   ENO ├─────────┤EN   ENO ├──────
            │         │         │         │
        C0─┤IN   OUT ├VD100 VD100┤IN   OUT├VD100
            └─────────┘         └─────────┘
            ┌─────────┐         ┌─────────┐
            │MUL_R    │         │ROUND    │
            │EN   ENO ├─────────┤EN   ENO ├──────
            │         │         │         │
      VD100─┤IN1  OUT├AC0    AC0┤IN   OUT├AC0
       32.0─┤IN2      │         │         │
            └─────────┘         └─────────┘
            ┌─────────┐         ┌─────────┐
            │DI_I     │         │ADD_I    │
            │EN   ENO ├─────────┤EN   ENO ├──────
            │         │         │         │
       AC0─┤IN   OUT├AC0     10─┤IN1  OUT├AC0
            └─────────┘     AC0─┤IN2      │
                                └─────────┘
            ┌─────────┐
            │MOV_W    │
            │EN   ENO ├──────
            │         │
       AC0─┤IN   OUT├AQW0
            └─────────┘
```

图 4-46 西门子 PLC(S7-200 CPU224)设定变频器频率的参考程序

## 4.7 MM440 变频器的多段速频率控制(边学边做)

在工业生产中,由于生产工艺的要求,许多生产机械需要在不同转速下运行,如车床主轴转速、龙门刨床的主运动、高炉加料料斗的提升等,利用变频器的多段速度控制功能即可实现这些控制要求。MM440 变频器的多段速度控制可以通过数字量输入端子设定实现,一般用 PLC 控制变频器数字量输入端子的 ON/OFF 状态。

【任务目标】

1) 掌握 MM440 固定频率的三种设置方法。
2) 学习用固定频率实现多段速频率控制的方法。

### 4.7.1 MM440 变频器的固定频率

MM440 变频器使用固定频率实现多段速功能,MM440 最多可以设定 15 段速(频率)控制,设置频率源参数 P1000 =3,命令源为数字量输入端 DIN(由参数 P0701 ~ P0706 定义功能),用数字量输入端子 DIN 选择固定频率组合,实现电动机多段速度运行。

MM440 有以下三种方法选择固定频率,并用参数 P1001 ~ P1015 设定固定频率值:

(1) 直接选择(P0701 ~ P0706 = 15)  此方法为一个数字量输入选择一个固定频率。如果有几个固定频率输入同时被激活,选定的频率是它们的总和。例如,当 DIN1 与 DIN2 同时为 ON 时,运行频率 FF = FF1 + FF2。

(2) 直接选择命令 + ON(P0701 ~ P0706 = 16)  此方法可选定固定频率,又带有起动命令。在这种操作方式下,一个数字量输入选择一个固定频率。如果有几个固定频率输入同时被激活,选定的频率也是它们的总和。

(3) 二进制编码选择命令 + ON(P0701 ~ P0704 = 17)  使用二进制编码方式选择固定频率,MM440 有 6 + 2 个数字量输入端子,4 个数字量输入端子最多可以选择 15 个固定频率。

### 4.7.2 MM440 多段速频率的电动机控制

如图 4-47 所示,S1 ~ S3 的通断可用继电器或 PLC 编程控制,怎样设定 MM440 的功能以实现电动机按设定的 7 段速频率运行呢?

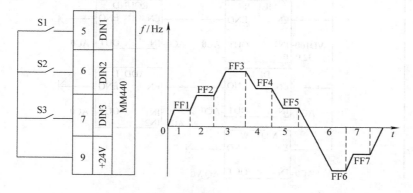

图 4-47  MM440 的多段速控制及电动机运行频率图

实现MM440多段速频率控制有三种方法,下面使用第三种方法,即"二进制编码选择命令+ON"的方式设定固定频率。用DIN1~DIN3设定P0701~P0703值均为17,并设定对应7段速的固定频率值P1001~P1007。

电动机正、反向转动既可以用数字量输入端子来控制,也可以用固定频率(参数P1001~P10015)设置值的正负值来确定,设定频率值为负值时电动机反转。7段固定频率控制状态表,见表4-11(15段速依此类推)。

表4-11 固定频率控制状态及参数设置表

| 固定频率(段速) | DIN3 | DIN2 | DIN1 | 参　　数 | 设定值/Hz |
|---|---|---|---|---|---|
| OFF | 0 | 0 | 0 | P1000 | 3 |
| FF1 | 0 | 0 | 1 | P1001 | 10 |
| FF2 | 0 | 1 | 0 | P1002 | 20 |
| FF3 | 0 | 1 | 1 | P1003 | 35 |
| FF4 | 1 | 0 | 0 | P1004 | 25 |
| FF5 | 1 | 0 | 1 | P1005 | 12 |
| FF6 | 1 | 1 | 0 | P1006 | -30 |
| FF7 | 1 | 1 | 1 | P1007 | -18 |

## 4.8　MM440变频器在机床主轴调速系统中的应用

某机床的主轴变速采用MM440变频器控制,变频器的运行由主轴命令控制,那么,变频器与机床调速系统的哪些接口相连?变频器与电动机连接时要如何进行参数设置?

**【任务目标】**

1)掌握MM440与机床主轴控制命令的连接。
2)学习主轴变频调速系统的调试及运转。

### 4.8.1　机床主轴控制命令与MM440变频器的连接

机床主轴控制命令有控制转速的模拟量信号和控制主轴正转、反转、运行、故障报警、频率到达等的数字量信号,将各路信号与变频器相连接,连接端子及接口如图4-48所示。

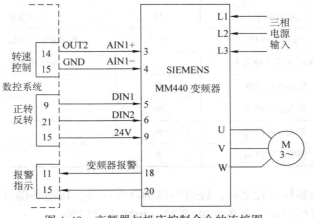

图4-48　变频器与机床控制命令的连接图

## 4.8.2 MM440 变频器的连接调试

### 1. 复位及快速调试

接通变频器三相(380V)输入电源,按照前面所讲的方法,用 MM440 型变频器的基本操作面板(BOP)进行变频器调试。首先,把变频器所有参数复位为出厂时的默认设置值,然后进行快速调试,将参数 P0010 设置为 "1",根据电动机铭牌设置电动机参数:

电动机额定电压　　P0304 = 380V
电动机额定电流　　P0305 = 1.5A
电动机额定功率　　P0307 = 0.55kW
电动机额定频率　　P0310 = 50.00Hz
电动机额定转速　　P0311 = 1390r/min

将参数 P3900 设置为 "1",使变频器自动执行必要的电动机其他参数计算,并使除快速调试外的其余参数恢复为默认设置值,自动将 P0010 参数设置为 "0",快速调试结束后,变频器准备就绪。

### 2. 主轴电动机试运转

在快速调试之后,采用变频器的 "点动" 功能进行电动机和变频器功能的调试检查,检查电动机转向、变速、噪声等各部位的运转情况,点动设定参数有:

P0700 = 1(BOP 起动/停止);P1000 = 1(BOP 设定频率)
P1058 = 5.00Hz(正向点动频率);P1059 = 5.00Hz(反向点动频率)

### 3. 主轴电动机运转

在点动试运行正常之后,修改命令源、频率设定源及斜坡上升、下降时间等,功能参数的设定值根据实际控制要求更改。主要功能参数设置见表 4-12。

表 4-12 变频器功能参数设置表

| 参　　数 | 功　　能 | 默　认　值 | 对 应 端 子 |
| --- | --- | --- | --- |
| P0700 | I/O 端子起动/停止 | 2 | — |
| P0701 | 正转/停止 | 1 | 数字量输入 DIN1,"5" |
| P0702 | 反转/停止 | 12 | 数字量输入 DIN2,"6" |
| P0731 | 变频器故障 | 52.3 | 数字量输出 RELAY1,"18、19、20" |
| P1000 | 模拟量输入通道 1 | 2 | 模拟量输入 AIN1,"3、4" |
| P1080 | 最小运行频率 | 0 | — |
| P1082 | 最大运行频率 | 50 | — |
| P1120 | 斜坡上升时间 | 5 | — |
| P1121 | 斜坡下降时间 | 5 | — |

在完成变频器的参数设置之后,经过调试确认无误后,接通各部分电源,便可由机床的控制命令控制电动机的起动、停止、正/反转、加减速运行等。

## 习题 4

4-1 如何用 BOP 修改变频器最低频率 P1080 为 10Hz、最高频率 P1082 为 40Hz？

4-2 如何访问参数 P1040 键盘（电动电位计）设定值？

4-3 如何用 BOP 访问电动机参数组？

4-4 使用继电器实现 MM440 变频器的正/反转运行控制，并设定变频器参数，设计出控制的电气原理图。

4-5 使用变频器输入、输出端子控制两台变频器：实现当 1#变频器发生故障的同时停止 2#变频器的运行。

4-6 在大型的空调大楼中不同时间段（8 点 ~ 23 点）需求的风量不同，如图 4-49 所示。使用 MM440 变频器控制风机运转速度，设置变频器参数，达到节能目的。若采用固定频率设定方法一、方法三，怎样进行 MM440 的参数设置及控制接线？

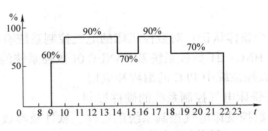

图 4-49 变频风机的多段速控制

# 第 5 章 数控铣床的电气控制

数控(Numerical Control,NC)技术,是用数字化信息进行控制的自动控制技术。数控机床,就是采用了数控技术的机床,或者说装备了数控系统的机床,是集机床、计算机、电动机及拖动、自动控制、检测等技术为一体的自动化设备。现代数控系统都为计算机数控系统(Computer Numerical Control, CNC)。

本章将以 XK714 型和 $J_1$VMC50M 型数控铣床为例,介绍数控机床电气控制系统的一些基本知识,介绍 PLC 在数控机床中的应用,并分别以华中世纪星 HNC-21 数控系统及 FANUC 0i 数控系统为例,介绍两种不同档次数控铣床的电气控制。

【知识目标】
1) 对数控机床有一个整体认识;对数控机床的电气控制系统有一个整体认识。
2) 了解华中世纪星 HNC-21 数控系统及 FANUC 0i 数控系统的整体连接。
3) 掌握 FANUC 0i 数控系统中 PLC 的编程和应用。
4) 了解 XK714 数控铣床电气控制系统的硬件控制。
5) 掌握 $J_1$VMC50M 数控铣床电气控制系统的硬件、软件及参数。

【技能目标】
1) 能看懂 HNC-21 数控系统连接及使用说明书,会分析 XK714 数控铣床的电气控制原理图。
2) 能看懂 FANUC 0i 数控系统各接口的连接图,能看懂数控系统连接及使用说明书。
3) 会分析 $J_1$VMC50M 数控铣床的电气控制,触类旁通,具有识读其他数控设备电气原理图的能力。

【问题导入】
图 5-1 所示是一种应用性很广的立式数控铣床 $J_1$VMC50M,它采用 FANUC 0i 系统进行控制,适应于航天军工、精密仪器、模具制造等机械加工行业。该机床与普通机床有什么区别呢?它是怎样实现自动控制的呢?

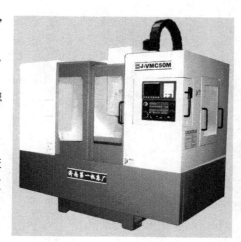

图 5-1 $J_1$VMC50M 外观图

## 5.1 数控机床电气控制系统

### 5.1.1 数控机床的加工过程

数控机床与普通机床的加工过程不同,它可实现全自动加工。图 5-2 所示为数控机床完成零件数控加工的过程。

第5章 数控铣床的电气控制

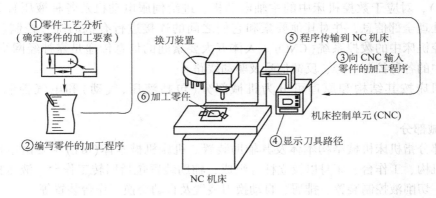

图 5-2 数控加工的过程

1）根据零件加工图样进行工艺分析，确定加工方案、工艺参数和位移数据。
2）用规定的程序代码和格式编写零件加工程序单；或用自动编程软件进行 CAD/CAM 编程，直接生成零件的加工程序文件。
3）程序的输入或传输。由手工编写的程序，可以通过数控机床的操作面板输入；由编程软件生成的程序，则通过计算机的串行通信接口直接传输到数控机床的数控装置。
4）对输入或传输到数控装置的加工程序，进行试运行、刀具路径模拟等。
5）通过对机床的正确操作，运行程序，完成零件的加工。

## 5.1.2 数控机床的组成

从仿生学的观点来看，数控机床的组成类似于人的器官构造及其功能。图 5-3 所示为人和数控机床的五大要素。

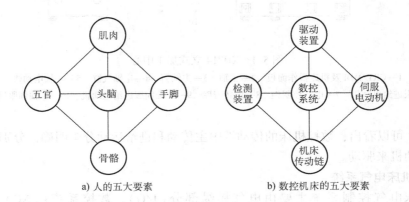

图 5-3 人和数控机床的五大要素

从人的五大要素来说，肌肉建立了用能量来维持人的生命和活动的条件（动力），对应于数控机床中的驱动装置和电源；五官接受外界的信息，对应于数控机床中的位置和速度检测装置及压力、温度等传感器；骨骼用来把人体连成一体，并规定其运动（机构），对应于数控机床中的机械传动链，如滚珠丝杠螺母副、导轨副、齿轮副及联轴器等；手脚作用于外界(执行器),对应于数控机床中的主轴电动机、进给伺服电动机及各种液压缸和气缸等;头脑集中处理全部信息,并对其他要素和它们之间的连接进行有机的统一控制(计算机),对应于数控机床中的数控系统(CNC)。人体五大要素间的信息传递是靠神经网络,对应于数控机床中的各种控制信号、反馈信号及驱动线路。

数控机床按其结构和原理可分为机械部分(包括液压、气动)和电气控制系统两大部分。

**1. 机械部分**

机械部分指机床机械结构本体及其辅助装置。机床机械本体(MT)主要由主传动机构、进给传动机构、工作台、床身以及立柱等组成;辅助装置包括回转工作台、液压控制系统、润滑装置、切削液控制装置、排屑、自动换刀装置及自动交换工作台装置等。

图 5-4 所示为 XH714 立式加工中心的外观图,图 5-5 为 XH714 立式加工中心传动系统(部分)示意图。

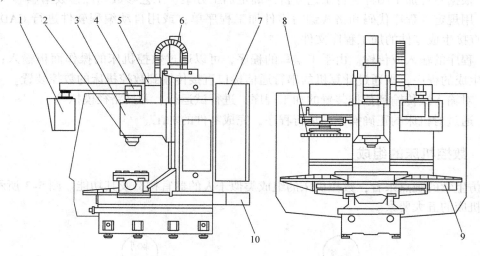

图 5-4 XH714 立式加工中心

1—CRT/MDI 及机床操作面板  2—主轴  3—主轴箱  4—主轴气缸  5—主轴电动机
6—Z 轴伺服进给电动机  7—电气控制柜  8—回转刀库  9—X 轴伺服进给电动机  10—Y 轴伺服进给电动机

从图 5-5 可以看出,数控机床的传动链中主传动和进给运动分工明确,分别由主轴电动机和进给电动机来驱动。

**2. 数控机床电气系统**

数控机床电气控制系统主要由电气操纵部分(I/O)、数控系统(CNC)、伺服系统(SERVO)、机床强电控制系统(PLC 和继电器-接触器控制系统)等组成,如图 5-6 所示。

(1) 数控系统(CNC)  数控系统即数控装置,是数控机床的核心,是数控机床电气控制系统的控制中心。它能自动处理输入的数控加工程序,并将数控加工程序的信息按两类控制分别输出。如图 5-7 所示,一类是坐标轴运动的位置控制,是由 CNC 控制的实时的连续信息,被送往伺服系统;另一类是数控机床运行过程的顺序控制,是由 PLC 实现的逻辑离散(开关量)信息,被送往机床强电控制系统,最终实现 M(辅助)功能、S(主轴转速)功能、

T(刀具)功能,并对机床操作面板及各种开关进行控制,从而协调控制机床各部分运动,实现数控机床的加工过程。

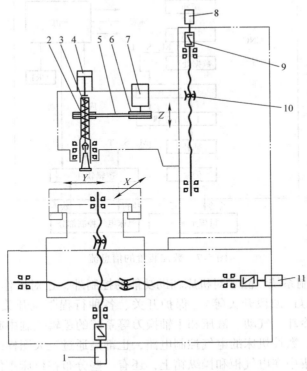

图 5-5  XH714 立式加工中心的传动系统(部分)示意图

1—X 轴伺服进给电动机  2—主轴套筒  3—弹簧  4—主轴气缸  5—同步齿形带
6—同步齿轮  7—主轴伺服电动机  8—Z 轴伺服进给电动机  9—联轴器
10—滚珠丝杠螺母副  11—Y 轴伺服进给电动机

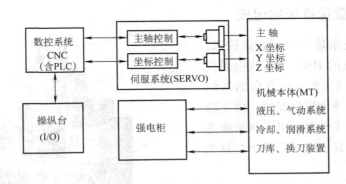

图 5-6  数控机床电气控制系统组成

(2) 伺服系统(SERVO)  是由伺服电动机(含检测装置)和伺服装置(或称伺服放大器)组成,分为进给伺服系统和主轴伺服系统。

进给伺服系统驱动机床各坐标轴的切削进给,提供切削过程中所需要的转矩和运行速度;主轴伺服系统实现主轴的转速调节和控制,还可提供主轴定向等功能,主要完成切削任务。

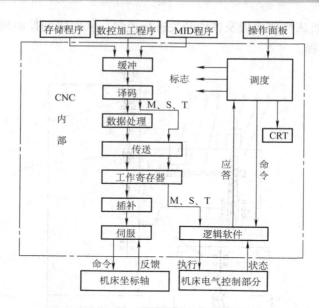

图 5-7 数控装置的信息流

（3）机床强电控制系统　除了对机床辅助功能的控制外，还对操作面板上所有元件（包括各种按钮、操作指示灯、波段开关等）、保护开关、各种行程限位开关等进行检测和控制。其中，PLC 在润滑、冷却、气动、液压和主轴换刀等系统的逻辑控制中起到重要作用。

与普通机床类似，数控机床的电气控制电路，也都是通过三大图样来表达的。机床上的电器控制元件，主要集中在电气柜和操纵箱上，还有一些分布在机床本体上。

## 5.2　XK714 数控铣床的电气控制

### 5.2.1　XK714 数控铣床的组成

XK714 数控铣床是三坐标立式铣床，采用我国自主研发的 HNC‑21 数控系统进行控制。其 X、Y、Z 三个方向的进给均采用伺服电动机驱动滚珠丝杠，而主轴则采用变频器驱动主轴电动机。该机床适合在机械制造、模具、电子等行业对复杂零件进行加工。

XK714 数控铣床主要由底座、立柱、工作台、主轴箱、电气控制柜、HNC‑21 数控系统、冷却系统、润滑系统等组成，如图 5-8 所示。它的立柱和工作台安装在底座上，主轴箱在立柱上上下移动。它的左右方向为 X 轴，前后方向为 Y 轴，主

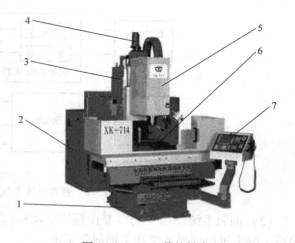

图 5-8　XK714 数控铣床
1—底座　2—电气控制柜　3—立柱　4—主轴电动机
5—主轴箱　6—工作台　7—HNC‑21 数控系统

轴箱在立柱上的上下移动方向为Z轴。

XK714数控铣床还配有自动换刀装置，主要通过刀具松紧电磁阀实现换刀动作，此外，换刀时主轴吹气电磁阀还要向主轴锥孔吹气，以清除锥孔内的脏物。

### 5.2.2　HNC-21数控系统

**1. HNC-21数控系统的组成**

在数控机床中，通常将数控装置、主轴伺服放大器及电动机、进给伺服放大器及电动机组合在一起，构成一套数控系统进行控制。图5-9所示为华中世纪星HNC-21数控系统配置示意图。

（1）世纪星数控装置　HNC-21数控系统是我国自主研发的数控装置，以通用工业微机为硬件平台，以DOS、Windows为开放式软件平台，具有4轴联动、全闭环控制、高速、高精度加工和网络通信等功能。

1）嵌入式工业PC主板。世纪星数控系统内部有嵌入式工业PC主板，提高了系统的可靠性。

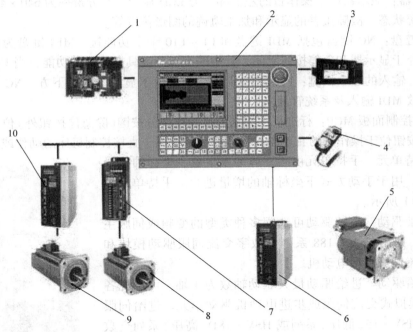

图5-9　HNC-21数控系统配置示意图
1—PC主板　2—数控装置面板　3—软驱单元　4—手持单元　5—GM7系列交流伺服主轴电动机
6—HSV-188系列全数字交流伺服驱动模块　7—HSV-16系列全数字交流伺服驱动模块
8—GK6系列交换永磁同步伺服电动机（低压）　9—GK6系列交换永磁同步伺服电动机（高压）
10—HSV-18D系列全数字交流伺服驱动模块

2）软驱单元。该单元支持以太网连接（NT NoveL）和DNC功能；并用软驱交换程序，方便快捷。

3）世纪星数控装置面板。数控装置面板由显示器、NC键盘及机床控制面板MCP等组成，如图5-10所示。

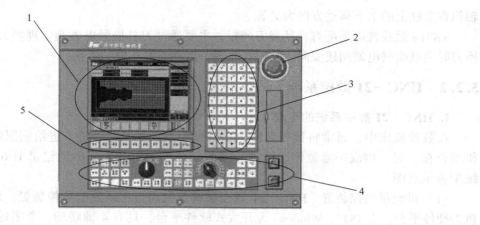

图 5-10 HNC-21 数控装置配置示意图
1—LCD 显示器  2—急停按钮  3—MDI 键盘  4—机床控制面板  5—功能键

① 显示器：显示器位于操作台的左上部，为 LCD 显示，其分辨率为 640×480，用于汉字菜单、系统状态、故障报警的显示和加工轨迹的图形仿真等。

② NC 键盘：NC 键盘包括 MDI 键盘和 F1~F10 十个功能键。MDI 键盘为标准化的字母、数字，介于显示器和急停按钮之间，其中的大部分键具有上档键功能，当 Upper 键有效时指示灯亮，输入的是上档键；F1~F10 十个功能键位于显示器的正下方。NC 键盘用于零件程序的参数 MDI 输入及系统管理操作等。

③ 机床控制面板 MCP：标准机床控制面板的大部分按键（除急停按钮外）位于操作台的下部，急停按钮位于操作台的右上角。机床控制面板用于直接控制机床的动作或加工过程。

（2）手持单元  手持单元由手摇脉冲发生器、坐标轴选择开关等组成，用于手动方式下坐标轴的增量进给。手持单元的外观如图 5-11 所示。

（3）主轴驱动  主轴驱动可选配多种类型的变频或伺服主轴驱动单元，如用 HSV-188 系列全数字交流伺服驱动模块和 GM7 系列交流伺服主轴电动机。

（4）进给驱动  进给驱动最大联动轴数为 4 轴，可选配各种数字式、模拟式交流伺服或步进电动机驱动单元。进给伺服模块可选用 HSV-16（低压）系列或 HSV-18D（高压）系列全数字交流伺服驱动模块，伺服电动机为 GK6 系列交换永磁同步伺服电动机（1.1~70Nm）。

图 5-11 手持单元

**2. HNC-21 数控系统的连接**

（1）数控装置与外围设备的连接  数控装置与外围设备的连接框图如图 5-12 所示。

（2）数控装置接线示意图  图 5-13 所示为 HNC-21 数控装置接线示意图。

图 5-14 所示为数控装置的接口示意图，包括以下接口：

① 电源接口：XS1。

② PC 键盘接口：XS2。

第5章 数控铣床的电气控制

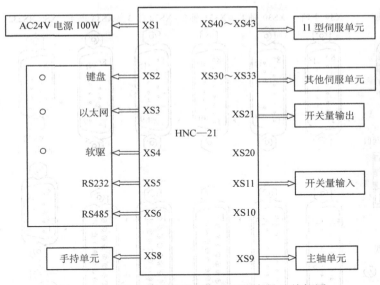

图 5-12　HNC－21 数控装置与外围设备的连接框图

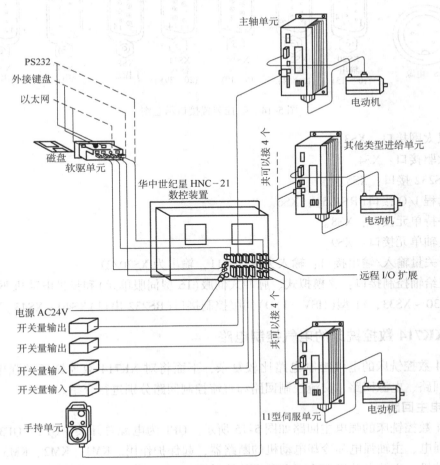

图 5-13　HNC－21 数控装置接线示意图

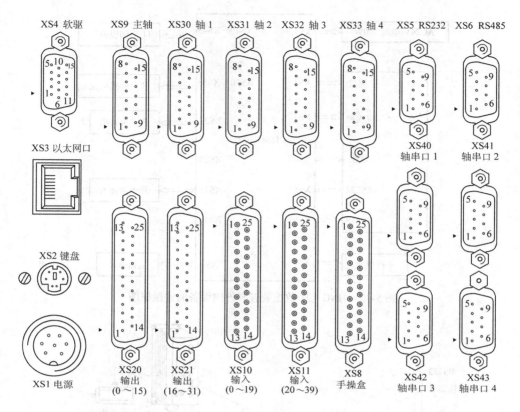

图 5-14 数控装置接口示意图

③ 以太网接口：XS3。
④ 软驱接口：XS4。
⑤ RS232 接口：XS5。
⑥ 远程 I/O 接口（RS485）：XS6。
⑦ 手持单元接口：XS8。
⑧ 主轴单元接口：XS9。
⑨ 开关量输入/输出接口：输入为 XS10/11，输出为 XS20/21。
⑩ 进给轴控制接口：含模拟式、脉冲式伺服（16 型伺服单元）和步进电动机驱动单元控制接口 XS30~XS33；11 型（HSV-11D）伺服控制接口（RS232 串口）XS40~XS43。

### 5.2.3 XK714 数控铣床的电气控制电路

XK714 数控铣床的电气控制电路比较复杂，下面将对 XK714 数控铣床的强电主回路、变频调速回路、电源回路、交流控制回路和直流控制回路分别进行介绍。

**1. 强电主回路**

XK714 数控铣床的强电主回路如图 5-15 所示。QF1 为电源总开关，QF2、QF3、QF4 分别是伺服强电、主轴强电和冷却电动机的断路器，起保护作用。KM1、KM2、KM3 是分别控制伺服电动机、主轴电动机和冷却电动机的接触器。TC2 是 Y-△型伺服变压器，其作用是

第5章 数控铣床的电气控制

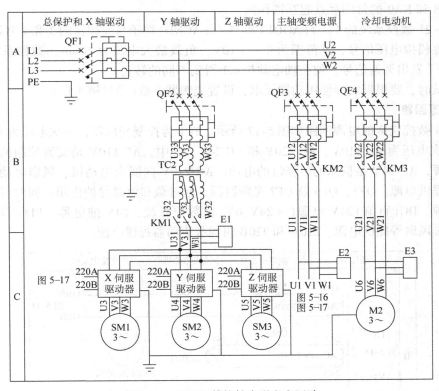

图 5-15 XK714 数控铣床强电主回路

将 380V 交流电压变为 200V，供伺服驱动器使用。E1、E2、E3 是浪涌吸收器，当电路断开时，吸收接触器、伺服驱动器、变频器的能量，避免产生过电压。

**2. 变频调速回路**

该机床采用 Micromaster 440 型变频器，它与 HNC–21 数控系统连接的端子与接口如图 5-16 所示。其中的 U1、V1 和 W1 与图 5-15 中的相同端子号相连，是变频器的电源引入线；U、V 和 W 直接与主轴电动机相连。电动机制动时，动能转化成电能，消耗在与 B1 和 B2 相连的制动电阻上。0 号端子是整个直流控制系统的零电位点。

当继电器 KA8 的线圈通电时，继电器 KA8 的常开触点闭合，变频器使电动机 M1 正转；当继电器 KA9 的线圈通电时，继电器 KA9 的常开触点闭合，变频器使电动机 M1

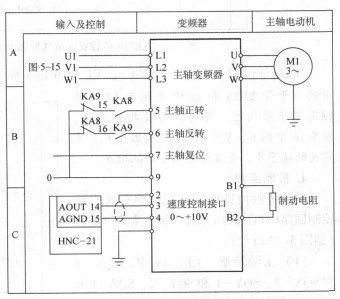

图 5-16 变频器回路

反转。KA8 和 KA9 的常闭触点起互锁作用。

HNC-21 数控系统的 14 号(AOUT)和 15 号(AGND)端子与变频器的 3 和 4 号端子相连,为主轴速度模拟电压信号,其范围为 0 ~ +10V,负载最大电流为 10mA。数控系统通过 14 和 15 号端子发出调速信号,使主轴电动机 M1 得到不同的转速。

在调试时,要根据实际使用功能要求,设置变频器参数(参见第 4 章)。

### 3. 电源回路

XK714 数控铣床的电源回路如图 5-17 所示。TC1 为控制变压器,一次电压为 AC(交流)380V,二次电压为 AC 110V、AC 220V 和 AC 24V。其中,AC 110V 是交流控制回路和热交换器的电源,AC 24V 是机床的工作灯的电源。AC 220V 向润滑电动机、风扇电动机和直流稳压电源提供电源。QF5、QF6 及 QF7 是断路器,起过载和短路保护作用;同时可手动接通和切断电源。DC(直流)24V 电源(+24V、0V)向数控系统、24V 继电器、PLC 的输入和输出、电柜排风扇等提供电源。220A 和 220B 向伺服驱动器提供电源。

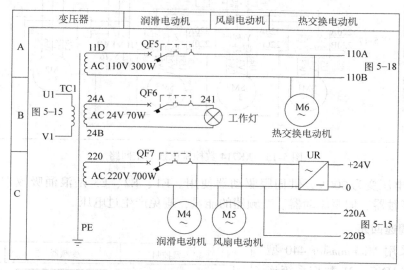

图 5-17 XK714 数控铣床电气控制电路图——电源回路

**注意**:图 5-15 中的端子号 U1、V1 和 W1 与图 5-16 中的相同端子号相连,图 5-15 中的端子号 220A 和 220B 与图 5-17 中的相同端子号相连。另外,需要指出的是,图 5-16 中的 U、V 和 W 是变频器生产厂家定义的端子号,直接与主轴电动机相连。

### 4. 控制回路

XK714 数控铣床的控制回路分为交流控制回路(如图 5-18 所示)和直流控制回路(如图 5-19 所示)。

(1) 主轴控制 图 5-19 中,SQX-1 和 SQX-2、SQY-1 和 SQY-2、SQZ-1 和 SQZ-2 分别是伺服轴的 X、Y、Z 方向的限

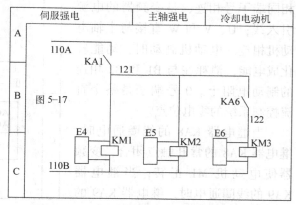

图 5-18 XK714 数控铣床的交流控制回路

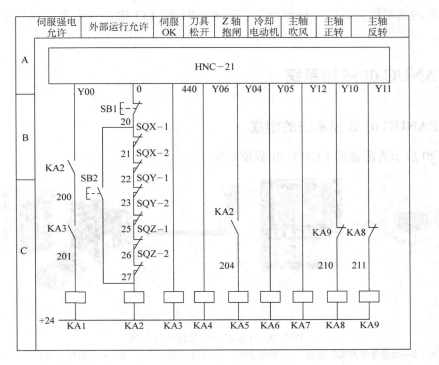

图 5-19 XK714 数控铣床的直流控制回路

位开关，SB1 是急停按钮，SB2 是超程解除按钮。由于 0 线是系统的零电位点，当伺服轴的 X、Y、Z 方向的限位开关没有被压上、SB1 急停按钮没有按下时，KA2 的线圈通电，KA2 的常开触点闭合。当伺服驱动器准备好后，伺服驱动器向 HNC-21 发出信号，HNC-21 收到信号后使 440 线变成低电平，使 KA3 的线圈通电，KA3 的常开触点闭合。当 HNC-21 的 Y00 输出为低电平并发出伺服强电允许时，KA1 线圈通电。图 5-18 中的 KA1 常开触点闭合，使 KM1、KM2 线圈导通。图 5-15 中 KM1、KM2 的常开触点闭合，变频器加上 AC 380V 电压、伺服驱动器加上 AC 200V 电压。

若要使主轴正转，HNC-21 的 Y10 输出低电平发出正转信号时，KA8 线圈通电，使图 5-16 中 KA8 的常开触点闭合，主轴电动机正转。若要主轴反转，则 HNC-21 的 Y11 输出低电平，即发出反转信号时，使 KA9 线圈通电，图 5-16 中 KA9 的常开触点闭合，主轴电动机反转。

图 5-18 中浪涌吸收器 E4、E5、E6 的作用是当电路断开时，吸收接触器的能量，避免产生过电压。

(2) 冷却电动机控制　HNC-21 的 Y05 输出低电平时发出冷却电动机工作信号，使 KA6 的线圈通电，图 5-18 中 KA6 的常开触点闭合，KM3 的常开触点闭合，冷却电动机运转，冷却系统工作。

(3) 换刀控制　当 HNC-21 的 Y06 输出低电平时发出刀具松开信号，使 KA4 的线圈通电，刀具松开电磁阀通电，刀具松开；将刀具拔下，延时一段时间后，HNC-21 的 Y12 输出低电平发出吹气信号，使 KA7 的线圈通电，其常开触点闭合，主轴吹气电磁阀通电，吹掉主轴锥孔内的脏物；延时一段时间后，HNC-21 的 Y12 输出高电平，吹气电磁阀断电，停止吹气。

## 5.3 FANUC 0i 数控系统

### 5.3.1 FANUC 0i 数控系统的组成

图 5-20 所示为配套的 FANUC 0i 数控系统。

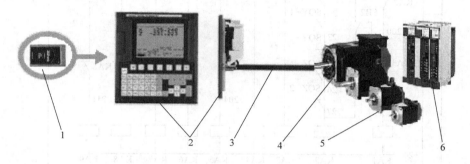

图 5-20 FANUC 0i 数控系统组成

1—存储卡　2—数控系统及操作面板　3—系统总线　4—主轴伺服电动机　5—进给伺服电动机　6—伺服放大器

将图 5-20 中的 2、3、4、5、6 安置在机床相应的位置，用适当的电气控制线路进行相应的控制，就可以控制数控机床的运动。

**1. FANUC 0i 数控装置**

图 5-21 所示为 FANUC 0i 数控装置的外观图，由主板模块和 I/O 接口模块两部分构成。

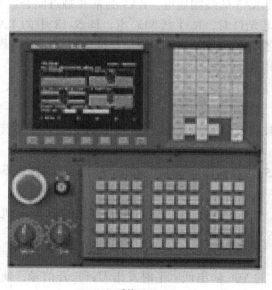

a) 系统正面　　　　　　　　　　　b) 系统背面

图 5-21 FANUC 0i 数控装置外观图

主板模块主要包括 CPU、内存(系列软件、宏程序、梯形图、参数等)、PMC(即 PLC)、I/O LINK、伺服、主轴、内存卡 I/F 及 LED 显示等。

I/O 模块主要包括电源、I/O 接口、通信接口、MDI 控制、显示控制、手摇脉冲发生器控制和高速串行总线等。

### 2. FANUC 0i 进给伺服电动机及其驱动

在数控机床伺服控制系统中，FANUC 0i 交流进给伺服系统目前在国内的应用最为广泛。图 5-22 所示为 FANUC α 系列交流进给伺服电动机及其驱动器(也称为伺服模块)。

FANUC α 系列伺服电动机可实现高速、高精度控制。其输入电压有 200V 及 400V 两种，采用伺服模块进行放大驱动。

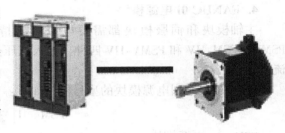

图 5-22 进给伺服电动机及其驱动器

伺服模块接收控制单元发出的进给速度和位移指令信号，经伺服模块转换放大后，驱动伺服电动机，使机床实现精确的工作进给和快速移动。

FANUC α 系列伺服模块主要分为 SVM、SVM-HV 两种。前者最多可带三个伺服轴，后者最多可带两个伺服轴。伺服模块的接口有 A 型(TYPE A)、B 型(TYPE B)、FSSB 型三种，不同的数控系统使用不同的接口类型。其伺服模块的型号构成如下：

$$\text{SVM} \quad \boxed{1} - \boxed{2}/\boxed{3}/\boxed{4} \quad \boxed{5}$$

SVM——伺服模块。

$\boxed{1}$——轴数，"1"表示 1 轴伺服模块；"2"表示 2 轴伺服模块；"3"表示 3 轴伺服模块。

$\boxed{2}$——第 1 轴最大电流。

$\boxed{3}$——第 2 轴最大电流。

$\boxed{4}$——第 3 轴最大电流。

$\boxed{5}$——输入电压，"HV"表示 400V；无表示 200V。

### 3. FANUC 0i 主轴伺服电动机及其驱动

如图 5-23 所示，为 FANUC α 系列交流主轴伺服电动机及其驱动器(也称为主轴模块)。

FANUC α 系列主轴伺服电动机适用于主轴变速控制，具有变速范围宽、变速快捷、自动化程度高等特点，采用主轴模块进行驱动，输入电压有 200V 及 400V 两种。

图 5-23 主轴伺服电动机及其驱动器

FANUC α 系列主轴伺服模块主要分为 SPM、SPMC 和 SPM-HV 三种。其主轴模块的型号构成如下：

$$\text{SPM} \quad \boxed{1}/\boxed{2} \quad \boxed{3}$$

SPM——主轴模块。

[1]——电动机类型，"C"表示αC系列；无表示α系列。

[2]——额定输出功率。

[3]——输入电压，"HV"表示400V；无表示200V。

**4. FANUC 0i 电源模块**

主轴模块和伺服模块都需要电源做支持。FANUC α 系列电源模块主要分为 PSM、PSMR、PSM-HV 和 PSMV-HV 四种，输入电压分别为交流 200V 和交流 400V 两种，输出直流电源。

FANUC α 系列电源模块的型号构成如下：

$$PSM \quad [1] - [2] \quad [3]$$

PSM——电源模块。

[1]——制动形式，"R"表示能耗制动；"V"表示电压转换型再生制动；"C"表示电容制动；无表示再生制动。

[2]——输出功率。

[3]——输入电压，"HV"表示400V；无表示200V。

## 5.3.2 FANUC 0i 数控系统综合连接

FANUC 0i 数控系统主要连接主轴伺服、进给伺服、机床输入输出、显示器、键盘、手轮及上位计算机等。图 5-24 所示为 FANUC 0i 数控系统综合连接图。

FANUC 0i 数控系统的输入电压（电源模块的 CP1A 接口）为 DC 24V±10%，电流约为 7A。伺服和主轴电动机的电源为 AC 200V（注意不是 220V）。这两个电源的通电顺序是有要求的，即先接通机床电源（AC 200V），再接通经 I/O Link 连接的外部 I/O 设备的 DC 24V 电源，最后接通 CNC 和 CRT 电源（后两者可同时通电）；断电时，先断外部 I/O 设备 DC 24V 电源，再断 CNC 和 CRT 电源，最后断机床电源。不按照这个顺序通断电源，就会出现报警或者造成伺服放大器的损坏。

主轴伺服可控制两种主轴电动机，即模拟主轴和数字（串行）主轴。用 FANUC 的数字主轴电动机时，主轴上的位置编码器（一般是 1024 线）信号应接到主轴伺服模块上的 JY4 接口。而伺服模块上的 JY2 是速度反馈接口，两者不能接错。

目前使用的 I/O 硬件有两种：内装 I/O 印制电路板和外部 I/O 模块。I/O 板通过系统总线与 CPU 交换信息；I/O 模块用 I/O Link 电缆与系统连接，数据传送方式采用串行格式，故可以远程连接。在编制梯形图时，这两者的地址区是不同的（在使用 I/O 模块前应先设定地址范围）。

为了使机床运行可靠，应注意强电和弱电信号线的走线、屏蔽及系统和机床的接地。电压为 4.5V 以下的信号线必须屏蔽，屏蔽线要接地。连接说明书中把地线分成信号地（SG）、机壳地（FG）和系统地（大地）。FANUC 的数控装置、伺服模块和主轴模块及电动机的外壳都要求接大地。为了防止电网干扰，交流的输入端必须接浪涌吸收器。如果不处理这些问题，机床工作时会出现#910、#930 报警或不明原因的误动作。

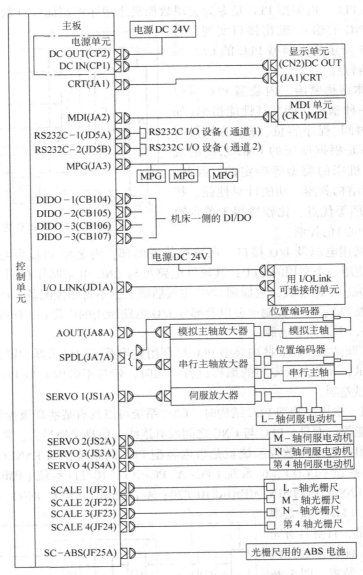

图 5-24　FANUC 0i 数控系统综合连接图

## 5.4　数控系统中的 PLC

PLC 在数控系统中占主要地位，它是协调数控系统与机床的一个枢纽，与 CNC 控制功能融为一体，共同完成对数控机床的控制，是现代数控技术中不可缺少的一个重要部分。

### 5.4.1　数控系统与 PLC

**1. 数控系统中 PLC 的分类**

数控机床所用的 PLC 分为两类，一类是内装型 PLC，另一类是外置型或称独立型 PLC。

（1）内装型 PLC　内装型 PLC 是专为实现数控机床顺序控制而设计制造的，它与 CNC 为一体，通过 CNC 的输入/输出接口实现信号的传送。图 5-25 所示为内装型 PLC 的 CNC 系统，它具有以下特点。

1）系统整体结构紧凑。内装型 PLC 可以认为是 CNC 的一种基本功能，其性能指标（如 I/O 点数、扫描时间、程序容量、每步的执行时间、功能指令等）是根据所属的 CNC 系统的规格、性能、适用机床的类型等确定的。因此，内装型 PLC 具有结构紧凑、功能针对性强、技术指标合理、实用等优点，比较适用于单台数控机床（含加工中心）的控制。

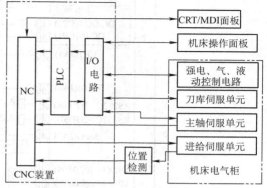

图 5-25　内装型 PLC 的 CNC 系统

2）与 CNC 共用电源及 I/O 接口。在数控装置内部，内装型 PLC 可与 CNC 共用一个 CPU，也可单独使用一个专用的 CPU；其硬件电路可与 CNC 电路制作在同一块印制电路板上，也可单独制成一个附加板，装插到 CNC 主板插座上，不需单独配备 I/O 接口（使用 CNC 系统本身的 I/O 接口）；PLC 控制部分以及部分 I/O 电路所用的电源（一般指输入口电源）也由 CNC 装置提供，不需另备电源。

3）体积小，调试方便。有些内装型 PLC 可利用数控系统的显示器和键盘进行梯形图或语句表的编程调试，无须装配专门的编程设备。同时，带与不带内装型 PLC 的数控系统的外形尺寸也无明显差别。

4）可靠性强。采用内装型 PLC 结构时，CNC 系统可以具有某些高级控制功能，如梯形图编辑和传送功能等。而且，PLC 与 CNC 之间没有连线，信息交换量大，可靠性好。

目前市场上用得较多的数控系统就是带内装型 PLC 的系统，如 FANUC 公司的 0 系统（PMC-L/M）、3 系统（PCD）、6 系统（PC-A、PC-B）、10/11 系统（PMC-I）、15 系统（PMC-N）；SIEMENS 公司的 SINUMERIK810/820；A-B 公司的 8200、8400、8500 等。

（2）独立型 PLC　独立型 PLC 是在 CNC 外部，自身具有完备的软硬件功能，能满足数控机床控制要求的 PLC 装置。图 5-26 所示为独立型 PLC 的 CNC 系统，其具有以下特点。

1）基本功能结构与通用型 PLC 完全相同。

2）数控机床应用的独立型 PLC 一般采用中型或大型 PLC，I/O 点数一般在 200 点以上。因此，多数采用积木式模块化结构，具有安装方便、功能易于扩展和变换等优点。

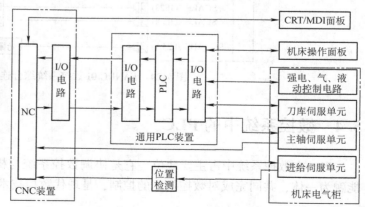

图 5-26　独立型 PLC 的 CNC 系统

3）独立型 PLC 的 I/O 模块种类齐全，其 I/O 点数可通过增减 I/O 模块灵活配置。

4) 与内装型 PLC 相比，独立型 PLC 功能更强，但一般要配置单独的编程设备。

5) 实现独立型 PLC 与 CNC 之间的信息交换。可以通过 I/O 接口对接方式，也可以采用通信方式。I/O 接口对接方式就是将 CNC 的 I/O 通过连线与 PLC 的 I/O 连接起来，适应于 CNC 与各种 PLC 的信息交换。但这种方式连线多，信息交换量小。而采用通信方式可克服上述缺点，使其连线减少，信息交换量增大而且非常方便。但是，采用这种方式的 CNC 与 PLC 必须采用同一通信协议，通常应是同一家公司的产品。

### 2. PLC 与外部的信息交换

PLC 处于 CNC（数控系统）和 MT（机床）之间，与 CNC 及 MT 的信息交换包括以下 4 个部分，如图 5-27 所示。

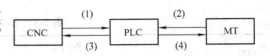

图 5-27　PLC 与 CNC/MT 的信号传输

(1) CNC→PLC　CNC 的输出信号可直接送入 PLC 的寄存器中，也可以用开关量信号完成，这些信号均作为 PLC 的输入信号，其地址和含义由 CNC 厂家确定，设计人员不可更改和删除，只可使用。如 CNC 所需执行的 M、S、T 代码指令信号。

(2) MT→PLC　MT 侧的控制信号可通过 PLC 的输入接口送入 PLC 中，经过逻辑运算后，输出给控制对象。这些控制信号是由按钮、倍率开关、限位开关、接近开关、压力继电器等提供的。除 CNC 特定的信号外（如急停、进给保持、循环起动、回参考点减速、坐标轴的地址分配等），多数信号的含义及所占用 PLC 的地址，都是由数控机床电气设计人员按要求自行定义的。

(3) PLC→CNC　经 PLC 处理完成的信号送至 CNC 中。所有 PLC 送至 CNC 的信息的地址与含义由 CNC 厂家确定，设计人员只可使用，不可改变和删添。例如，M、S、T 辅助机能的完成信号 FIN、机床闭锁信号、Z 轴闭锁信号、试运行信号和程序保护信号等。

(4) PLC→MT　PLC 输出的信号经继电器、接触器、电磁阀等对回转工作台、刀库、机械手以及油泵等装置进行控制。这些开关输出信号的含义及其所占用的地址均由设计人员自行定义。

## 5.4.2　FANUC 系列 PMC 的指令系统

FANUC 系列的 PLC 有 PMC-A、PMC-B、PMC-C、PMC-D、PMC-GT 和 PMC-L 等多种型号。它们都是内装型 PLC，分别适用于不同的 FANUC CNC 系统，统称为 PMC。

FANUC 系列的 PMC 有两种指令，即基本指令和功能指令。所有指令及编程方法，都类似于通用型 PLC。不同型号的 CNC，其内装的 PMC 指令系统却完全一样，只是功能指令有所不同。

在基本指令和功能指令执行时，用一个堆栈寄存器暂存逻辑操作的中间结果。堆栈寄存器有 9 位，按先进后出、后进先出的顺序工作。如图 5-28 所示，"写"操作结果压入时，堆栈各原状态全部左移一位；相反地，"取"操作结果时，堆栈全部右移一位，最后压入的信号首先恢复读出。

### 1. PMC 的基本指令

FANUC 系列 PMC 常用的基本指令与通用 PLC 类似，其基本指令及处理内容见表 5-1。

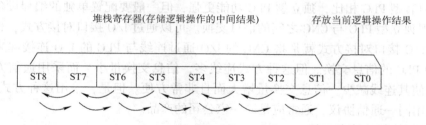

图 5-28 堆栈寄存器操作顺序

表 5-1 基本指令及处理内容

| 序号 | 指令 | 西门子PLC指令对照 | 处 理 内 容 |
|---|---|---|---|
| 1 | RD | LD | 读入指令信号的状态，并写入ST0中，即读取常开触点 |
| 2 | RD. NOT | LDN | 读指令信号的"非"状态，送入ST0中，即读取常闭触点 |
| 3 | WRT | = | 输出运算结果(ST0的状态)到指定地址 |
| 4 | WRT. NOT |  | 输出运算结果(ST0的状态)的"非"状态到指定地址 |
| 5 | AND | A | 将ST0的状态与指定地址的信号状态相"与"后，再置于ST0中 |
| 6 | AND. NOT | AN | 将ST0的状态与指定的信号的"非"状态相"与"后，再置于ST0中 |
| 7 | OR | O | 将指定地址的状态与ST0相"或"后，再置于ST0中 |
| 8 | OR. NOT | ON | 将指定地址的"非"状态与ST0相"或"后，再置于ST0中 |
| 9 | RD. STK | LD | 将寄存器左移1位，并把指定的地址的状态置于ST0中 |
| 10 | RD. NOT. SKT | LDN | 将寄存器左移1位，并把指定地址的状态取"非"后再置于ST0中 |
| 11 | AND. STK | ALD | ST0和ST1的内容相"与"后，结果存于ST0，堆栈寄存器右移1位 |
| 12 | OR. STK | OLD | ST0和ST1的内容相"或"后，结果存于ST0，堆栈寄存器右移1位 |
| 13 | SET |  | ST0和指定地址中的信号相"或"后，将结果返回到指定的地址中 |
| 14 | RST |  | ST0的状态取反后和指定地址中的信号相"与"，将结果返回到指定的地址中 |

注：SET/RST 适于 PMC-SA3 型 PLC。

PMC 的基本指令格式如下：

```
       ××        ○○○○·○
        │            │
     指令操作码   操作数(地址号·位数)
```

指令操作码指表 5-1 中的指令代码；而操作数实际上是目标地址。目标地址由地址号和位数组成。位数是 0~7 的数；而地址号的开头必须指定一个字母，用来表示信号的类型，见表 5-2。

表 5-2 地址号中的字母

| 字母 | 信 号 类 型 | 说明（PMC-SA3） |
|---|---|---|
| X | 来自机床侧的输入信号（MT→PMC） | X0~X127 外装 I/O 卡；X1000~X1011 内装 I/O 卡 |
| Y | PMC 输出到机床侧的信号（PMC→MT） | Y0~Y127 外装 I/O 卡；Y1000~Y1008 内装 I/O 卡 |
| F | 来自 NC 侧的输入信号（NC→PMC） | F0~F255；F1000~F1255<br>系统将（伺服和主轴）电动机的状态及请求相关机床动作的信号反馈到 PMC 进行逻辑运算，并作为机床动作的条件及进行自诊断的依据。如 CNC 准备好、伺服准备好、控制单元报警等信号 |
| G | PMC 输出到 NC 侧的信号（PMC→NC） | G0~G255；G1000~G1255<br>对系统部分进行控制和信息反馈（如急停、进给保持信号等），在梯形图中可以是线圈也可以是触点 |
| R | 内部输入继电器 | R0~R1499 通用中间继电器<br>R1000~R9117 作为 PMC 系统程序保留区 |
| A | 信息显示请求信号 | A0~A24 |
| C | 计数器 | C0~C79<br>共 80 个字节，每 4 个字节组成一个计数器，共有 20 个计数器 |
| K | 保持型继电器 | K0~K19，20 个字节 160 位。其中 K0~K16 为一般通用地址，K17~K19 为 PMC 系统软件参数设定区 |
| D | 数据表 | D0~D1859 |
| T | 可变定时器 | T0~T79 共 80 个字节，每 2 个字节组成一个定时器 |
| L | 标号 | L1~L9999 |
| P | 子程序号 | P1~P512 |

例如"RD R10.2"指令中，RD 为指令操作码；R10.2 为操作数，即指令的操作对象，实际上是 PMC 内部数据存储器中的内部继电器中的一位。R10.2 表示第 10 号存储单元中的第 2 位。"RD R10.2"执行的结果，就是把 R10.2 位的数据状态"1"或"0"读出并写入结果寄存器 ST0 中。图 5-29 所示为基本指令应用例子。

此梯形图中有一部分是"电路块"操作形式。软元件 R1.0、R1.1 是一组串联电路块，软元件 R1.4、R1.5 也是一组串联电路块，两组电路块间是"或"操作，组成了一个大电路块；同理，软元件 R1.2、R1.3、R1.6、R1.7 也组成一个大电路块，两大块之间再进行"与"操作。

**2. PMC 的功能指令**

数控机床用的 PLC 指令必须满足数控机床信息处理和动作控制的特殊要求，例如 CNC 输出的 M、S、T 二进制代码信号的译码（DEC）；机械运动状态或液压系统动作状态的延时（TMR）确认；加工零件的计数（CTR）；刀库、分度工作台沿最短路径旋转和现在位置至目

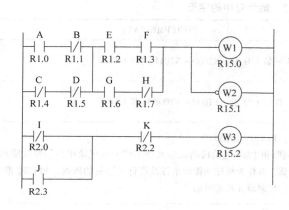

| 指令 | 地址 | 软元件 |
|---|---|---|
| RD | R1.0 | A |
| AND.NOT | R1.1 | B |
| RD.NOT.STK | R1.4 | C |
| AND.NOT | R1.5 | D |
| OR.STK | | |
| RD.STK | R1.2 | E |
| AND | R1.3 | F |
| RD.STK | R1.6 | G |
| AND.NOT | R1.7 | H |
| OR.STK | | |
| AND.STK | | |
| WRT | R15.0 | W1 |
| WRT.NOT | R15.1 | W2 |
| RD.NOT | R2.0 | I |
| OR | R2.3 | J |
| AND.NOT | R2.2 | K |
| WRT | R15.2 | W3 |

图 5-29 基本指令应用

标位置步数的计算（ROT）；换刀时数据检索（DSCH）和数据寻址传送指令（XMOV）等。对于上述的译码、定时、计数、最短路径选择，以及比较、检索、转移、代码转换、四则运算及信息显示等控制功能，仅用 1 位操作的基本指令编程，实现起来将会十分困难，因此要增加一些具有专门控制功能的指令，这些专门指令就是功能指令（与通用 PLC 的应用指令相类似）。FANUC 系列的 PMC 的功能指令数目视型号不同而有所不同，其中 PMC-A、C、D 为 22 条，PMC-B、G 为 23 条，PMC-L 为 35 条。PMC-L 的功能指令和处理内容见表 5-3。

表 5-3  PMC-L 的功能指令和处理内容

| 序 号 | 指 令 | | | 处 理 内 容 |
|---|---|---|---|---|
| | 格式 1 用于梯形图 | 格式 2 用于程序显示 | 格式 3 用于程序输入 | |
| 1 | END1 | SUB1 | S1 | 1 级（高级）程序结束 |
| 2 | END2 | SUB2 | S2 | 2 级程序结束 |
| 3 | END3 | SUB48 | S48 | 3 级程序结束 |
| 4 | TMR | SUB3 | T | 定时器处理 |
| 5 | TMRB | SUB24 | S24 | 固定定时器处理 |
| 6 | DEC | SUB4 | D | 译码 |
| 7 | CTR | SUB5 | S5 | 计数处理 |
| 8 | ROT | SUB6 | S6 | 旋转控制 |
| 9 | COD | SUB7 | S7 | 代码转换 |
| 10 | MOVE | SUB8 | S8 | 数据"与"后传输 |
| 11 | COM | SUB9 | S9 | 公共线控制 |
| 12 | COME | SUB29 | S29 | 公共线控制结束 |
| 13 | JMP | SUB10 | S10 | 跳转 |

(续)

| 序 号 | 指令 格式1用于梯形图 | 指令 格式2用于程序显示 | 指令 格式3用于程序输入 | 处 理 内 容 |
|---|---|---|---|---|
| 14 | JMPE | SUB30 | S30 | 跳转结束 |
| 15 | PARI | SUB11 | S11 | 奇偶检查 |
| 16 | DCNV | SUB14 | S14 | 数据转换（二进制数⇌BCD 码） |
| 17 | COMP | SUB15 | S15 | 比较 |
| 18 | COIN | SUB16 | S16 | 符合检查（一致性检查） |
| 19 | DSCH | SUB17 | S17 | 数据检索 |
| 20 | XMOV | SUB18 | S18 | 寻址数据传输 |
| 21 | ADD | SUB19 | S19 | 加法运算 |
| 22 | SUB | SUB20 | S20 | 减法运算 |
| 23 | MUL | SUB21 | S21 | 乘法运算 |
| 24 | DIV | SUB22 | S22 | 除法运算 |
| 25 | NUME | SUB23 | S23 | 定义常数 |
| 26 | PACTL | SUB25 | S25 | 位置 Mate-A |
| 27 | CODB | SUB27 | S27 | 二进制代码转换 |
| 28 | DCNVE | SUB31 | S31 | 数据扩散转换 |
| 29 | COMPB | SUB32 | S32 | 二进制数比较 |
| 30 | ADDB | SUB36 | S36 | 二进制数加 |
| 31 | SUBB | SUB37 | S37 | 二进制数减 |
| 32 | MULB | SUB38 | S38 | 二进制数乘 |
| 33 | DIVB | SUB39 | S39 | 二进制数除 |
| 34 | NUMEB | SUB48 | S48 | 定义二进制常数 |
| 35 | DISP | SUB49 | S49 | 在 NC 的 CRT 上显示信息 |

图 5-30 所示为功能指令的指令格式符号及语句表，它包括控制条件、指令标号、参数及输出等部分。

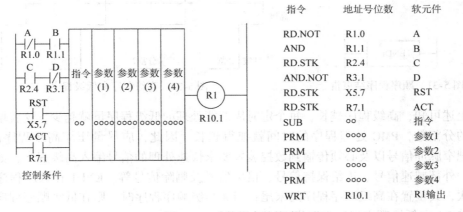

图 5-30 功能指令的格式

(1) 控制条件　控制条件的数量和意义随功能指令的不同而变化。控制条件存入堆栈寄存器中，其顺序是固定不变的。

(2) 指令　功能指令的种类见表 5-3，有 3 种格式，即梯形图、程序显示、编程器输入程序时的简化指令（对于 TMR 和 DEC 指令在编程器上有其专用指令键，其他功能指令则用 SUB 键和其后的数字键输入）。

(3) 参数　功能指令不同于基本指令，它可以处理各种数据，数据本身或存有数据的地址可作为功能指令的参数，参数的数量和含义随指令的不同而不同。

(4) 输出　功能指令的执行情况可用 1 位 "1" 和 "0" 表示，把它输出到 R1 软继电器。R1 软继电器的地址可随意确定，但有些功能指令不用 R，如 MOVE、COM、JMP 等。

(5) 需要处理的数据　由功能指令管理的数据通常是 BCD 码或二进制数，4 位数的数据同前述通用 PLC 指令一样，也是按一定顺序放在两个连续地址的存储单元（数据寄存器）中，且分高低两位存放。

**3. 部分功能指令说明**

FANUC 系列 PMC 的功能指令应用很广，常用的有定时指令、译码指令和旋转指令等，介绍如下。

(1) 顺序程序结束指令（END1、END2）

1）END1：高级顺序程序结束指令。

2）END2：低级顺序程序结束指令。

指令格式如图 5-31 所示，其中 i 为 1 或 2，分别表示高级和低级顺序程序结束指令。

一般数控机床的 PLC 程序处理时间为几十毫秒至上百毫秒，对于数控机床的绝大多数信息，这个处理速度已经足够了。但对某些要求快速响应的信号，尤其是脉冲信号，这个处理速度就不够了。为适应对不同控制信号的不同响应速度的要求，PMC 程序常分为高级程序和低级程序。

PMC 处理高级程序和低级程序是按 "时间分割周期" 分段进行的。在每个定时分割周期，高级程序都被执行一次，定时分割周期的剩余时间执行低级程序，故每个定时分割周期只执行低级程序的一部分。也就是说低级程序被分割成几等份，低级程序执行一次的时间是几倍的定时周期，如图 5-32 所示。

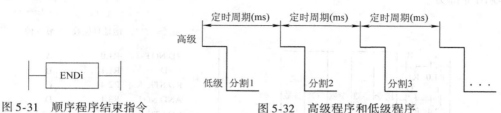

图 5-31　顺序程序结束指令　　　　图 5-32　高级程序和低级程序

由上述可知，高级程序越长，每个定时周期能处理的低级程序量就越少，这就增加了低级程序的分割数，PMC 处理程序的时间就拖得越长。因此，应尽量压缩高级程序的长度。通常只把窄脉冲信号以及必须传输到数控装置要求快速处理的信号编入高级程序，如紧急停止信号、外部减速信号、进给保持信号、倍率信号及删除信号等。END1 在顺序程序中必须指定一次，其位置在高级顺序程序的末尾；当无高级顺序程序时，则在低级顺序程序的开头指定。END2 在低级顺序程序末尾指定。

(2) 定时器指令(TMR、TMRB)  在数控机床梯形图编制中，定时器是不可缺少的指令，用于顺序程序中需要与时间建立逻辑关系的场合，功能相当于一种通常的定时继电器。

1) 可变定时器（TMR）：TMR 是设定时间可以更改的延时定时器，指令格式、语句表及时序图如图 5-33 所示。

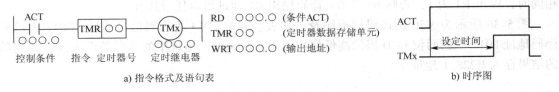

图 5-33  定时器指令格式、语句表及时序图

定时器的工作情况是：控制条件 ACT 为"0"时，定时继电器 TM 断开；ACT 为"1"时，定时器开始计时，到达预定的时间，定时继电器 TM 接通。

图 5-34 为定时器示例的梯形图及设定画面。功能指令中设定的定时器号参数即是定时器画面中的号码，之后可在定时器界面下的相应定时器号中设定预设值（延时时间）。默认状态下，1~8 号定时器的预设值精度是 48ms，即设定时间必须是

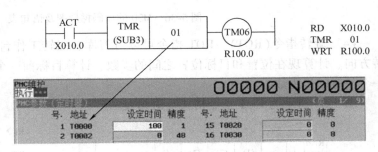

图 5-34  定时器示例的梯形图及设定画面

48ms 的倍数。如果设定了不以 48ms 为倍数的时间，则系统自动取最接近的 48 的成倍数值。如设定 100ms，则系统会自动将其识别为 2*48=96ms，忽略了 4ms。9 号以后的定时器精度为 8ms，舍入关系如前。当然，定时器的精度可以在定时器界面进行修改，如图 5-34 中设定的精度是 1ms，预设值是 100，则延时时间为 100ms。图中 TM06 是定时继电器，其数据位为 R100.0。

2) 固定定时器（TMRB）：TMRB 是设定时间固定的延时定时器。TMRB 与 TMR 的区别在于 TMRB 的设定时间编在梯形图中，在指令和定时器号的后面加上一项参数设定时间，与顺序程序一起被写入 EPROM，所设定的时间不能用 CRT/MDI 改写。

(3) 译码指令(DEC)  数控机床在执行加工程序中规定 M、S、T 机能时，CNC 装置以 BCD 代码形式输出 M、S、T 代码信号。这些信号需要经过译码才能从 BCD 状态转换成具有特定功能含义的 1 位逻辑状态。DEC 功能指令的格式如图 5-35 所示。

译码信号地址是指 CNC 至 PMC 的二字节 BCD 码的信号地址。译码指令由译码值和译码位数两部分组成，其中译码值只能是两位数，例如 M05 的译码值为 05，M30 的译码值为 30。译码位数的设定有 3 种情况：

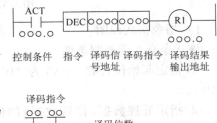

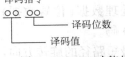

图 5-35  DEC 功能指令格式

1) 01：译码地址中的 2 位 BCD 码，高位为 0(不译码)，只译低位码。

2) 10: 高位译码,低位为 0(不译码)。
3) 11: 2 位 BCD 码均被译码。

DEC 指令的工作原理是：当控制条件 ACT 为 "0" 时,不译码,译码结果继电器 R1 断开；当控制条件 ACT 为 "1" 时,执行译码,当指定译码信号地址中的代码与译码规格数据相同时,输出 R1 为 1,否则 R1 为 0。译码输出 R1 地址可以任意选择。

图 5-36 所示为 M30 的译码梯形图及语句表。其中 F013 为译码信号地址,3011 表示对译码地址 F013 中的两位 BCD 码的高低位均译码,并判断该地址中的数据是否为 30,译码后的结果存入 R228.1 地址中。

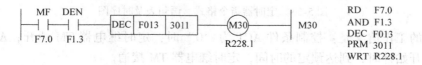

图 5-36 M30 的译码梯形图及语句表

(4) 旋转指令(ROT) ROT 指令可以对刀库、回转工作台等实现：选择最短途径的旋转方向、计算现在位置和目标位置之间的步数、计算目标前一个位置的位置数或达到目标前一个位置的步距数。

图 5-37 所示为 ROT 指令格式及语句表。

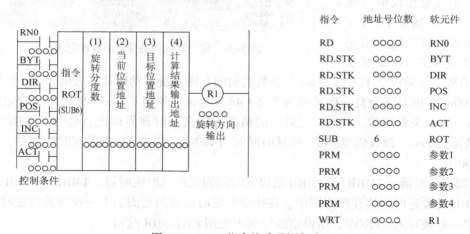

图 5-37 ROT 指令格式及语句表

1) 指令格式说明：
该指令有 6 项控制条件：
① 指定起始位置数：RN0 为 "0",旋转起始位置数为 0；RN0 为 "1",旋转起始位置数为 1。
② 指定处理数据(位置数据)的位数：BYT 为 "0",指定 2 位 BCD 码；BYT 为 "1",指定 4 位 BCD 码。
③ 选择最短路径的旋转方向：DIR 为 "0",不选择,按正向旋转；DIR 为 "1",选择。
④ 指定计算条件：POS 为 "0",计算当前位置与目标位置之间的步距数；POS 为 "1",计算目标前一个位置数或计算到达目标前一个位置的步距数。

⑤ 指定位置数或步距数：INC 为"0"，指定计算位置数；INC 为"1"，指定计算步距数。

⑥ 执行命令：ACT 为"0"，不执行 ROT 指令，R1 不变化；ACT 为"1"，执行 ROT 指令，并有旋转方向输出。

2）旋转分度数：设定回转体转位的数目。

3）当前位置地址：存储回转体当前步号的起始地址。

4）目标位置地址：存储目标位置的起始地址。

5）计算结果输出地址：算出结果（步数）的输出地址。

6）旋转方向输出：当选择最短路径时有方向控制信号，该信号输出到 R1。当 R1 为"0"时，旋转方向为正（正转）；当 R1 为"1"时，旋转方向为负（反转）。若位置数是递增的，则为正转，反之，若位置数是递减的，则为反转。R1 地址可以任意选择。

（5）逻辑"与"后传输指令（MOVE） MOVE 指令的作用是把（梯形图中写入的）比较数据和（数据地址中存放的）处理数据进行逻辑"与"运算，并将结果传输到指定地址。它也可用于消除指定地址里的 8 位信号中不需要的位，指令格式如图 5-38a 所示。

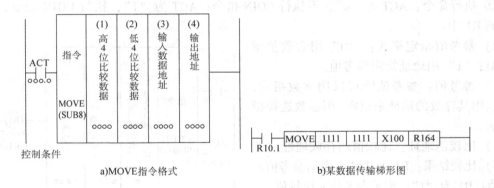

a) MOVE 指令格式　　　　b) 某数据传输梯形图

图 5-38　MOVE 指令格式

当 ACT 为"0"时，MOVE 指令不执行；当 ACT 为"1"时，MOVE 指令执行。

图 5-38b 所示为某数据传输梯形图。设处理数据地址 X100 中的数据为 BCD 码 00000110（06），参数 1 的高 4 位比较数据为 1111，参数 2 的低 4 位比较数据为 1111，由于参数 1 和 2 为全"1"，经与 X100 地址内的数据 00000110 相"与"后，其值不变，照原样传送到 R164 地址中。

（6）数据检查指令（DSCH） DSCH 指令可对表格数据进行检索，常用于刀具 T 代码的检索。图 5-39 所示为 DSCH 功能指令格式及语句表。

该指令有 3 项控制条件：

1）指定处理数据的位数：BYT 为"0"，指定 2 位 BCD 码；BYT 为"1"，指定 4 位 BCD 码。

2）复位信号：RST 为"0"，R1 不复位；RST 为"1"，R1 复位。

3）执行命令：ACT 为"0"，不执行 DSCH 指令，R1 不变化；ACT 为"1"，执行 DSCH 指令，检索到数据时，R1 为"1"；反之，R1 为"0"。

（7）符合检查指令（COIN） COIN 指令用来检查参考值与比较值是否一致，可用于检查刀库、转台等旋转体是否到达目标位置等，功能指令格式如图 5-40 所示。

指令格式说明：

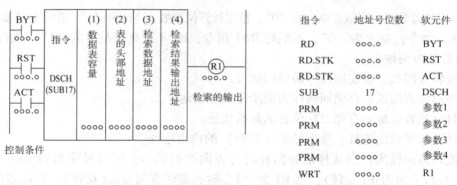

图 5-39 DSCH 功能指令格式及语句表

1) 控制条件：

① 指定数据位数：BYT 为 "0"，处理数据（输入值和比较值）为 2 位 BCD 码；BYT 为 "1"，处理数据为 4 位 BCD 码。

② 执行命令：ACT 为 "0"，不执行 COIN 指令；ACT 为 "1"，执行 COIN 指令，结果输出到 R1 中。

2) 参考值指定格式："0" 用常数指定参考值；"1" 用地址指定参考值。

3) 参考值：参考值既可以用常数指定，也可以用其存放的地址来指定（用参数选择指定方法）。

4) 比较值地址：比较值的存放地址。

5) 比较结果：R1 为 "0"，表示参考值≠比较值；R1 为 "1"，表示参考值=比较值。

(8) 计数器指令（CTR） CTR 为计数器指令，控制形式可按需要选择，其功能指令格式如图 5-41 所示。

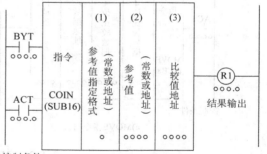

图 5-40 COIN 功能指令格式

指令格式说明：

1) 指定初始值：CN0 为 "0"，初始值为 0；CN0 为 "1"，初始值为 1。

2) 指定加或减计数器：UPDOWN 为 "0"，作为加法计数器；UPDOWN 为 "1"，作为减法计数器（作为减法计数器时，初始值就是预置值，与 CN0 无关。不论是作为加法还是减法计数器，都是从 CRT/MDI 面板上键入设定的）。

3) 复位：RST 为 "0"，不复位；RST 为 "1"，复位。复位时，R1 变为 "0"，计数器累加值变为初始值。

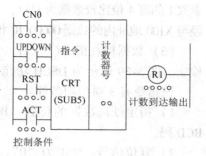

图 5-41 CTR 功能指令格式

4) 计数器控制条件：ACT 通常为脉冲信号，其每接通 1 次，计数器加 1 或减 1。

5) R1 输出：当计数器累加到预置值时，R1 为 "1"。R1 的地址可任意确定。

在使用中应注意计数器的计数范围。

## 4. 功能指令应用实例

在加工中心上,刀库选刀控制(T 指令)和刀具交换控制(M06 指令)是 PMC 控制的重要部分,通常用刀套编码方式和随机换刀方式。在随机换刀方式中,刀库上的刀具能与主轴中的刀具任意地直接交换。用 PMC 控制时,首先要在 PMC 内部设置一个模拟刀库的数据表,其长度和表内设置的数据与刀库的容量和刀具号相对应。图 5-42 所示为带有 8 把刀的刀库示意图。CW 表示顺时针旋转,CCW 表示逆时针旋转。换刀位置刀套为 5 号,刀具号为 18 号;主轴上的刀套设为 0 号,其刀具号为 12 号。

表 5-4 为刀号数据表。数据表的数据序号与刀库刀套编号相对应,每个数据序号中的内容就是对应刀套中所放的刀具号,图 5-42 中的 0~8 为刀套号,也是数据表序号。

表 5-4 刀号数据表

| 数据表地址 | 数据序号(刀套号)(BCD 码) | 刀具号(BCD 码) |
|---|---|---|
| D172 | 0(0000 0000) | 12(0001 0010) |
| D173 | 1(0000 0001) | 15(0001 0101) |
| D174 | 2(0000 0010) | 16(0001 0110) |
| D175 | 3(0000 0011) | 11(0001 0001) |
| D176 | 4(0000 0100) | 17(0001 0111) |
| D177 | 5(0000 0101) | 18(0001 1000) |
| D178 | 6(0000 0110) | 14(0001 0100) |
| D179 | 7(0000 0111)  检索结果输出地址 R151 | 13(0001 0011)  检索数据地址 R117 |
| D180 | 8(0000 000) | 19(0001 1001) |

例如,加工中心在执行"M06 T13"换刀指令时的换刀结果是:刀库中刀具号为 13 的 T13 刀装入主轴,主轴中原 T12 刀插入刀库 7 号刀套内(T13 原来位置),其控制梯形图如图 5-43 所示。

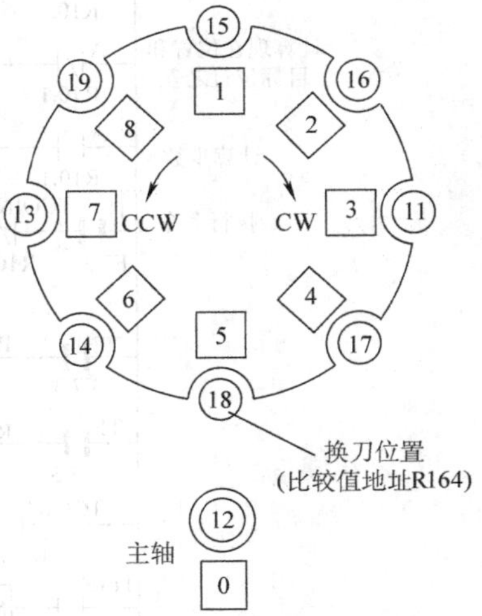

(1) DSCH 功能指令(检索功能) 当 CNC 读到 T13 指令代码信号时,将此信息送入 PMC。当 PMC 接到寻找新刀具的指令 T13 后(T 指令信号 TF 为"1"),在模拟刀库的刀号数据表中开始 T 代码数据检索,即将 T 指令中的 13 号刀从数据表中检索出来并存入 R117 地址单元中。然后将 13 号刀所在数据表中的序号(刀套号)7 存入到检索结果输出地址 R151 中,同时 TERR 为"1"。由于机床上电后,A(R10.1)的常闭触点即断开,所以 DSCH 功能指令按 2 位 BCD 码处理数据。

(2) COIN 功能指令(一致性功能) 当 TERR 为"1"时,地址 R151 的内容(指令刀号 13 对应的刀套号 7)和地址 R164 的内容(换刀位置刀套号 5)进行比较。数据一致时,输出 TCOIN 为"1";不一致时,TCOIN 为"0"作为刀库旋转 ROT 功能指令的起动条件。

图 5-42 8 把刀的刀库示意图

(3) ROT 功能指令(旋转功能) ROT 功能指令中,旋转检索数(刀套位置个数)为 8,当前位置地址为 R164(存放当前刀套号 5),目标位置地址为 R151(存放 T13 号刀具的刀套号 7),计算结果输出地址为 R152。

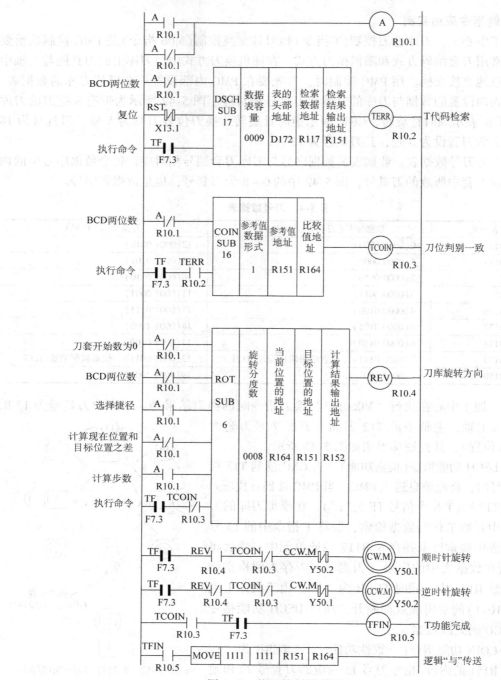

图 5-43 换刀控制梯形图

当刀具判别指令 TCOIN 为 "0" 时，ROT 指令开始执行。根据 ROT 控制条件的设定，计算出 T13 当前所在刀库的位置与目标位置相差的步数为 "2"，将此数据存入 R152 地址中，并选择出最短旋转路径，使 REV(R10.4) 置 "0"，逆时针旋转方向输出。通过 CCW.M 逆时针旋转继电器，驱动刀库逆时针方向旋转 "2" 步，即找到了 7 号刀位。

刀库旋转后，TCOIN 输出为 "1" 时(刀库的实际位置与刀库目标位置一致)，即识别了所要寻找的新刀具，刀库停转并定位，等待换刀。

在执行 M06 指令时，机床主轴准停，机械手执行换刀动作，将主轴上用过的旧刀和刀库上选好的新刀进行交换。与此同时，修改现在位置地址中的数据，确定当前换刀的刀套号。

(4) MOVE 功能指令(传送功能)　在此梯形图中，MOVE 功能指令的作用是修改换刀位置的刀套号。换刀前的刀套号 5 已由换刀后的刀套号 7 替代，所以必须将地址 R151 内的数据传输到 R164 地址(始终存放换刀位置的刀具号)中。

当刀库逆时针转"2"步到位后，ROT 指令执行完毕，T 功能完成信号 TFIN 的常开触点使 MOVE 指令开始执行，完成数据传送任务。

在下一扫描周期，COIN 判别执行结果，当两者相等时，使 TCOIN 置"1"，切断 ROT 指令和 CW.M 控制，刀库不再旋转，同时给出 TFIN 信号，报告 T 功能已完成，可以执行 M06 换刀指令。

当 M06 执行后，必须对刀号及数据表进行修改，即序号 0 的内容改为刀具号 13，序号 7 的内容改为刀具号 12。

## 5.5　$J_1$VMC50M 数控铣床的电气控制

$J_1$VMC50M 数控铣床电气控制系统包括硬件、软件及参数设定等。类似普通机床，其硬件部分也包括主电路、控制电路及辅助电路。

### 5.5.1　数控铣床电气控制硬件部分

**1. 数控铣床的操作面板**

图 5-44 所示为 $J_1$VMC50M 型立式数控铣床的操作面板示意图。各功能键的意义见表 5-5。

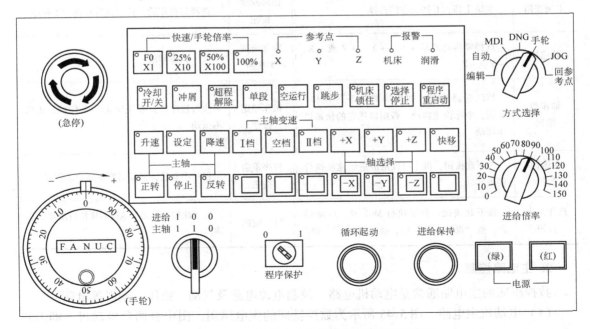

图 5-44　$J_1$VMC50M 型立式数控铣床操作面板示意图

表 5-5　各功能键的意义

| 按　钮 | 说　　明 | 按　钮 | 说　　明 |
| --- | --- | --- | --- |
| 急停按钮 | 紧急情况下按下此按钮，机床停止一切运动 | 电源开关 | 起动(绿色)、关闭(红色)系统电源 |
| 主轴、进给保持旋钮 | 控制主轴旋转或工作台移动：旋钮指向"0, 0"位，主轴与进给移动无效 旋钮指向"0, 1"位，主轴有效而进给无效 旋钮指向"1, 1"位时，主轴与进给都有效 | 方式选择旋钮 | 机床可分别处在编辑模式、自动加工(CNC)模式、MDI 录入模式、计算机直接加工(DNC)模式、手轮模式、JOG 模式、回参考点模式 |
| 手轮 | 方式选择处在手轮模式时，可旋转手轮手动移动各坐标(如工作台、主轴箱) | 进给倍率旋钮 | 加工或回零时选择进给倍率，可使执行指令以不同的速度进给 |
| 主轴选择 | 主轴正转按键：主轴正向旋转 主轴反转按键：主轴反向旋转 主轴停止按键：停止主轴转动 主轴升速按键：提高主轴转速 主轴降速按键：降低主轴转速 主轴设定按键：主轴以设定的速度旋转 | 快速/手轮倍率按键 | 确定快进时机床运动速度倍率，分别为默认速度的 1%、25%、50%、100%。确定手轮每转动一格工作台移动的距离。共有 4 个档位，分别为每转一格工作台或主轴移动 $1\mu m$、$10\mu m$、$100\mu m$、$1000\mu m$ |
| 超程解除按钮 | 按下此按钮，同时旋转手轮，可解除超程 | 参考点灯 | 当各个轴回到机床零点时，指示灯亮 |
| 报警灯 | 当机床润滑油不够或按下急停按钮时，指示灯亮 | 单段执行按钮 | 按下此按键，执行单段加工程序。按循环起动按钮，可继续执行下一个单段程序 |
| 主轴变档 | 主轴Ⅰ档、Ⅱ档及空档选择 | 循环起动按钮 | 选择好程序后，按此执行按钮加工程序 |
| 轴选择 | 选择要移动的轴 +X、+Y、+Z 或 -X、-Y、-Z | 冷却液开关按钮 | 开、关冷却液 |
| 轴移动按钮 | 移动选择的轴。如果同时按下"快移"按钮，坐标快速移动，否则以选定的快速倍率移动 | 机床锁定按钮 | 执行程序时，系统锁定各坐标轴，机床不运动 |
| 空运行按钮 | 按下此按钮，机床以设定的进给速度执行程序 | 程序重启按钮 | 程序中断后，根据需要重新启动程序 |
| 选择停止按钮 | 按下此按钮，程序执行 M01 时，运动停止。按"循环起动"后，继续执行下段程序 | 跳步按钮 | 按下此按钮，加工越过需要执行跳步的程序段 |

## 2. 主电路控制

数控机床的主电路通常是电动机电路、控制电源电路及气动、液压、润滑等电路。

(1) 电动机主电路　图 5-45 所示为数控铣床的主电路图。图中有两台电动机，即刀具

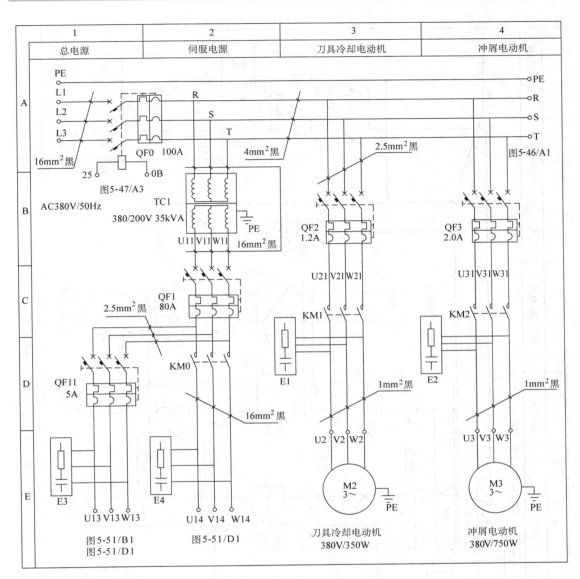

图 5-45 数控铣床的主电路图

冷却电动机和冲屑电动机,均为普通三相异步电动机,分别通过接触器 KM1、KM2 控制其单方向运行。图中 1、2 区为电源区,通过 TC1 伺服变压器,输出 AC 200V 两路电源。U13、V13、W13 作为图 5-51/B1 区各伺服模块的两相电源和 D1 区的主电动机风扇的三相电源。U14、V14、W14 作为图 5-51/D1 区的三相伺服动力电源,由 KM0 进行控制和保护。图中 E1~E4 为浪涌吸收器。总开关 QF0(A1) 带脱扣线圈(即具有远程控制功能),由图 5-47/A3 区的门开关 (SQ1) 进行电器柜开门断电的保护控制。

(2) 电源电路 图 5-46 所示为数控铣床的电源电路图。图中两相 AC 380V 电源 R、S,通过变压器 TC2 输出 4 种电源电压。AC 220V 电压控制润滑电动机 M6 和电器柜空调电动机 M7。AC 110V 通过 QF5 输出到图 5-47/A 区,作为机床控制回路的交流电源;另外,通过整

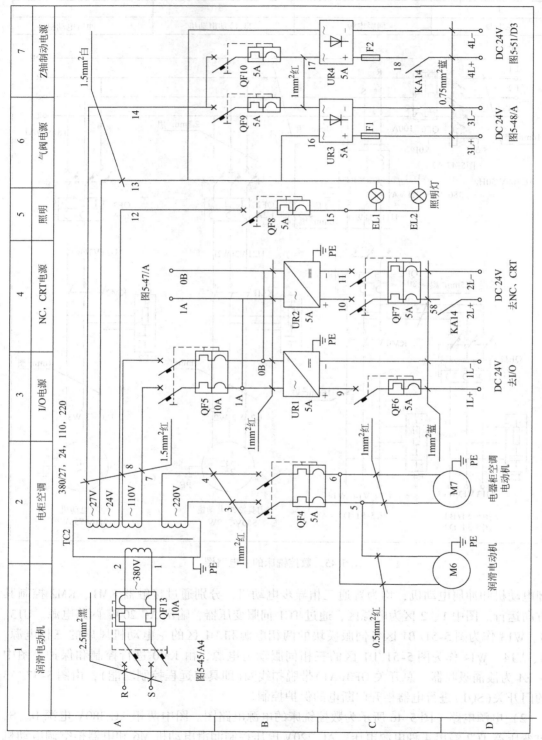

图 5-46 数控铣床的电源电路图

流器 UR1、UR2 输出 DC 24V 电压,分别作为系统 I/O 接口电源、直流继电器电源和 NC、CRT 的电源。AC 27V 经整流器 UR3、UR4 输出 DC 24V 电压,分别作为电磁阀(见图 5-48/A 区的 YA3、YA4)和 Z 轴制动器 YC(见图 5-51/D3 区)的电源。AC 24V 为照明灯电源。

**3. 控制电路**

数控机床的控制电路一般包括交流接触器控制电路、电磁阀(此机床为气阀)控制电路和中间继电器控制电路等。

(1) 交流接触器控制电路　图 5-47 所示为数控铣床交流接触器部分控制电路图。总电源开关的脱扣线圈受门开关 SQ1 的常闭触点控制。电器柜门打开时,SQ1 处于松开状态,其常闭触点接通,使 QF0 脱扣线圈通电,断路器跳闸,机床断电。主接触器 KM0 线圈受伺服主交流接触器触点 MCC 控制。AC 200V 伺服电源通电后,MCC 触点接通(即伺服准备好),则 KM0 线圈通电,接通三相交流伺服动力电源(图 5-45/E2 区的 U14、V14、W14)。

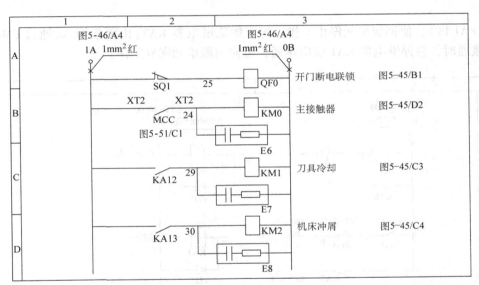

图 5-47　数控铣床交流接触器部分控制电路

KM1 和 KM2 分别由直流继电器 KA12 和 KA13 控制,而 KA12 和 KA13 的线圈与 PMC 的输出接口连接,由 PMC 程序控制。

(2) 电磁阀控制电路　图 5-48 所示为电磁阀控制电路图。此电路主要控制刀具松开电磁阀线圈 YA3 和主轴吹气电磁阀线圈 YA4,其电源(3L+,3L-)为 DC 24V 电压,直流电源线用蓝色导线。继电器 KA10、KA11 由 PMC 控制。与 YA3、YA4 线圈并联的二极管 VD3、VD4 为续流二极管。

(3) 中间继电器控制电路　中间继电器多数由 PMC 控制,而系统上电继电器 KA0 和急停继电器 KA1 却不经过 PMC,而是手动直接控制。图 5-49 所示为两者的控制电路,其电源也是 DC 24V。系统上电由 SB1 起动,SB2 停止。正常工作时,急停继电器 KA1 应始终接通。当某轴超程或按下急停按钮时,KA1 线圈断开,控制电源模块的 ESP 急停信号断开(见

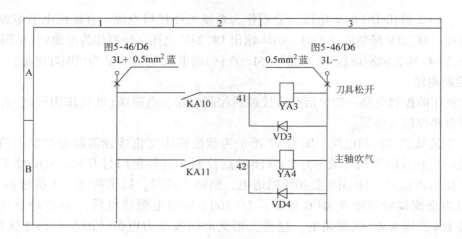

图 5-48 电磁阀控制电路

图 5-51/A1 区),使伺服单元停止工作。超程解除继电器 KA7(由面板输入,通过 PMC 控制输出)接通时,急停继电器 KA1 线圈接通,可使伺服单元恢复工作。

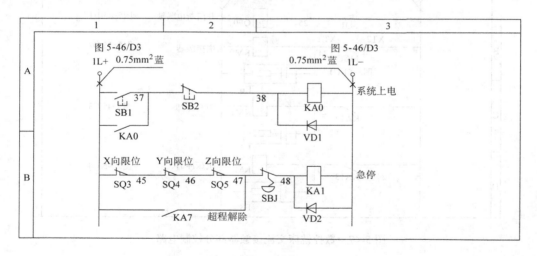

图 5-49 中间继电器控制电路

**4. 系统互连图**

(1) 主板互连图　图 5-50 所示为主板互连图。图中 B1 区的 W47 电缆连接到图 5-51/C2 区主轴伺服放大器的 JA7B 端口;C1 区中的 W48 电缆连接到图 5-51/B3 区主轴伺服放大器 COP1 端口的 0B 端。图中还有一些外部设备的连接,如 CRT/MDI、穿孔板、手摇脉冲发生器等。C1 区的 DC-IN(CP1) 接口连接外部 DC 24V 电源(+1L、-1L),再通过 DC-OUT(CP2) 接口,向各 I/O 外设提供电源。

(2) 伺服互连图　图 5-51 所示为伺服互连图。它包括电源模块、主轴伺服模块、进给伺服模块之间的连接形式以及伺服放大器与电动机之间的连接形式。

# 第5章 数控铣床的电气控制

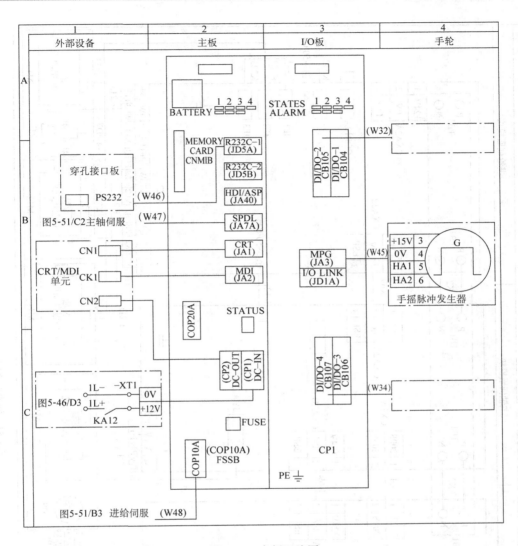

图 5-50　主板互连图

图中,三相 AC 200V 电源 U13、W13 来自图 5-45/E1 区,为电源模块及主电动机风扇电动机提供电源;而三相 AC 200V 电源 U14、V14、W14 来自图 5-45/E2 区,为伺服放大器提供动力电源。

图中,各进给伺服电动机的电源线都使用 K21 开头的电缆,如 X 轴进给伺服电动机电缆为 K211、Y 轴为 K212、Z 轴为 K213;其位置反馈电缆分别为 K221、K222、K223。由于此机床为立式数控铣床,因此 Z 轴需要制动。制动器 YC 的电源是 DC 24V(来自图 5-46/D7 区的 4L+,4L-)。

**5. PMC 的 I/O 接口**

PMC 的 I/O 接口连接 PMC 的输入、输出信号。表 5-6 列出了 PMC 的主要 I/O 信号(面板上的信号和指示灯位置参见图 5-44)。

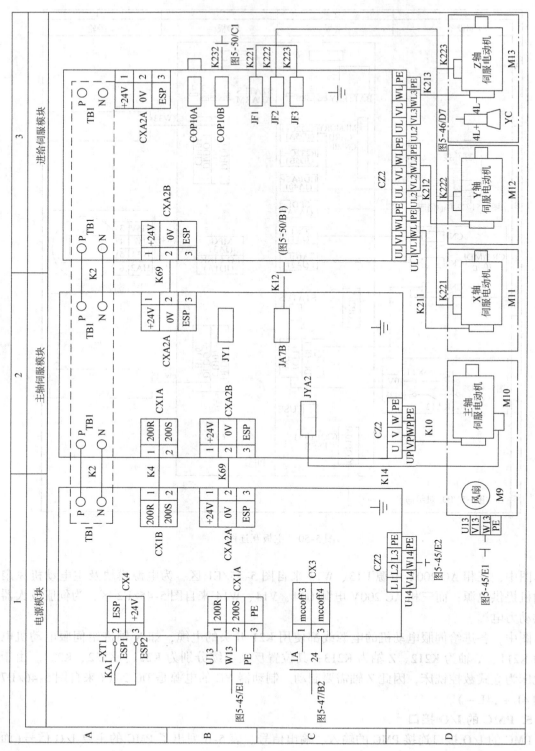

图5-51 伺服互连图

表 5-6　PMC 的主要 I/O 信号

| 面板⇌PMC | | 机床⇌PMC | |
|---|---|---|---|
| 面板到 PMC 按钮信号（输入） | PMC 到面板指示灯信号（输出） | 机床到 PMC 的控制信号（输入） | PMC 到机床的控制信号（输出） |
| 机床闭锁 | 机床闭锁指示 | 急停 | 主轴正转 |
| 程序段跳读 | 程序段跳读指示 | 刀具夹紧确认 | 主轴反转 |
| 空运行 | 空运行指示 | 刀具松开确认 | 主轴吹气 |
| 单程序段 | 单程序段指示 | 松刀（主轴操作按钮） | 刀具松开 |
| 主轴反转 | 主轴反转指示 | 冷却电动机保护开关 | 松刀（主轴箱操作按钮） |
| 主轴正转 | 主轴正转指示 | 气压低报警 | 冷却泵电源 |
| 主轴速度设定 | 主轴速度设定指示 | 润滑报警 | 超程释放 |
| 冲屑 | 冲屑指示 | 冲屑电动机保护开关 | 刹车解除 |
| 主轴空档 | 主轴空档指示 | X 参考点减速 | 床座冲屑 |
| 主轴 I 档 | 主轴 I 档指示 | Y 参考点减速 | 工作台夹紧 |
| 主轴 II 档 | 主轴 II 档指示 | Z 参考点减速 | M02/M30 完成 |
| 松刀 | 松刀指示 | | Z 轴制动 |
| 冷却开关 | 冷却指示 | | |
| 轴选 + X | 轴选 + X 指示 | | |
| 轴选 + Y | 轴选 + Y 指示 | | |
| 轴选 + Z | 轴选 + Z 指示 | | |
| 轴选 − X | 轴选 − X 指示 | | |
| 轴选 − Y | 轴选 − Y 指示 | | |
| 轴选 − Z | 轴选 − Z 指示 | | |
| 进给保持 | 进给保持指示 | | |
| 循环起动 | 循环起动指示 | | |
| 程序重启动 | 程序重启动指示 | | |
| 选择停止 | 选择停止指示 | | |
| 方式选择 | 方式选择指示 | | |
| 快速 F0/手轮倍率 × 1 | 快速 F0/手轮倍率 × 1 指示 | | |
| 快速 100% | 快速 100% 指示 | | |
| 快速 50%/手轮倍率 × 100 | 快速 50%/手轮倍率 × 100 指示 | | |

(续)

| 面板⇌PMC | | 机床⇌PMC | |
|---|---|---|---|
| 面板到 PMC 按钮信号（输入） | PMC 到面板指示灯信号（输出） | 机床到 PMC 的控制信号（输入） | PMC 到机床的控制信号（输出） |
| 快速25%/手轮倍率×10 | 快速25%/手轮倍率×10指示 | | |
| 超程释放 | 机床报警指示 | | |
| 进给有效 | 润滑报警指示 | | |
| JOG 正向 | 回 X 参考点指示 | | |
| JOG 负向 | 回 Z 参考点指示 | | |
| 进给修调 | 回 Y 参考点指示 | | |
| 主轴停止 | 回 A 参考点指示 | | |
| 程序保护 | | | |

(1) PMC 的输入接口  PMC 的输入信号主要来自机床及机床操作面板，虽然主令电器元件不同，但它们连接到 PMC 的形式是类似的。其输入电源均为 DC +24V，在此连接（图 5-46/D3 输出的）电源线 1L+。

1）操作面板输入到 PMC 的信号。作为 PMC 的输入信号，面板上常用的主令电器元件有按钮和转换开关，其中转换开关通常是倍率旋钮或方式选择旋钮。图 5-52 所示为部分按钮输入信号的接线图，图中空运行按钮 SB3 通过接线端子排 XT3 的 2 号端子，连接到数控装置（NC）I/O 板 CB104 端口的 X0.0 端，作为 PMC 的输入信号。其他按钮，如机床锁、程序段跳读等按钮的接线类似。

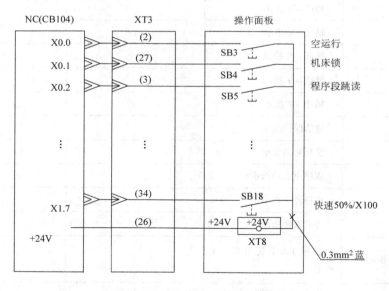

图 5-52  PMC 的输入信号接线图

2）机床到 PMC 的信号。机床到 PMC 的输入信号，通常为限位开关（无触点开关或一般的限位开关）触点信号、压力继电器的触点信号或断路器的触点信号。

(2) PMC 的输出接口 PMC 的输出接口主要连接中间继电器或操作面板。前者用于控制机床动作(如控制接触器、电磁阀等),后者用于控制操作面板上的指示灯。其接线方式,根据负载电压的不同,有所不同。

1) PMC 到控制面板的信号。PMC 到控制面板的信号主要是面板上的各种选择指示灯(参见图 5-44 操作面板示意图)。图 5-53 所示为部分输出给操作面板指示灯的信号接线图。图中,PMC 的输出信号通过数控装置(NC)I/O 板 CB104 端口的 Y10.0 端,经过接线端子排 XT3 的 16 号端子,连接到控制面板中主轴反转按钮 SB15 上的发光二极管 HL1 上。发光二极管指示灯的电源都为 DC 24V 电压。

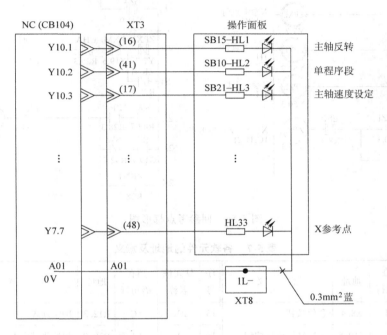

图 5-53 PMC 的输出信号接口

2) PMC 到机床的信号。PMC 到机床的信号是用于控制机床动作的信号(如接触器、电磁阀等),一般需要一定的功率,因此通常由 PMC 输出点控制中间继电器线圈,再由中间继电器的触点控制接触器、电磁阀等,增强了 PMC 的带负载能力。

## 5.5.2 软件编程

数控机床的软件梯形图是机床电气控制的核心部分,主要包括对各种电动机(如润滑、冷却)的控制,对各坐标的进给、快速、回参考点等的控制,对主轴正反转、主轴变档、主轴换刀等的控制。要设计或分析梯形图,首先要了解数控机床的一般逻辑要求以及控制系统的一些基本知识,应阅读数控系统厂家提供的相关说明书。下面以某数控铣床回参考点控制和主轴变档控制为例,介绍其电气控制梯形图。

**1. 回参考点控制**

数控机床开机后,首先要进行回参考点操作。图 5-54 所示为数控铣床回参考点的梯形图实例。表 5-7 为实例中所使用的各软元件的地址及意义。

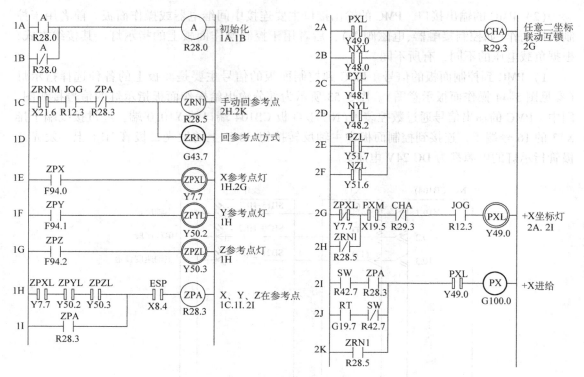

图 5-54 回参考点梯形图

表 5-7 各软元件的地址及意义

| 序号 | 软元件名称 | 所在语句行 | 地址 | 意义 | 序号 | 软元件名称 | 所在语句行 | 地址 | 意义 |
|---|---|---|---|---|---|---|---|---|---|
| 1 | ESP | 1H | X8.4 | 急停按钮 | 13 | JOG | 1C | R12.3 | JOG 方式 |
| 2 | PXM | 2G | X19.5 | +X 坐标选择按钮 | 14 | A | 1A | R28.0 | 初始化继电器 |
| 3 | ZRNM | 1C | X21.6 | 回参考点方式 | 15 | ZPA | 1H | R28.3 | 各坐标在参考点 |
| 4 | NXL | 2B | Y48.0 | -X 坐标灯 | 16 | ZRN1 | 1C | R28.5 | 手动回参考点 |
| 5 | PYL | 2C | Y48.1 | +Y 坐标灯 | 17 | CHA | 2A | R29.3 | 任意二坐标联动互锁 |
| 6 | NYL | 2D | Y48.2 | -Y 坐标灯 | 18 | SW | 2I | R42.7 | 主轴旋转 |
| 7 | PXL | 2A | Y49.0 | +X 坐标灯 | 19 | ZPX | 1E | F94.0 | X 到参考点（CNC→PMC 信号）|
| 8 | ZPXL | 1E | Y7.7 | X 参考点灯 | 20 | ZPY | 1F | F94.1 | Y 到参考点（CNC→PMC 信号）|
| 9 | ZPYL | 1F | Y50.2 | Y 参考点灯 | 21 | ZPZ | 1G | F94.2 | Z 到参考点（CNC→PMC 信号）|
| 10 | ZPZL | 1G | Y50.3 | Z 参考点灯 | 22 | RT | 2J | G19.7 | 坐标快速移动（PMC→CNC 信号）|
| 11 | NZL | 2F | Y51.6 | -Z 坐标灯 | 23 | ZRN | 1D | G43.7 | 回参考点方式（PMC→CNC 信号）|
| 12 | PZL | 2E | Y51.7 | +Z 坐标灯 | 24 | PX | 2I | G100.0 | +X 进给（PMC→CNC 信号）|

旋转方式选择开关，打到回参考点位置，对应的输入点 ZRNM（X21.6）为"1"，在 JOG 方式控制下，R12.3 为"1"，回参考点 ZRN1（R28.5）线圈及回参考点方式 ZRN（G43.7）线

圈接通。在1C语句行中，ZPA常闭触点起互锁作用，即机床已在参考点位置，ZPA常闭触点断开，回参考点方式无效。按下+X手动进给按钮PXM（X19.5）时，在其他轴都没有选通的条件下，+X坐标灯PXL（Y49.0）线圈通，则NC的+X坐标PX（G100.0）线圈接通，NC给伺服发出移动指令。到达参考点时，NC发出ZPX（F94.0）信号，X参考点灯ZPXL（Y7.7）线圈接通，表示X坐标已回到参考点，同时PXL、PX线圈断，回参考点动作结束。应该注意，此机床为X正向回参考点，有的机床为负向回参考点。

Y、Z坐标回参考点与X坐标回参考点逻辑控制类似，在此不做赘述。

**2. 主轴变档控制**

数控机床主轴变档控制有手动和自动两种方式。无论哪种方式，机床接到变速指令后，PMC程序首先判断主轴是否需要变档（即主轴是否已经处在所需要的档位上），如果不处在要变档的档位上，则要进行变档动作。图5-55所示为自动方式下主轴2档（Ⅰ档和Ⅱ档）变速的PMC控制梯形图实例。表5-8为其使用的各软元件的地址及意义。

主轴通常有3个档位，即空档、Ⅰ档及Ⅱ档，由相应的档位限位开关SQ5、SQ6、SQ7来检测。三个限位开关都是以常闭触点的形式接入到PMC输入接口的。主轴处在相应的档位时，对应的限位开关释放。下面分析主轴由Ⅰ档自动变到Ⅱ档的控制过程。

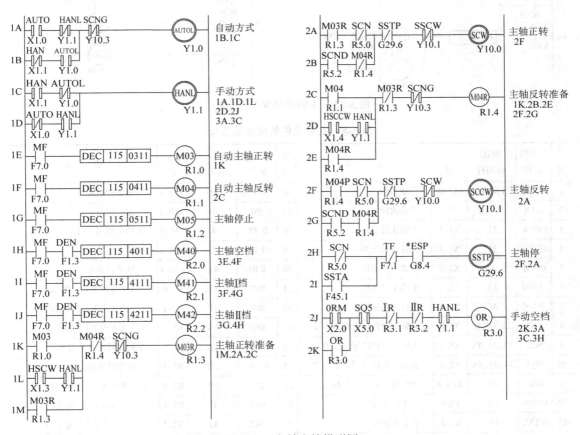

图5-55 主轴变档梯形图

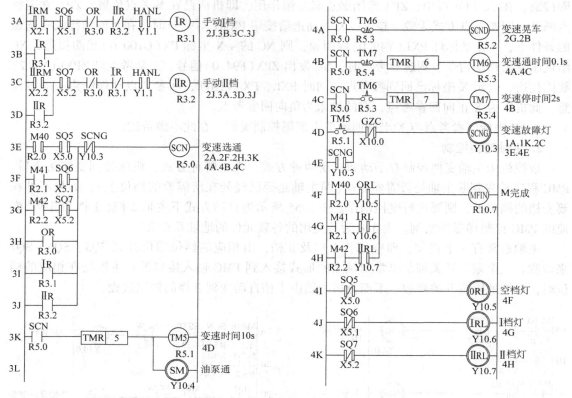

图 5-55 主轴变档梯形图(续)

表 5-8 各软元件的地址及意义

| 序号 | 软元件名称 | 所在语句行 | 地址 | 意义 | 序号 | 软元件名称 | 所在语句行 | 地址 | 意义 |
|---|---|---|---|---|---|---|---|---|---|
| 1 | AUTO | 1A,1D | X1.0 | 自动按钮 | 16 | SCNG | 4D | Y10.3 | 主轴变档故障灯 |
| 2 | HAN | 1B,1C | X1.1 | 手动按钮 | 17 | SM | 3L | Y10.4 | 变速液压泵 |
| 3 | HSCW | 1L | X1.3 | 主轴正转按钮 | 18 | ORL | 4I | Y10.5 | 主轴空档指示灯 |
| 4 | HSCCW | 2D | X1.4 | 主轴反转按钮 | 19 | ⅠRL | 4J | Y10.6 | 主轴Ⅰ档指示灯 |
| 5 | 0 RM | 2J | X2.0 | 手动空档按钮 | 20 | ⅡRL | 4K | Y10.7 | 主轴Ⅱ档指示灯 |
| 6 | ⅠRM | 3A | X2.1 | 手动Ⅰ档按钮 | 21 | M03 | 1E | R1.0 | (自动方式下)主轴正转 |
| 7 | ⅡRM | 3C | X2.2 | 手动Ⅱ档按钮 | 22 | M04 | 1F | R1.1 | (自动方式下)主轴反转 |
| 8 | SQ5 | 2J,3E,4I | X5.0 | 主轴在空档位置限位开关 | 23 | M05 | 1G | R1.2 | (自动方式下)主轴停止 |
| 9 | SQ6 | 3A,3F,4K | X5.1 | 主轴在Ⅰ档位置限位开关 | 24 | M03R | 1K | R1.3 | 主轴正转准备信号 |
| 10 | SQ7 | 3A,3F,4K | X5.2 | 主轴在Ⅱ档位置限位开关 | 25 | M04R | 2C | R1.4 | 主轴反转准备信号 |
| 11 | GZC | 4D | X10.0 | 变档超时故障解除按钮 | 26 | M40 | 1H | R2.0 | (自动方式下)主轴空档 |
| 12 | AUTOL | 1A | Y1.0 | 自动方式灯 | 27 | M41 | 1I | R2.1 | (自动方式下)主轴Ⅰ档 |
| 13 | HANL | 1C | Y1.1 | 手动方式灯 | 28 | M42 | 1J | R2.2 | (自动方式下)主轴Ⅱ档 |
| 14 | SCW | 2A | Y10.0 | 主轴正转 | 29 | 0 R | 2J | R3.0 | (手动方式下)主轴空档 |
| 15 | SCCW | 2F | Y10.1 | 主轴反转 | 30 | ⅠR | 3A | R3.1 | (手动方式下)主轴Ⅰ档 |

(续)

| 序号 | 软元件名称 | 所在语句行 | 地址 | 意义 | 序号 | 软元件名称 | 所在语句行 | 地址 | 意义 |
|---|---|---|---|---|---|---|---|---|---|
| 31 | ⅡR | 3C | R3.2 | （手动方式下）主轴Ⅱ档 | 38 | *ESP | 2H | G8.4 | 急停信号（PMC→CNC信号） |
| 32 | SCN | 3E | R5.0 | 主轴变档接通 | 39 | SSTP | 2A | G29.6 | 主轴停止信号（PMC→CNC信号） |
| 33 | TM5 | 3K | R5.1 | 10s变速接通定时器 | 40 | DEN | 1H,1I,1J | F1.3 | 分配结束信号（CNC→PMC信号） |
| 34 | SCND | 4A | R5.2 | 变速晃车 | 41 | SSTA | 2I | F45.1 | 主轴零速检测信号（CNC→PMC信号） |
| 35 | TM6 | 4B | R5.3 | 0.1s变速晃车定时器 | 42 | MF | 1E,1J | F7.0 | M功能选通（CNC→PMC信号） |
| 36 | TM7 | 4C | R5.4 | 2s变速停车定时器 | 43 | TF | 2H | F7.1 | T功能选通信号（CNC→PMC信号） |
| 37 | MFIN | 4F | R10.7 | M功能完成信号，为FIN完成做准备 | | | | | |

假设主轴目前在Ⅰ档处，当输入M42指令后，变速选通继电器SCN（R5.0）线圈接通，控制变速液压泵的继电器SM（Y10.4）线圈通电，油泵电动机旋转。时间继电器TM6、TM7组成脉动逻辑控制，即变速晃车继电器SCND（R5.2）线圈接通0.1s，停1s，使主轴正转输出继电器SCW（Y10.0）线圈脉动接通，主轴脉动正向旋转。主轴变速到位后，SQ7释放，Ⅱ档指示灯ⅡRL（Y10.7）线圈接通，则Ⅱ档指示灯点亮，变档结束。如果主轴在10s内没有完成变档动作（由TM5控制），则变档故障灯SCNG（Y10.3）亮，停止变档动作。

### 5.5.3 参数设定

数控机床的参数是数控系统软件应用的外部条件，它完成数控系统与机床结构及机床各种功能的匹配。CNC通过参数可以知道机床的一些特定数据，识别机床上的不同部件，并能判断如何执行用户编写的指令。这些参数包括轴的数量、进给率、快速、螺距误差补偿、加速度、反馈、跟随误差、比例增益、自动换刀功能等。只有正确、合理地设置这些参数，数控机床才能正常工作。有些数控机床的参数需要调试后才能确定，如螺距误差补偿参数的确定。有些数控机床的工作状态也可以通过参数的修改来调整，如机床的位置精度调整、主轴的最高转速、坐标轴的快速等。

数控机床的参数主要包括数控系统参数（NC参数）、机床可编程序控制器参数（PLC参数）等。在数控机床的使用过程中，有时要利用机床的某些参数调整机床，有些参数要根据机床的运行状态进行必要的修正。机床参数不合适，会引起机床出现故障或报警。

机床参数有三种级别，即机床用户参数、机床厂家参数和数控系统参数。机床用户可改写的用户参数，可以在操作过程中设置或改写，这些数据会引起机床性能的变化，如英制/公制转换、选择I/O设备、镜像开/关等。机床生产厂家设定的参数，要给机床用户，但机床用户不能随意更改。而数控系统生产厂家设定的CNC保密参数，为最高秘密级参数，机床厂家和机床用户无法更改。

**1. FANUC 0i 系列的参数形式**

FANUC 0i系列的参数，一般包括坐标系、加减速度控制、伺服驱动、主轴控制、固定循环、自动刀具补偿及基本功能等40多个大类的机床参数。表5-9中为机床参数的数据形式。

表 5-9 机床参数的数据形式

| 数据形式 | 数据范围 | 说明 |
|---|---|---|
| 位型 | 0 或 1 | |
| 位轴型 | | |
| 字节型 | −128 ~ 127 | |
| 字节轴型 | 0 ~ 255 | 有些参数中不使用符号 |
| 字型 | −32768 ~ 32767 | |
| 字轴型 | 0 ~ 65535 | |
| 双字型 | −99999999 ~ 99999999 | |
| 双字轴型 | | |

1) 位型和位轴型参数，每个数据号由 8 位组成，每一位有不同的意义，如下所示：

| | #7 | #6 | #5 | #4 | #3 | #2 | #1 | #0 |
|---|---|---|---|---|---|---|---|---|
| 0000 | | | SEQ | | | INI | ISO | TVC |

数据号　　　　　　　　　数据(#0 ~ #7 位的位置)

2) 轴型参数允许分别设定给每个控制轴，如下所示：

| 1023 | 指定轴的伺服轴号 |
|---|---|

数据号　　　　　　　　　数据

下面是 PRM 4019 和 PRM 4133 的参数形式。PRM 4019 是交流伺服主轴自动初始化参数；PRM 4133 是电动机型号代码参数(具体数据应参见电动机型号对应的代码)。

| | #7 | #6 | #5 | #4 | #3 | #2 | #1 | #0 |
|---|---|---|---|---|---|---|---|---|
| 4019 | | | | | 1 | 1 | 0 | 0 |
| 4133 | 106 | | | | | | | |

当 4019/7(LDSP) = 1 时，自动设定主轴串行接口。当电动机代码 4133 = 106 后，将 CNC 断电，再打开，则主轴参数自动初始化完毕。

### 2. FANUC 0i 系列的参数设置方法

1) 设定 MDI 方式或急停状态。
2) 按数次 "OFFSET SETTING" 键或按 "SETTING" 软键，显示[设定快捷画面]。
3) 将光标移到 "PARAMETER WRITE" 位置，按 "1" 和 "INPUT" 键，在此出现[100 号报警]。
4) 按数次 "SYSTEM" 键，显示参数画面，如图 5-56 所示。
光标用位显示时，需要按 "→" 或 "←" 键。
5) 按 "OPRT" 软键，显示下面的操作菜单。
① 软键 "NO. 检索"：可用序号检索。如 "参数号"、"NO. 检索"。
② 软键 "NO.1"：光标所在位置设定为 "1"。只在位参数设定时使用。
③ 软键 "OFF.0"：光标所在位置设定为 "0"。只在位参数设定时使用。
④ 软键 "+输入"：输入值加到光标所在位置的数据上。在字节型参数设定时使用。

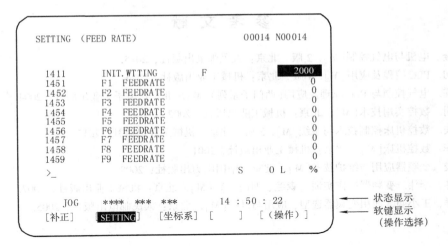

图 5-56 显示参数画面

⑤ 软键"输入":输入值加到光标所在位置。在字节型参数设定时使用。
⑥ 软键"REAO":参数从穿孔接口输入。
⑦ 软键"PUNCH":参数输出给穿孔接口。

6) 参数设定完了后,将设定画面的"参数写入"设定为"0",按"RESET"键,消除 100 号报警。

**注意**:当修改 CNC、PMC 参数操作完成后,需关断一次电源,再通电,才能执行。

习题 5

5-1 PLC 在数控机床中的配置方式有几种?哪些是内置 PLC?
5-2 PLC 与 CNC、PLC 与 MT 之间的传输信号有哪些?举例说明。
5-3 在图 5-15 中,E1、E2、E3 的作用是什么?
5-4 在图 5-16 中,控制系统电动机 M1 是怎样进行调速、制动和换向的?
5-5 在图 5-19 中,换刀是怎样进行的?
5-6 FANUC 系列 PMC 的基本指令与西门子 S7-200 PLC 的指令有何不同?其常用的功能指令有哪些?
5-7 如何编制 M02 的译码梯形图?
5-8 图 5-42 刀库中,加工中心若执行"M06 T16"换刀指令,分析其梯形图执行过程。
5-9 FANUC 0i 系统的 I/O Link 接口的作用是什么?
5-10 手摇脉冲发生器、显示器及 MDI 手动输入,接到数控系统哪个接口上?
5-11 数控系统各连接部件有何特点?如何连接?
5-12 FANUC 0i 系统的 DC24V 与伺服的 AC200V 两种电源的接通顺序有什么要求?
5-13 数控机床的主电路通常有哪些?两种数控铣床实例中各有几种电源?各电源的作用是什么?
5-14 FANUC 0i 系统的 PMC 的输入接口主要连接哪些信号?
5-15 回参考点梯形图 5-54 中,若机床已经回参考点位置,则靠哪个触点联锁使其回参考点选择无效?
5-16 机床参数的数据形式有哪些?FANUC 0i 数控系统的参数如何显示和设置?

# 参考文献

[1] 施振金. 电机与电气控制[M]. 2版. 北京：人民邮电出版社，2015.
[2] 廖常初. PLC编程及应用[M]. 4版. 北京：机械工业出版社，2014.
[3] 李道霖. 电气控制与PLC原理及应用（西门子系列）[M]. 北京：电子工业出版社，2004.
[4] 王贵明. 数控实用技术[M]. 北京：机械工业出版社，2002.
[5] 王侃夫. 数控机床控制技术与系统[M]. 3版. 北京：机械工业出版社，2017.
[6] 熊光华. 数控机床[M]. 北京：机械工业出版社，2001.
[7] 刘美俊. 变频器应用与维护技术[M]. 北京：中国电力出版社，2008.
[8] 施利春，李伟. 变频器操作实训（森兰、西门子）[M]. 北京：机械工业出版社，2007.
[9] 王仁祥，王小曼. 通用变频器选型、应用与维护[M]. 北京：人民邮电出版社，2005.